工业与信息化领域急需紧缺人才培养工程

——SY 建筑信息模型(BIM)人才培养项目专用教材

BIM 实操技术

工业与信息化领域急需紧缺人才培养工程
SY建筑信息模型(BIM)人才培养项目办　组织编写

张治国　主编

机 械 工 业 出 版 社

本书以Revit软件为基础，结合实例系统地介绍了BIM技术在建筑设计、结构设计、建筑设备设计以及工程建设领域中的应用，并突出Revit在建筑设计中的应用方法和技巧。

全书共5章。第1章为BIM建模基础，简单地介绍了BIM相关的建模软件、BIM与Revit的关系、Revit常用的术语；第2章为Revit族、项目的创建与保存；第3章为BIM土建建模基础，依托一个实际案例，将结构建模及建筑建模的步骤进行剖析，使建模过程形象化，更具操作性；第4章为机电模型创建，包括管道系统的建立及电气系统的建立等，并进行了详细的讲解；第5章为视觉效果体现，使用Revit创建漫游动画，使用Navisworks软件进行辅助漫游动画。

本书适合参加BIM工程师、BIM项目管理师和BIM高级工程师考试的考生、建筑相关专业的学生使用，也可作为从事BIM工作的技术人员的参考书。

图书在版编目（CIP）数据

BIM实操技术/张治国主编. —北京：机械工业出版社，2018.10（2020.8重印）
工业与信息化领域急需紧缺人才培养工程. SY建筑信息模型（BIM）人才培养项目专用教材
ISBN 978-7-111-61031-1

Ⅰ. ①B…　Ⅱ. ①张…　Ⅲ. ①建筑设计－计算机辅助设计－应用软件－教材
Ⅳ. ①TU201.4

中国版本图书馆CIP数据核字（2018）第225537号

机械工业出版社（北京市百万庄大街22号　邮政编码100037）
策划编辑：汤　攀　责任编辑：汤　攀　刘志刚
责任校对：刘时光　责任印制：李　昂
北京瑞禾彩色印刷有限公司印刷
2020年8月第1版第2次印刷
184mm×260mm · 10.75印张 · 259千字
标准书号：ISBN 978-7-111-61031-1
定价：59.00元

凡购本书，如有缺页、倒页、脱页，由本社发行部调换

电话服务
服务咨询热线：010-88379833
读者购书热线：010-88379649

网络服务
机 工 官 网：www.cmpbook.com
机 工 官 博：weibo.com/cmp1952
教育服务网：www.cmpedu.com
金 书 网：www.golden-book.com

封面无防伪标均为盗版

编审人员名单

主　　编　张治国（北京立群建筑科学研究院）

副 主 编　刘占省（北京工业大学）

何　建（哈尔滨工程大学）

赵雪锋（北京工业大学）

巴盼峰（天津城建大学）

主　　审　王泽强（北京市建筑工程研究院有限责任公司）

编写人员　朱元宏　张志伟　管　斌　蔡振浩　张薇薇　杜　康（北京立群建筑科学研究院）

徐久勇　金永乐（中铁二院工程集团有限责任公司）

赵立民（北京市住宅产业化集团股份有限公司）

李孟男　李相凯（北京城乡建设集团有限责任公司）

袁慧宇（北京市保障性住房建设投资中心）

姚伟强（郑州良实通信技术有限公司）

屠　畅（河南筑易工程咨询有限公司）

王　琦（中交协<北京>交通科学研究院）

徐　焌　何昆升　何　松（安徽建筑大学城市建设学院）

许　光（邢台职业技术学院）

王　唯　兰梦茹（北京筑盈科技有限公司）

路永彬　朱镜全　康　钊（天津广昊工程技术有限公司）

张　宇（河南省建筑科学研究院有限公司）

谷保辉（悉地<苏州>勘察设计顾问有限公司）

前言 PREFACE

随着建筑业发展的日益加快，工程项目建设正朝着大型化、复杂化、多样化的方向发展。长期困扰建筑业的“设计变更多、生产效率低下、项目整体价值偏低”等问题制约了整个行业的进一步发展。建筑信息模型的出现为建筑业注入了新的血液，给予了建筑业新的发展前景。采用建筑信息模型（Building Information Modeling，BIM）对项目进行设计、建造和运营管理，将各种建筑信息组织成一个整体，贯穿于建筑全生命周期过程。利用计算机技术建立建筑信息模型，对建筑空间几何信息、建筑空间功能信息、建筑施工管理信息以及设备等各专业相关数据信息进行数据集成与一体化管理。BIM 技术的应用，将为建筑业的发展带来巨大的效益，使得规划设计、工程施工、运营管理乃至整个工程的质量和管理效率得到显著提高。BIM 技术的应用，能改变传统的建筑管理理念，引领建筑信息技术走向更高层次，它的全面应用，将提高建筑管理的集成化程度。

本书以 Revit 软件为基础，结合实例系统地介绍了 BIM 技术在建筑设计、结构设计、建筑设备设计以及工程建设领域中的应用，并突出 Revit 在建筑设计中的应用方法和技巧。本书由易到难、循序渐进、思路清晰、重点突出，力争突出专业性、实用性和可操作性，适合初学者及有一定基础的读者阅读。

由于编者水平有限，且编写时间仓促，书中难免有疏漏和错误之处，恳请广大读者提出宝贵意见。

本书提供族文件课件以及其他相关文件下载，请关注微信公众号“机械工业出版社建筑分社”（CMPJZ18），回复“BIM18”获得下载地址；或电话咨询（010-88379250）。

目录 CONTENTS

第1章 BIM建模基础

1.1 BIM 建模软件介绍

在 BIM 建模过程中，常用建模软件包括欧特克公司的 Autodesk Revit Architecture、Bentley 系列软件：AECOsim Building Designer（简称 ABD）、用于协同设计的 Projectwise 和达索系列的 Dassault Catia、Digital Project，Graph Software ArchiCAD、Gehry Technologies 等；在钢结构设计上更多使用 3D3S、PKPM；在建筑设计领域，Rhino 配合 grasshopper 参数化建模插件，可以快速做出具有各种优美曲面的建筑造型。

1.2 BIM 与 Revit

BIM——Building Information Modeling（建筑信息模型），又添释义为：Building Information Management（建筑信息管理）。可见，随着事物的发展和演变，BIM 从最初单一的建筑信息模型概念设计逐渐转化到了涵盖建筑信息的管理层面。BIM 利用了先进的三维绘图工具，在建立 BIM 模型的同时，将与工程作业相关的所需要的数据链接至模型上，并通过模型呈现相关工具界面，提供工程项目相关的个人或协同作业人员模拟、互动操作、查询及附加应用等。

Revit——继欧特克公司 CAD 引起建筑业革命之后掀起又一场建筑业革命——从二维绘图转化到三维模型搭建，并迅速成为目前国内 BIM 应用方面的一款主流软件。Revit 2014 之后的版本融合建筑、结构、管线综合三大模块，基本覆盖了建筑设计方面所相关的专业，出于同宗，故而与 CAD 能够完美结合，两款软件之间的数据可以相互交换，而不用担心数据损失的问题。

总的来说，BIM 是一个平台，而 Revit 就是实现 BIM 的一个工具，两者是包含与被包含的关系。也就是说，Revit 是表现 BIM 技术的一个渠道，而 BIM 则是为 Revit 提供了一个展示的舞台。

1.3 Revit 建模常用术语

在开展项目过程中用于组成建筑模型的图元如：柱、基础、框架、门、窗、管道以及详图、注释和标题栏等都是利用“族”工具创建的，因此，熟练掌握族的创建和使用是有效运用 Revit 系列软件的关键。

本节从 Revit 建模中“族”相关的基本术语、族编辑器界面、基本命令等方面介绍族的基本知识，为后续学习打好基础。

1. 项目

Revit Architecture 中，项目是单个设计信息数据库模型。项目文件包含了建筑的所有几何图形及构造数据（包含但不仅限于设计模型的构件、项目视图和设计图）。通过单个项目文件，用户可以轻松地修改设计，并在各个相关平、立面图中体现，仅需跟踪一个文件，方便项目管理。

2. 图元

图元是建筑模型中的单个实际项。图元指的是图形数据，所对应的就是绘图界面上看得见的实体。在 Revit 中，按照类别、族、类型对图元进行分类，三者关系如图 1-3-1 所示。

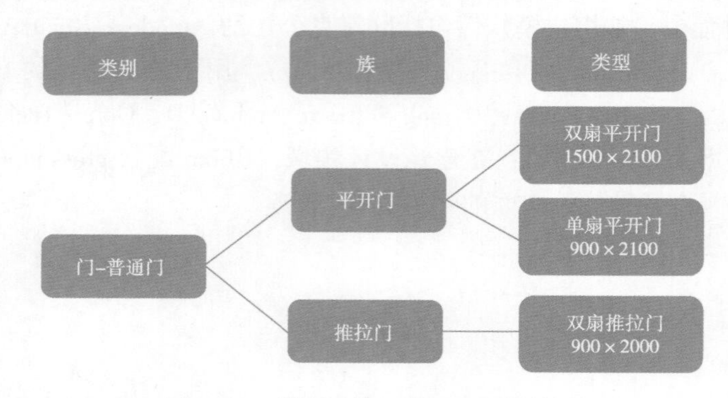

图 1-3-1　类别、族、类型之间的关系

Revit 中族是很重要的一部分，Revit 中使用的所有图元都是族。某些族（如墙、楼板等）包括在模型环境中。其他族（如特定的门或装置）需要从外部库载入到模型中。如果不使用族，无法在 Revit 中创建任何对象。通俗地讲就是在 Revit 中所有模型都是由多个不同种类的图元组成的，而这些图元都可以统称为族。

3. 族

组成项目的构件，也是参数信息的载体。族根据其参数属性集的共用、使用上的相同和图形表示的相似来对图元进行分组。一个族中不同图元的部分或全部属性可能有不同的值，但是属性的设置是相同的。例如，“平开窗”作为一个族，可以有多个不同尺寸和材质的平开窗类型。

提 示

族与项目之间的关系到底是怎样的呢？

类似搭积木一样，族相当于小积木块儿，项目则是最终所有积木块有机结合到一起后的成果。系统族相当于既成的积木块成品，作为样品展示于人前，而可载入族则是当成品库中没有需要用的积木块时，从原木重新定制成预期形状的积木块，建成后应用到实际项目中。

Revit 包含可载入族、系统族和内建族三种。

（1）可载入族：默认情况下，项目样板中已载入少部分可载入族，所有的可载入族存储在构件库中。使用族编辑器创建和修改族，可以复制和修改现有族，也可以根据各种族样板创建新的族。族样板可以是基于主体的样板，也可以是独立的样板。基于主体的族包括需要主体的构件。例如：以墙族为主体的门族，独立族包括柱、树和家具；族样板有助于创建和操作构件族。标准构件族可以位于项目环境外，且具有 .rfa 扩展名，可以将它们载入项目，从一个项目传递到另一个项目，而且如果需要还可以从项目文件保存到用户的库中。

（2）系统族：系统族是在 Autodesk Revit 中预定义的族，包含基本建筑构件，例如墙、窗和门。例如：基本墙系统族包含定义内墙、外墙、基础墙、常规墙和隔断墙样式的墙类型。可以复制和修改现有系统族并传递系统族类型，但不能创建新系统族；可以通过指定新参数定义新的族类型。

（3）内建族：在当前项目中新建的族，“内建族”只能存储在当前的项目文件里，不能单独存成 .rfa 文件，也不能用在别的项目文件中。内建族可以是特定项目中的模型构件，也可以是注释构件，例如：自定义墙的处理。创建内建族时，可以选择类别，且使用的类别将决定构件在项目中的外观和显示控制。

4. 族类别

以建筑构件性质为基础，对建筑模型进行归类的一组图元。如：门、窗、风管管件、给水排水附件等单独成族。族类别的选择是基于该族在行业中如何分类，即从制造商订购零件的方式，简单地说设置族类别就是用户来告诉 Revit “族”是什么，属于建筑、结构、机械、电气或是管道，在这五大类下还有很多小的分类，帮助用户给“族”定义符合实际用途的标签，如图 1-3-2 所示。

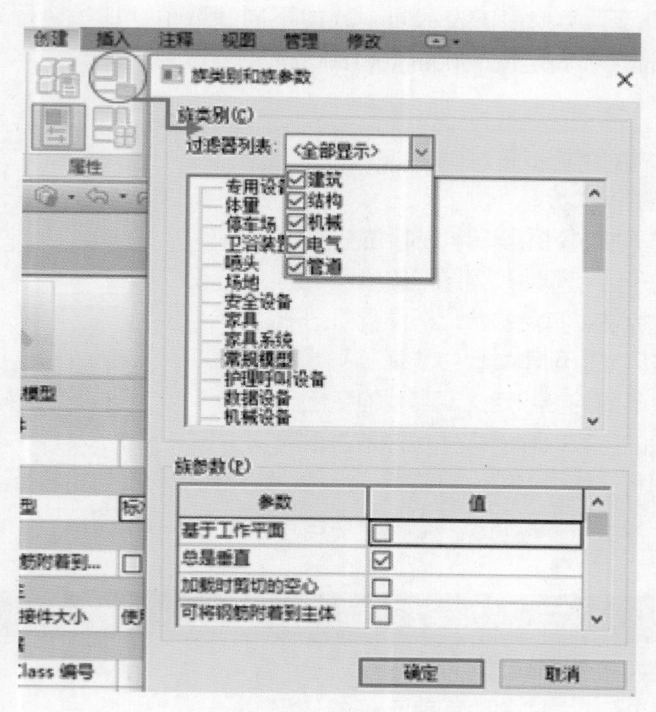

图 1-3-2　族类别

5. 族参数

族参数定义应用于该族中所有类型的行为或标识数据。不同的类别具有不同的族参数，具体取决于希望以何种方式使用构件。

控制族行为的一些常见族参数示例包括（图 1-3-3）：

族参数(P)

参数	值
基于工作平面	☐
总是垂直	☑
加载时剪切的空心	☐
可将钢筋附着到主体	☐
零件类型	标准
圆形连接件大小	使用直径
共享	☐

图 1-3-3　族参数

基于工作平面：选中该选项时，族以活动工作平面为主体。可以使任一无主体的族成为基于工作平面的族。

总是垂直：选中该选项时，该族总是显示为垂直，即 90°，即使该族位于倾斜的主体上，例如坡屋顶。

可将钢筋附着到主体：勾选后制作的族可以添加钢筋，不勾选则无法添加钢筋。

共享：仅当族嵌套到另一族内并载入到项目中时才适用此参数。如果嵌套族是共享的，则可以从主体族独立选择、标记嵌套族和将其添加到明细表。如果嵌套族不共享，则主体族和嵌套族创建的构件作为一个单位。

6. 族类型

族可以有多个类型，类型用于表示同一族的不同参数值，即一个固定窗族包含有“固定窗 900mm × 2100mm”“固定窗 1500mm × 1800mm” 等多种族类型。

提 示

创建标准构件族的常规步骤为：

（1）选择适当的族样板。

（2）定义有助于控制对象可见性的族的子类别。

（3）布局有助于绘制构件几何图形的参照平面。

（4）添加尺寸标注以指定参数化构件几何图形。

（5）全部标注尺寸以创建类型参数或实例参数。

（6）通过指定不同的参数定义族类型的变化。

（7）调整设定的参数以验证构件行为是否正确。

（8）用子类别和实体可见性设置指定二维和三维几何图形的显示特征。

（9）保存新定义的族，然后将其载入新项目，然后观察其如何运行。

本章纲要

1. 了解 BIM 建模软件。
2. 对于 BIM 与 Revit 之间的关系有正确的认识。
3. 熟练掌握 Revit 建模术语。

第2章 Revit族、项目的创建与保存

2.1 族编辑界面

双击 Revit 启动程序图标，开启界面如图 2-1-1 所示；选择新建族，弹出族样板文件选择界面（图 2-1-2），在选择样板文件时，要根据所需创建目标进行选择，如：需新建窗族，则选择基于“公制窗”的族样板文件；需创建门族，则选择基于“公制门”的族样板文件等。

图 2-1-1 开启界面

另外，“公制常规模型”适用于任何族的新建与修改，当系统样板文件库中没有适合使用的族样板文件时，可以选择“公制常规模型”创建所需族。

提 示

Revit 族文件基本格式有：

（1）rft 格式：创建 Revit 可载入族的样板文件格式。创建不同类别的族要选择不同的族样板文件。

（2）rfa 格式：Revit 可载入族的文件格式。用户可根据项目需要创建自己的常用族文件，以便随时在项目中调用。

进入族编辑界面，界面分区如图 2-1-3 所示（族编辑界面）。

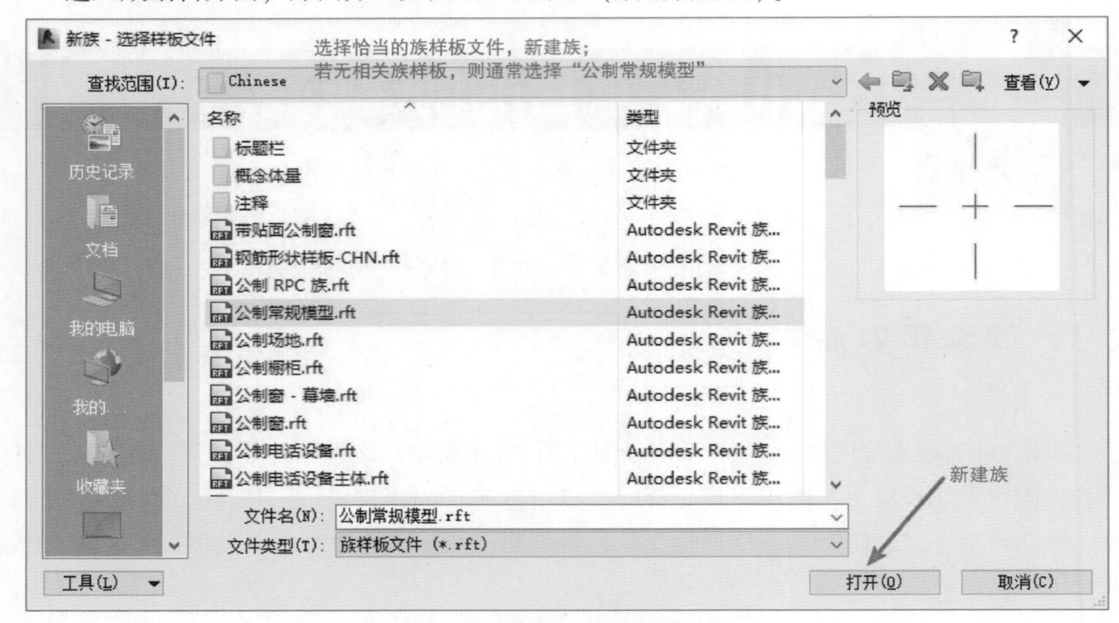

图 2-1-2　族样板文件选择界面

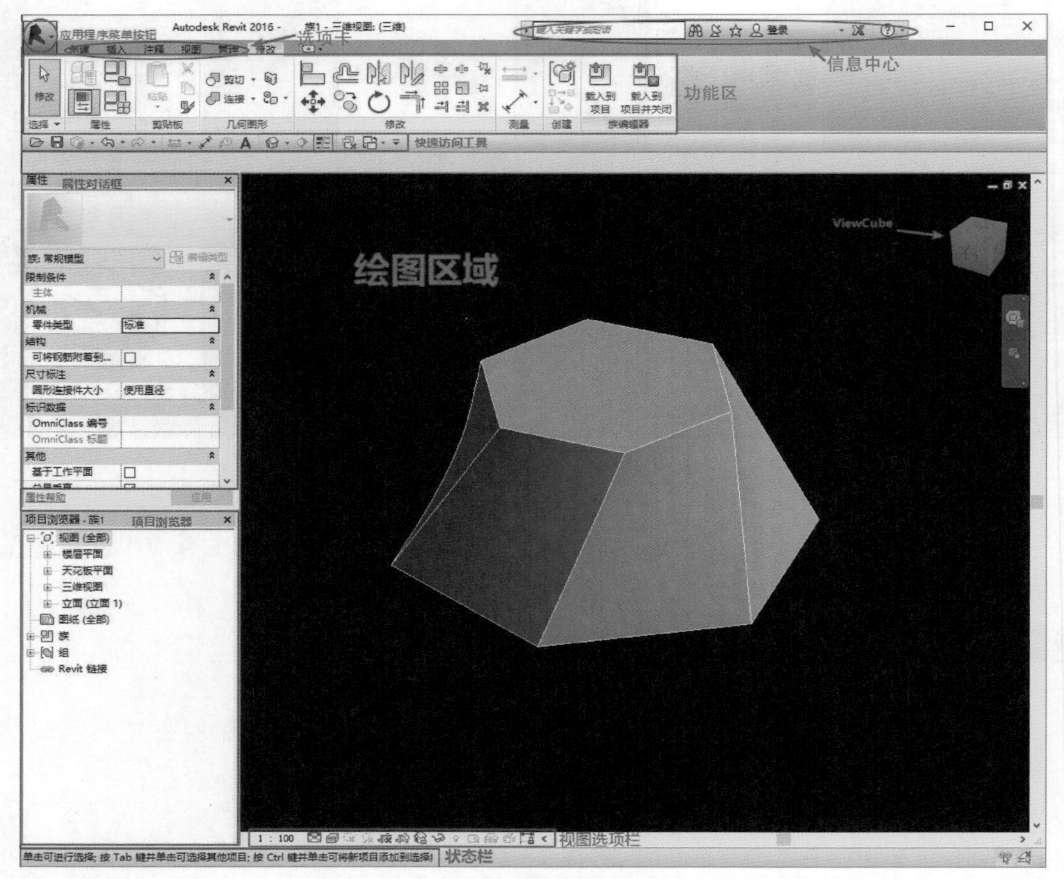

图 2-1-3　族编辑界面

2.1.1 应用程序菜单列表

应用程序菜单列表：包括“新建”“打开”“保存”“另存为”“打印”“退出 Revit”等命令均可以在此菜单下执行（图 2-1-4）。在应用程序菜单中，可以单击各菜单右侧的箭头展开查看每个菜单项的选择项，然后再单击列表中各选项执行相应的操作。

特别需要注意的是：单击右下角 选项 按钮，打开“选项”对话框（图 2-1-5），以下对比较常用的几个选项进行简单介绍：

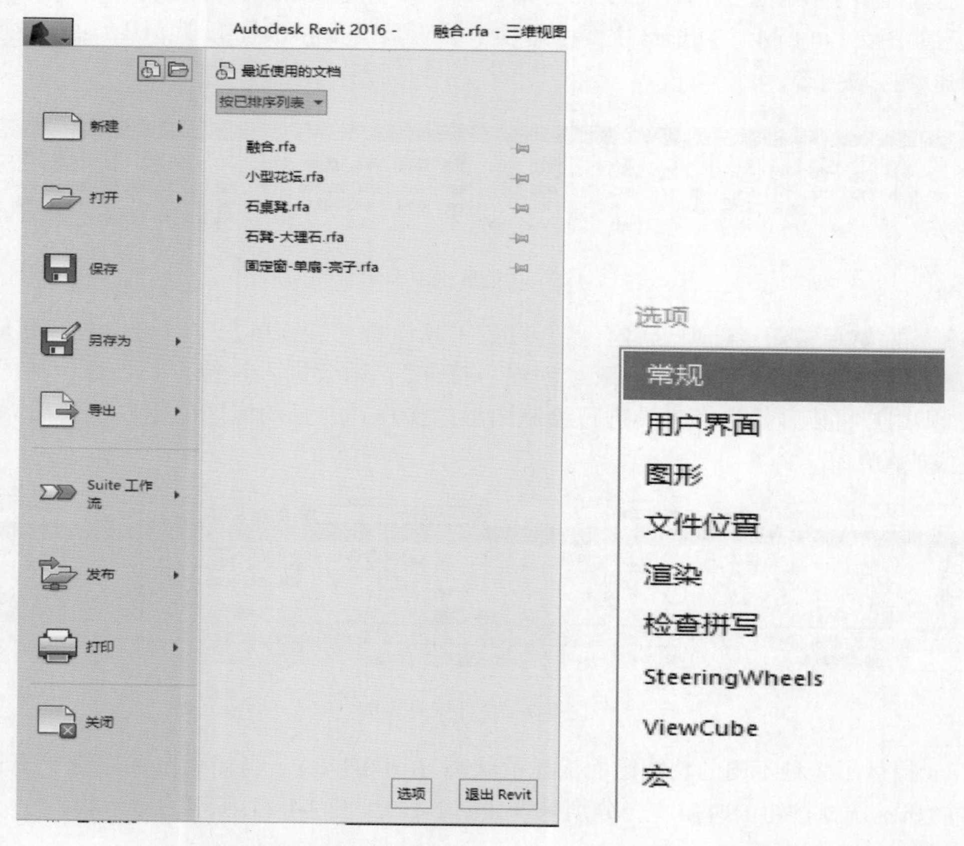

图 2-1-4 应用程序菜单列表

图 2-1-5 “选项”对话框

常规：用户对相关通知（保存提醒间隔、与中心文件同步提醒间隔）、用户名、日志清理等进行设置。

用户界面：用户可根据自己的工作需要自定义出现在功能区域的选项卡命令，并自定义“快捷键”“双击选项”等。

图形：对 Revit 界面图形模式显示进行设置（如界面绘图区域背景颜色调整方式为“图形→颜色→背景”，选择习惯的背景颜色）。

文件位置：项目样板文件路径、族样板文件路径、族库路径、用户文件存储路径等的设置，当用户在运行软件时提示“找不到样板文件所在”时，就要检查一下各个文件位置是否尚未设置正确。

提 示

一般的，项目样板文件存储路径为 C:\ProgramData\Autodesk\RVT 2016\Templates\China；族样板文件存储路径为 C:\ProgramData\Autodesk\RVT 2016\Family Templates\Chinese；族库存储路径为 C:\ProgramData\Autodesk\RVT 2016\Libraries\China。

2.1.2 功能区

功能区提供了在创建族时所需要的全部工具。在创建项目文件时，功能区“创建”选项卡显示如图 2-1-6 所示。功能区主要由选项卡、工具面板和工具组成，图 2-1-6 展示的只是“创建”区域内容。

图 2-1-6 功能区选项卡示意

用鼠标左键单击任意选项卡将会展开对应工具面板，继续单击工具可以执行相应的命令，进入绘制或编辑状态（如：按照“创建→拉伸”，则会进入拉伸工具界面，如图 2-1-7 所示），则用户可以开始选择工具进行绘制图形的操作，并且功能区的空白区会高亮显示，直到完成族的编辑。

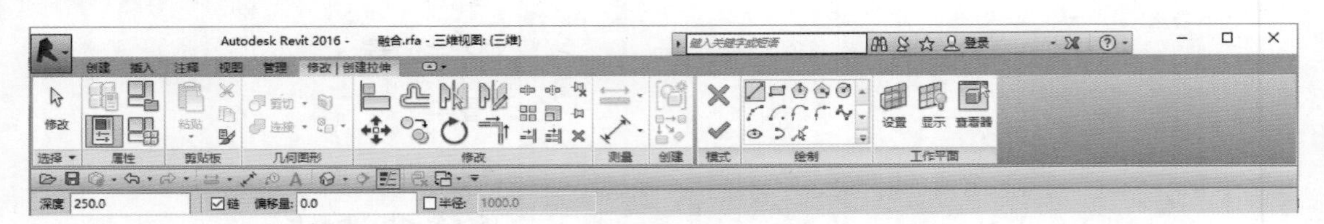

图 2-1-7 拉伸工具界面

Revit 提供了 3 种不同的功能区面板显示状态（图 2-1-8）。当使用鼠标左键单击选项卡最右端的显示选择按钮的时候，会分别呈现如图 2-1-9 ~ 图 2-1-11 所示的显示状态。

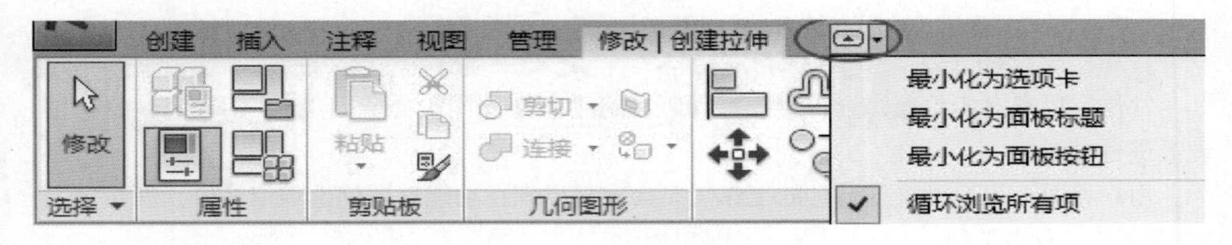

图 2-1-8 功能区面板显示状态

图 2-1-9 最小化为选项卡

图 2-1-10 最小化为面板标题

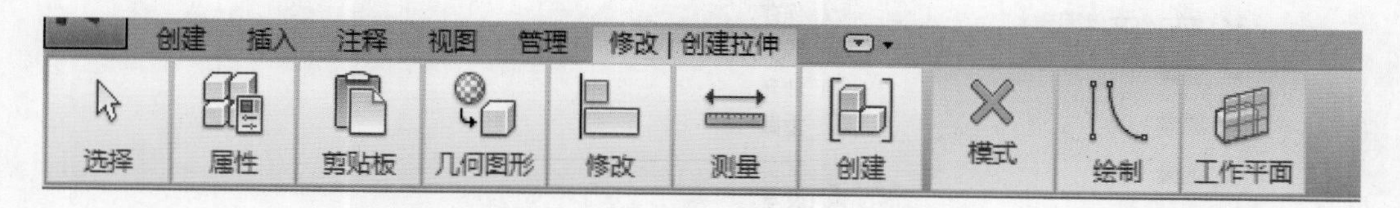

图 2-1-11 最小化为面板按钮

2.1.3 快速访问工具栏

快速访问工具栏：用于执行经常使用的命令，如图 2-1-12 所示，默认情况下快速访问栏包含下列项目：

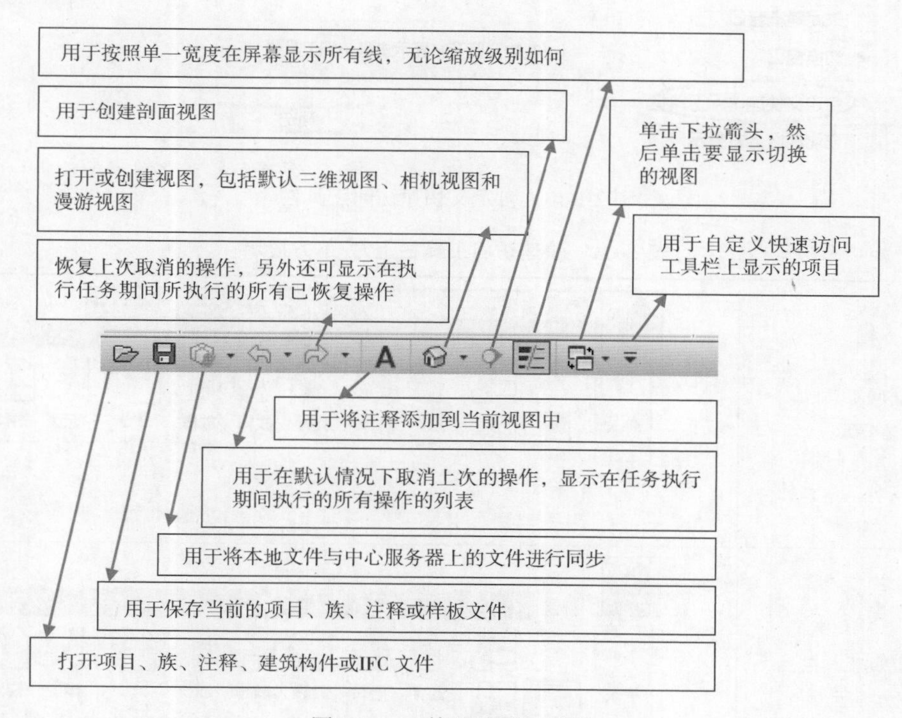

图 2-1-12 快速访问工具栏

可以根据需要自定义快速访问工具栏中的工具内容，根据自己的需要重新排列顺序。单击“自定义快速访问工具栏”下拉菜单，在列表中选择“自定义快速访问工具栏”选项，将弹出“自定义快速访问工具栏”对话框，如图 2-1-13 所示。使用该对话框，可以重新排列快速访问工具栏中的工具显示顺序，并根据需要添加分隔线。勾选该对话框中的“在功能区下方显示快速访问工具栏”选项也可以修改快速访问工具栏的位置（勾选前后对比见表 2-1-1）。

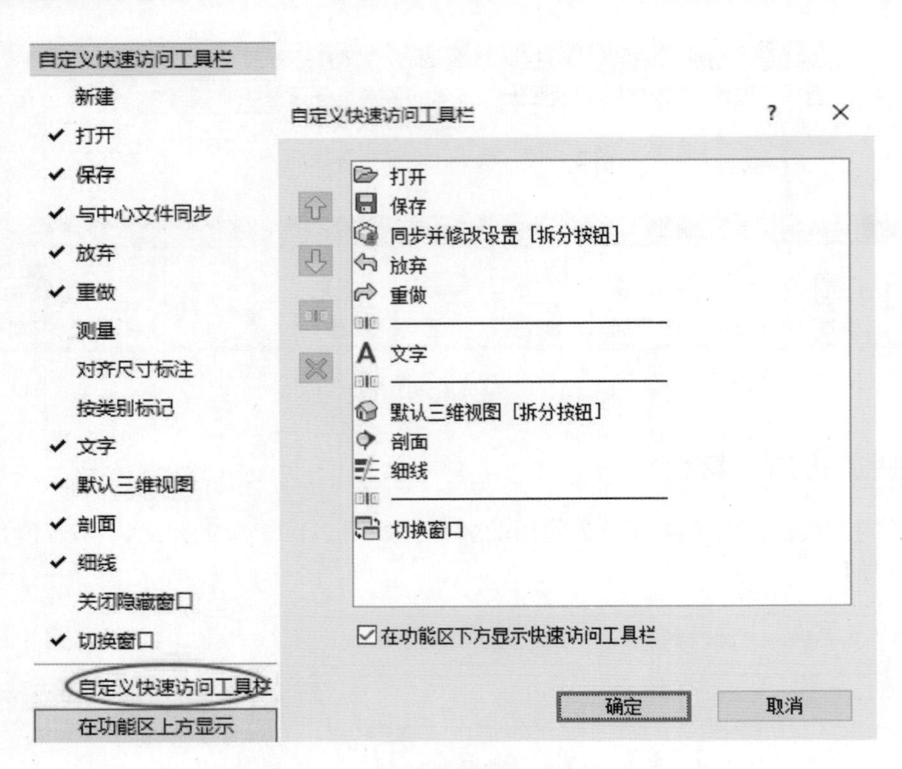

图 2-1-13　自定义快速访问工具栏

表 2-1-1　快速访问工具栏上方/下方显示

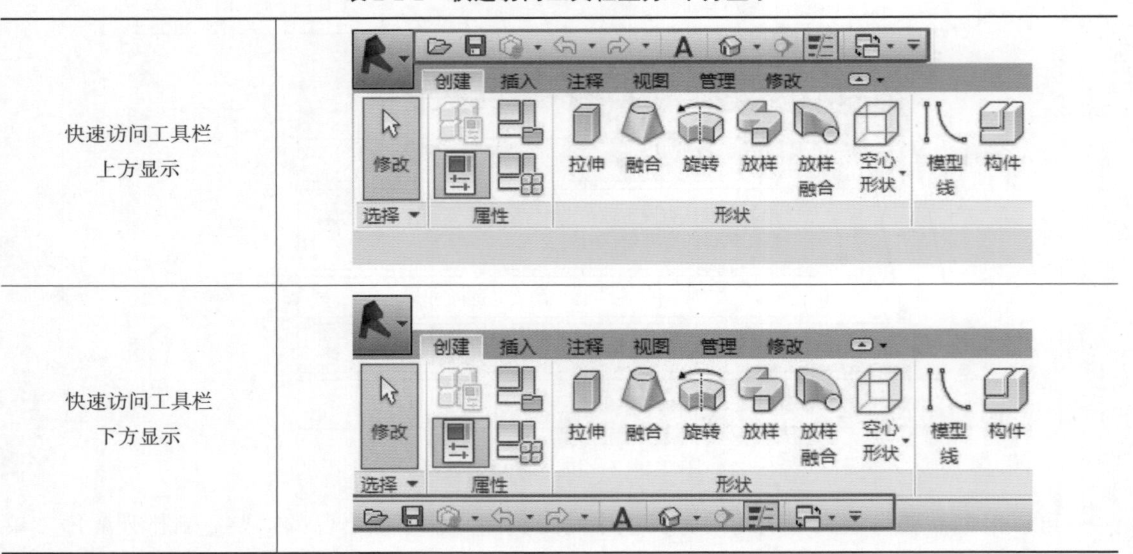

快速访问工具栏上方显示	
快速访问工具栏下方显示	

2.1.4　上下文选项卡

当执行某些命令或选择图元时，功能区则会出现某个特殊的“上下文”选项卡，该选项卡下工具面板所包含的工具与对应命令的“上下文”相关联，如图 2-1-14 所示。

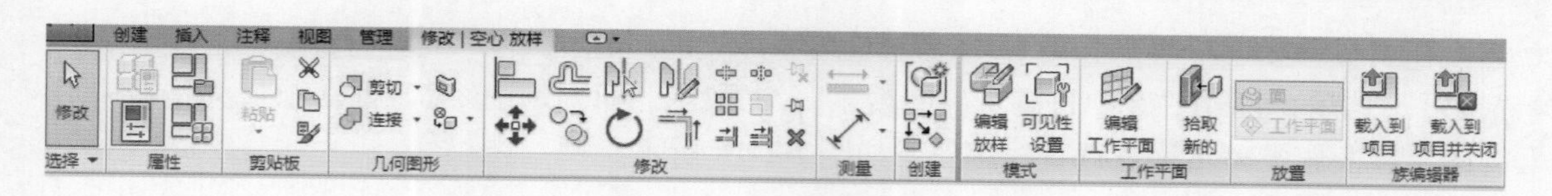

图 2-1-14　上下文选项卡

2.1.5　选项栏

选项栏：用于当前操作的细节设置，例如：链、深度、半径、偏移等（图 2-1-15）。选项卡的出现依赖于当前命令，所以与上下文选项卡同时出现、同时退出，当选择上下文选项卡中不同的操作命令的时候，选项栏的内容会因命令不同而有所不同（表 2-1-2），根据用户需要进行参数设置。

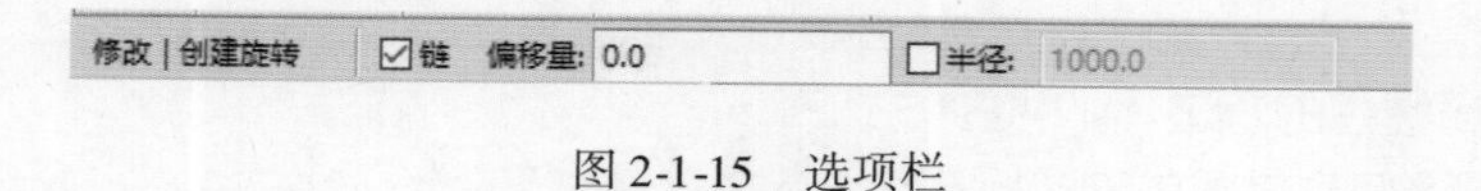

图 2-1-15　选项栏

表 2-1-2　选项栏状态示意

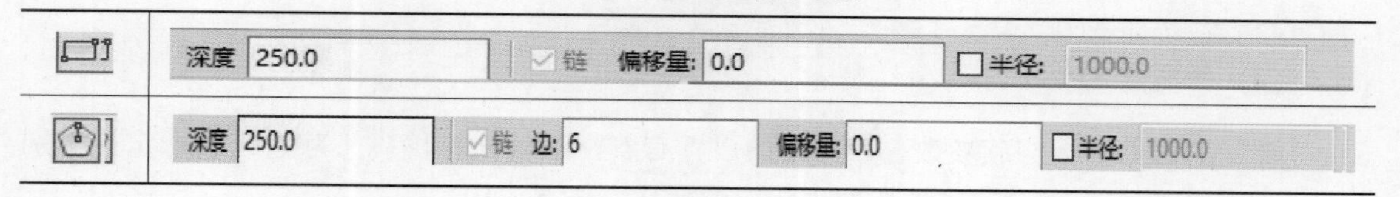

2.1.6　项目浏览器

项目浏览器用于组织和管理当前项目中包括的所有信息，包括项目中所有视图、明细表、图纸、族、组、链接的 Revit 模型等。按逻辑层次关系整合这些项目资源，方便用户使用与管理。展开和折叠各分支时，将显示下一层集的内容（图 2-1-16、图 2-1-17）。

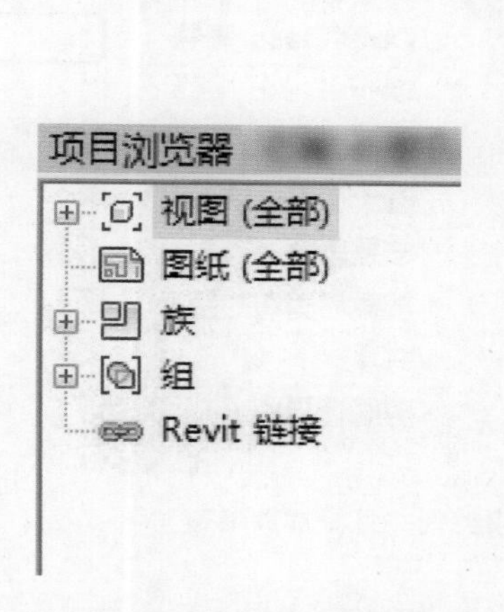

图 2-1-16　族-折叠项目浏览器

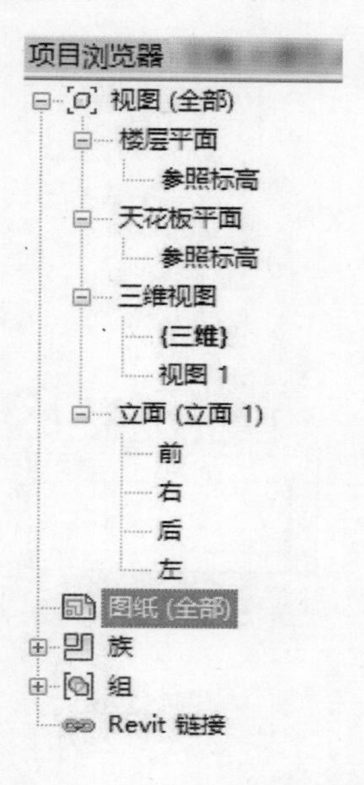

图 2-1-17　族-展开项目浏览器

在项目浏览器对话框任意栏目名称上单击鼠标右键，在弹出的“右键菜单”中选择“搜索”选项，打开“在项目浏览器中搜索”对话框，可以使用该对话框在项目浏览器中对视图、族及族类型名称进行查找定位，如图 2-1-18 所示。

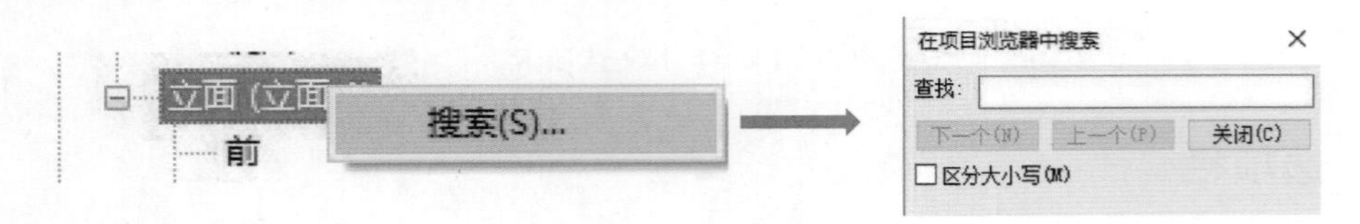

图 2-1-18　在项目浏览器中搜索

2.1.7　属性面板

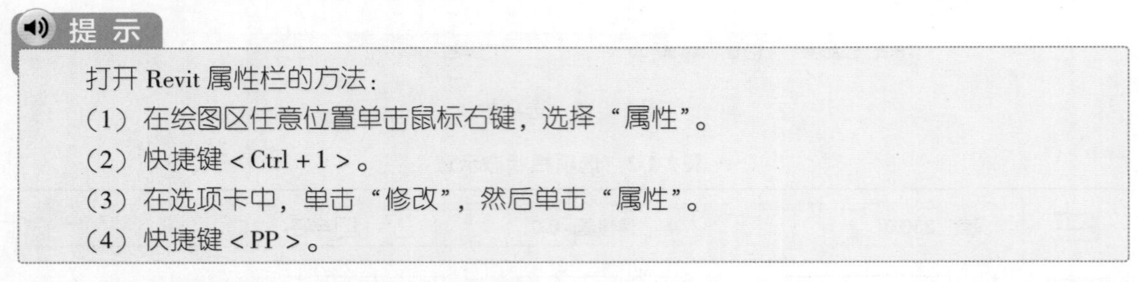

提 示

打开 Revit 属性栏的方法：

（1）在绘图区任意位置单击鼠标右键，选择“属性”。

（2）快捷键 <Ctrl + 1>。

（3）在选项卡中，单击“修改”，然后单击“属性”。

（4）快捷键 <PP>。

“族”的属性面板与族参数、族类型的设置有着密不可分的联系，为“族”选定族类别并且添加族参数之后，会在属性栏发生相应的变化（图 2-1-19）。

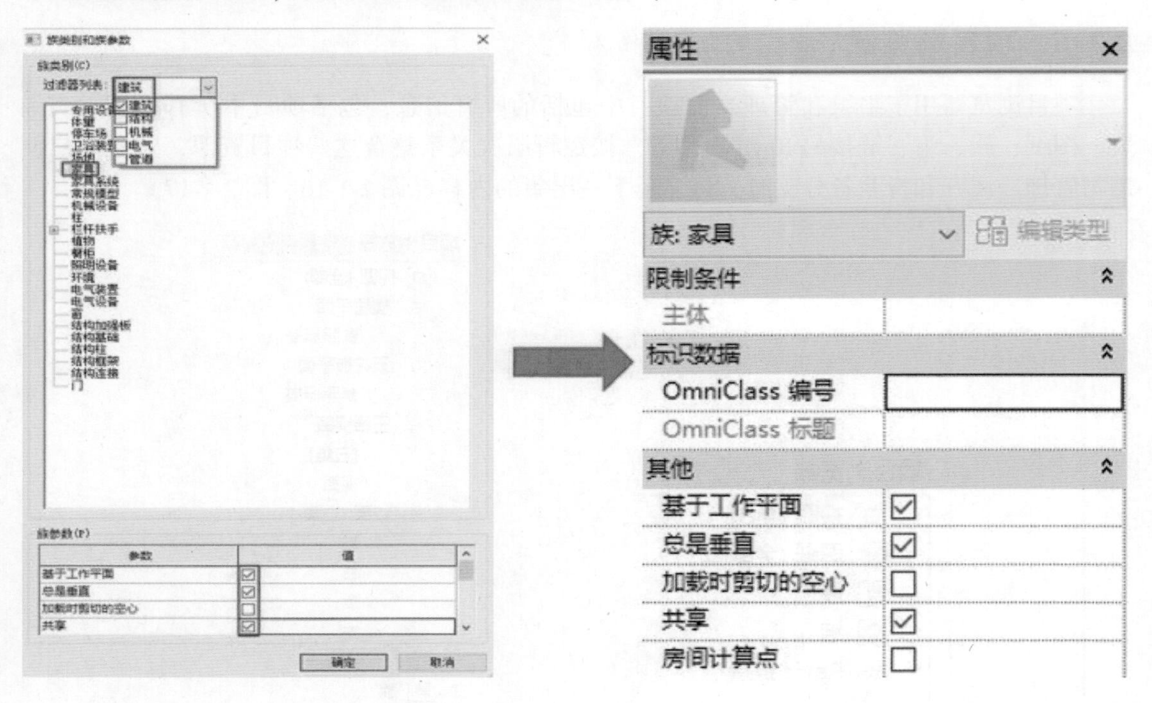

图 2-1-19　为“族”选定族类别并且添加族参数

关于族类型：单击属性功能区按钮（族类型），允许用户为目前编辑的族类型添加参数值或者在族中创建新的类型。另外，在一个族中，可以创建多种族类型，其中每种类型均表示族中不同的大小或变化。使用“族类型”工具可以指定用于定义族类型之间差异的参数。

如图 2-1-20 所示，新建族类型“推拉门 900mm × 2000mm”，添加材质、尺寸标注等参数，最终生成如图 2-1-21 含参数的族类型，单击“应用”“确定”按钮，即可。

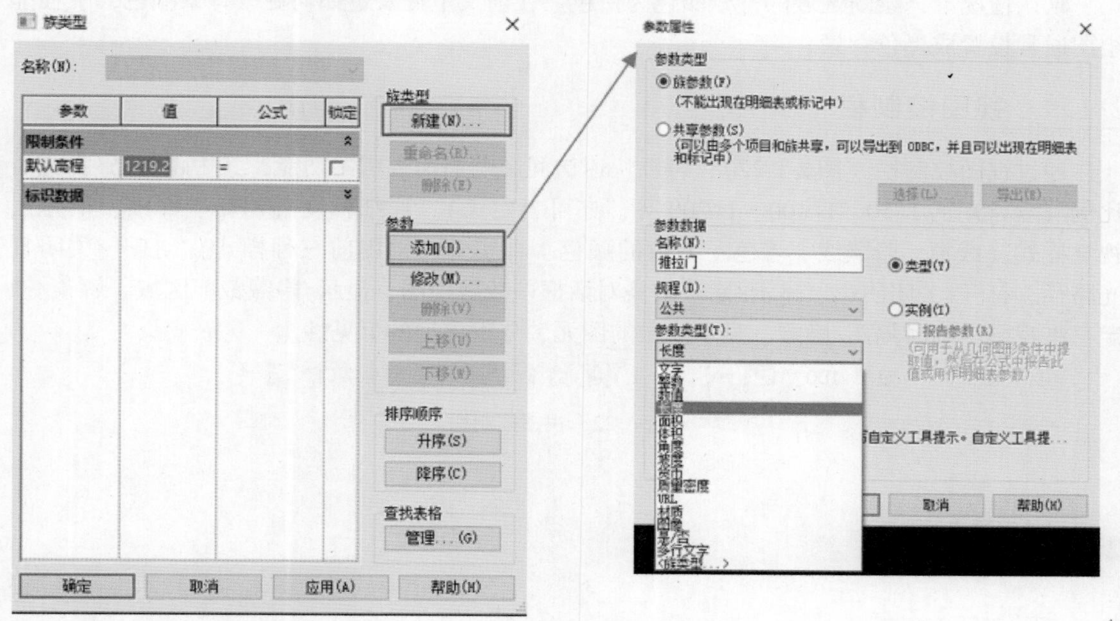

图 2-1-20　族类型编辑

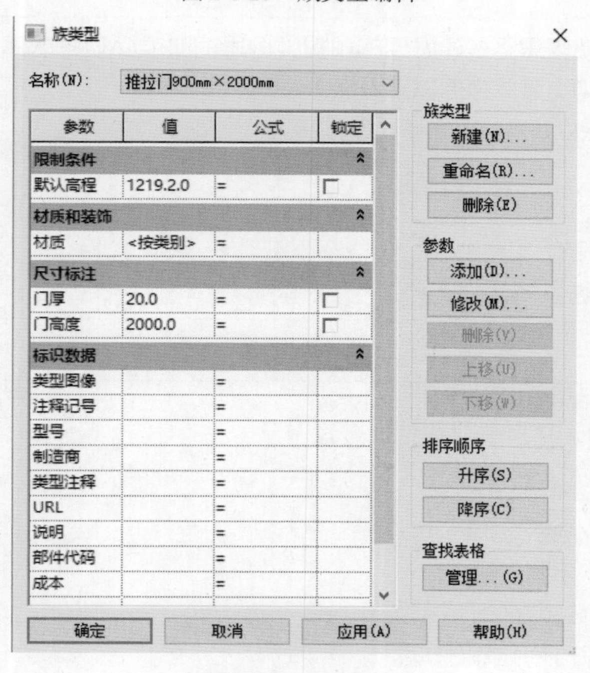

图 2-1-21　族类型

2.1.8 绘图区域

绘图区域显示当前族的全部视图——楼层平面图、天花板平面图、三维视图、图纸及明细表等。每当切换至新视图时，都在绘图区域将创建新的视图窗口，且保留所有已打开的其他视图。通过“视图→窗口→平铺/层叠”工具，选择已经开启的视图的显示方式，常用快捷键 <WT> 进行平铺视图。

默认情况下，绘图区域的背景颜色为白色。在前文里提及过如何更改背景颜色，工程师绘图通常设置成黑色背景。

2.1.9 视图控制栏

通过视图控制栏（图 2-1-22），可以快速访问影响当前视图的功能，其中包括下列功能：比例（含常用的 1:50、1:100、1:200 等，亦可自定义）、详细程度（粗略、详细、中等）、视觉样式（线框、隐藏线、着色、一致的颜色、真实等，常用前三种样式）、打开/关闭日光路径、打开/关闭阴影、显示/隐藏渲染对话框、裁剪视图、显示/隐藏裁剪区域、解锁/锁定三维视图、临时隔离/隐藏、显示隐藏的图元、分析模型的可见性。

图 2-1-22 视图控制栏

2.2 族的创建

提示1

有一个创建族的清晰思路是建好族的前提，构思的时候必须考虑清楚族的创建构思和实现手段，在前期构思中，着重考虑以下五点：

（1）族插入点/原点。

（2）族主体。

（3）族的类型。

（4）族的详细程度。

（5）族的显示特性。

提示2

族创建之始要确定：

（1）定义子类别。

（2）选择族样板。

（3）定义插入点/原点。

（4）布局参照线/平面。

（5）设置基本参数。

（6）添加尺寸标注并与参数关联。

提示3

族几何形体的绘制和参数化设置：

（1）定义族类型。

（2）绘制几何形体。

（3）将几何形体约束到参照平面。

（4）调整参数值和模型，判断族行为。

提示4

族的其他特性设置：

（1）进一步设置子类别。

（2）设置可见性参数。

提示5

保存族文件。

创建族的常用方式是创建实体模型和空心模型，下面将分别介绍各个建模命令使用方法。

提示6

当鼠标指针悬停于工具标识上不进行点击操作时，Revit 会自动播放软件系统自带的教程动画，使用户轻松掌握操作过程，如图 2-2-1 所示为“实心拉伸”的教程。

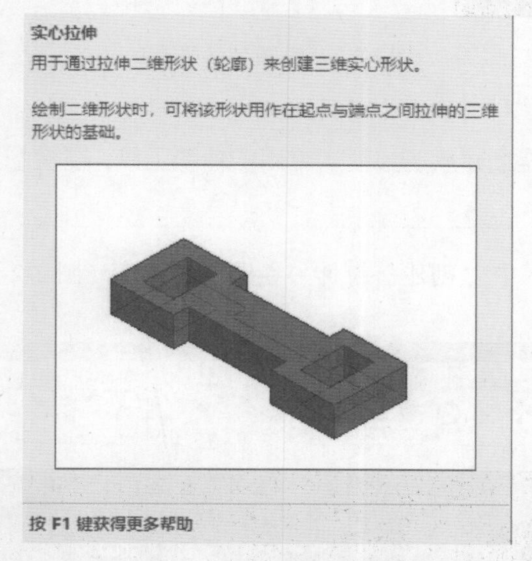

图 2-2-1　“实心拉伸”的教程

启动 Revit，并新建基于公制常规模型的族，选择“创建”选项卡，工具面板如图 2-2-2 所示，工作平面默认为参照标高。

图 2-2-2　“创建”选项卡工具面板

1. 拉伸

通过绘制一个封闭的拉伸端面并给一个拉伸高度进行建模，创建一个实心形状。以创建含有长、宽、高参数属性的立方体为例，介绍拉伸使用方法，步骤如下：

（1）在绘图区域绘制四个两两正交的参照平面（快捷键 <RP>），并在参照平面上标注尺寸（快捷键 <DI>）并标签参数，如图 2-2-3 所示。

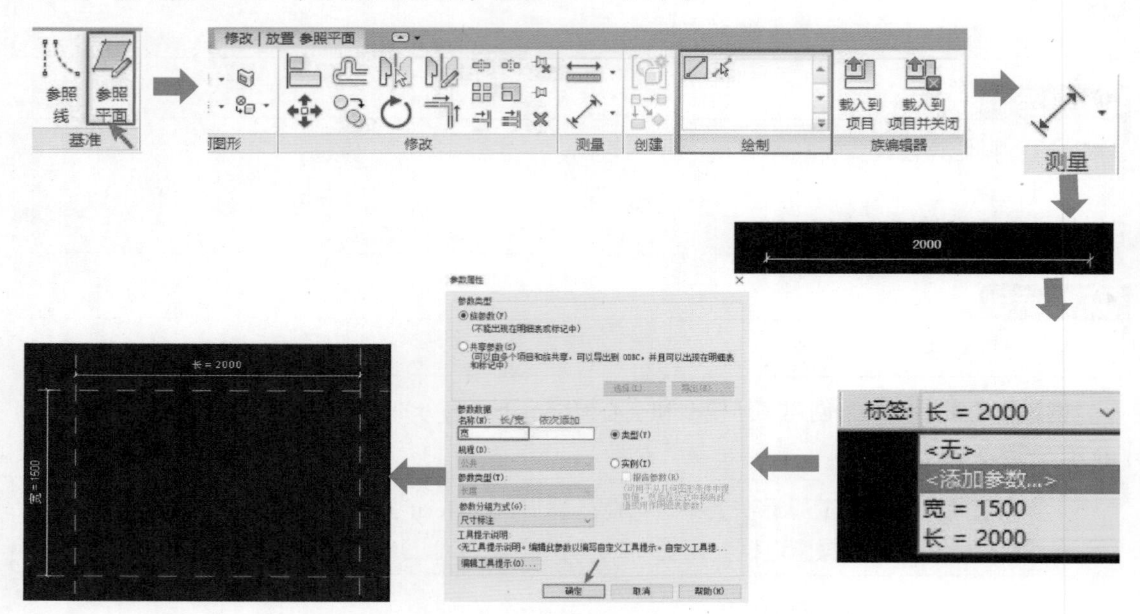

图 2-2-3　族-绘制参照平面

> 提 示
>
> 参照平面、参照线是创建族的过程中常用的辅助工具，在绘图界面默认以绿色细虚线呈现。

（2）依次单击功能区中“创建→拉伸→绘制 - 矩形”（图 2-2-4），在绘图区域绘制矩形，按 <Esc> 键退出。

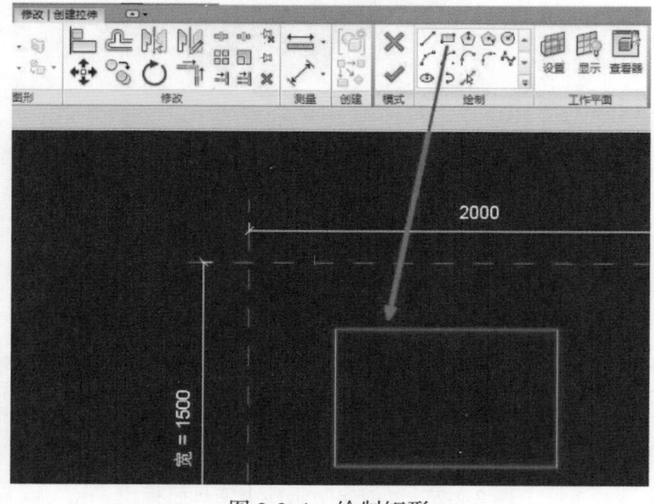

图 2-2-4　绘制矩形

（3）使用“对齐” <AL>命令，将矩形四条边与四个参照平面对齐并上锁。

提 示

执行对齐命令时，应当先选择目标位置，再选择目标（即“ <AL>命令→参照平面1→矩形边1”，如图2-2-5所示），当宽1（目标）成功与参照平面1（目标位置）重合，鼠标指针为“锁状”，单击即可锁定（图2-2-6）。

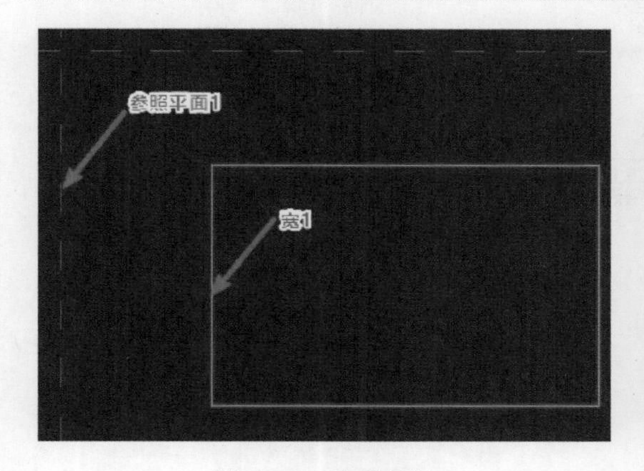

图2-2-5 选择目标

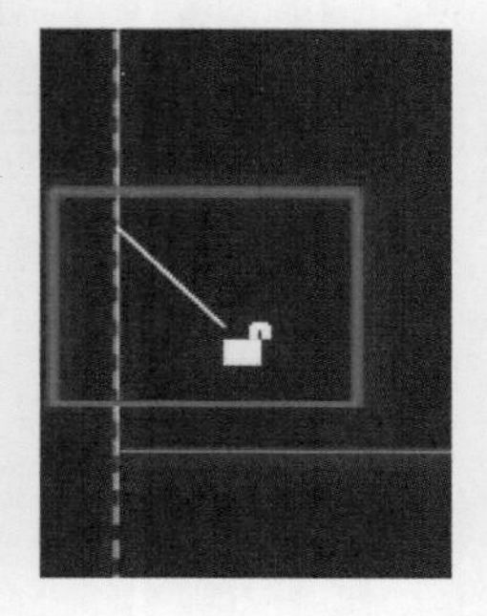
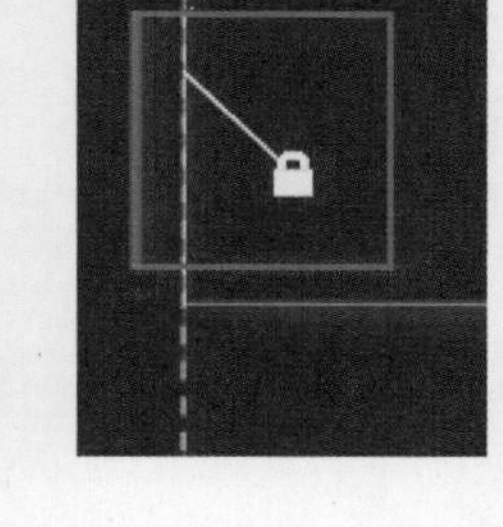

图2-2-6 “锁定”

（4）单击按钮，完成实体矩形的草图编辑模式。

（5）使用项目浏览器转换到任意立面（双击立面-前/后/左/右），以立面-前为例：“项目浏览器→立面→前→绘制参照平面→对齐、锁定→尺寸标注→添加标签参数（高=750）”，如图2-2-7所示。

图2-2-7 添加标签参数（高=750）

通过此方式则可编辑一个含有可变参数的立方体，在族类别中就可以修改长、宽、高为任意数值了。

（6）另存为/保存，首次保存族文件需设置保存位置及其他，可以直接单击保存按钮，也可以单击Revit开始菜单按钮，选择“保存/另存为”，将“文件名”“选项-文件保存选项”等设置好，确定后保存至用户路径，如图2-2-8所示。

2. 融合

融合两个平面的轮廓创建实心形状，两个平面不在同标高，通过融合命令连接成实心模型，以创建圆台为例，掌握融合绘制方法：

（1）依次单击功能区中“创建→形状→融合”，首先进入“创建融合底部边界”模式，

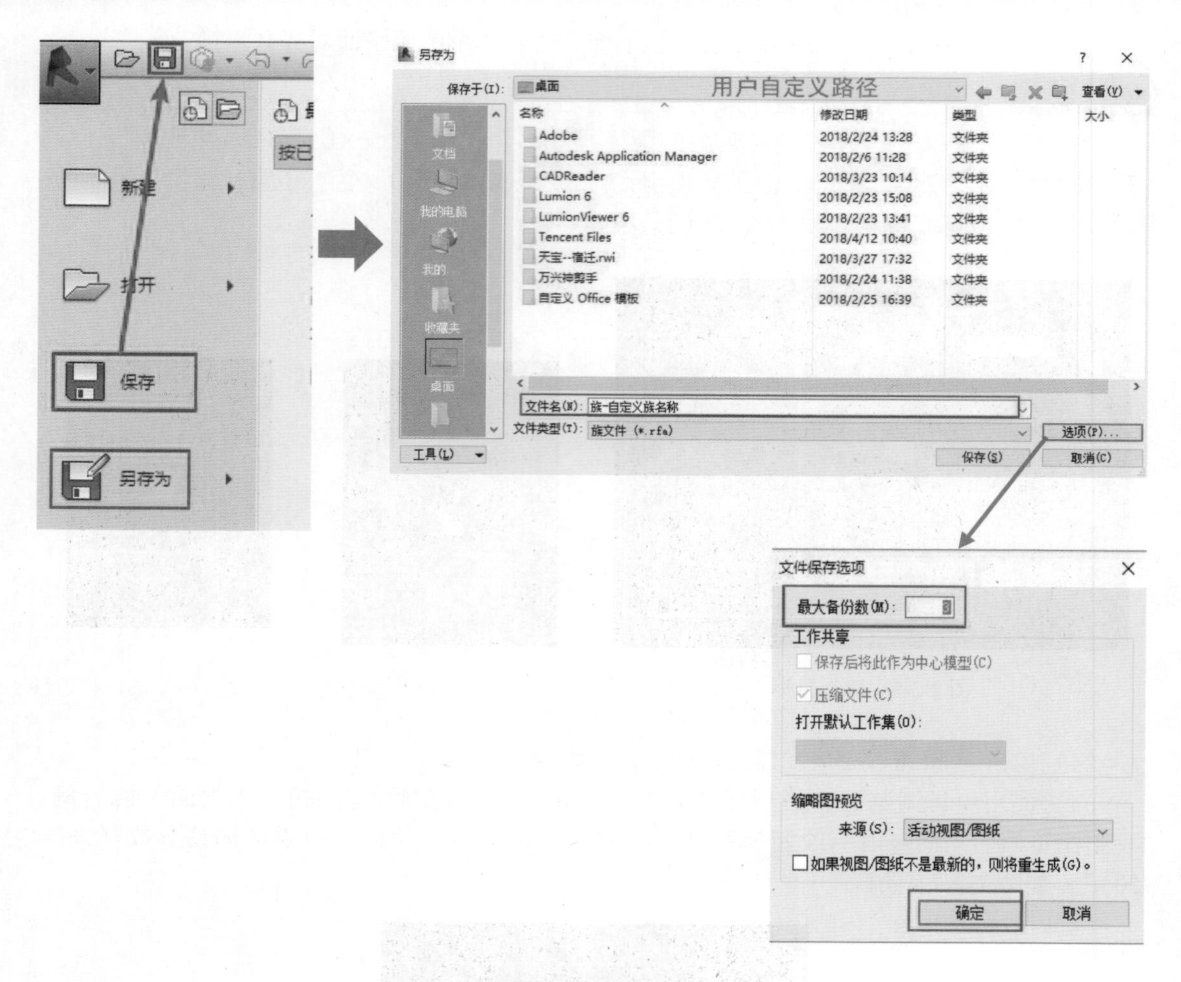

图 2-2-8　另存为/保存

在绘制工具面板有各种绘制工具，选择合适的工具可以提高工作效率，选择“圆形工具”绘制一个圆形底部轮廓。

（2）接着单击“编辑顶部”按钮，则切换到顶部融合面的绘制，绘制另一个圆形顶部轮廓。

（3）单击选项卡中的“模式”按钮，完成融合建模（图 2-2-9）。

（4）与拉伸构件高度设定类似，使用项目浏览器转换到任意立面（双击立面－前/后/左/右），以“立面-前”为例：“项目浏览器→立面→前→绘制参照平面→对齐、锁定”（图 2-2-10）。

（5）单击快速访问工具栏“三维视图”按钮，切换到三维视图查看，在视图控制栏将详细程度、视觉样式分别调为

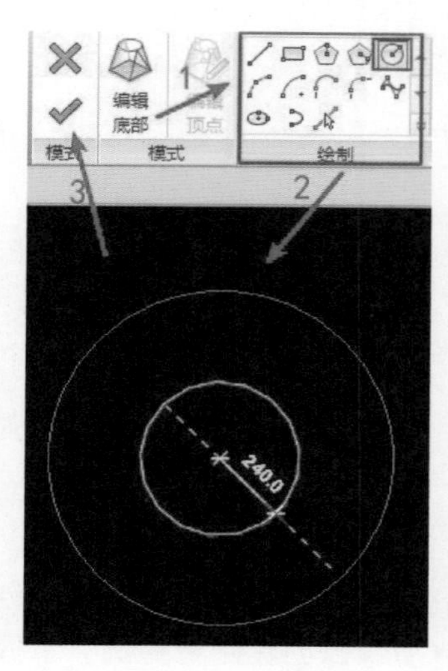

图 2-2-9　融合建模

精细、真实，以使查看效果更佳，如图 2-2-11 所示。

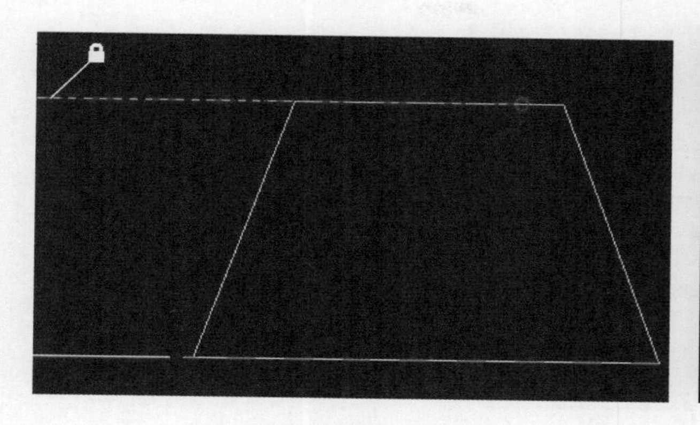

图 2-2-10 转换到任意立面

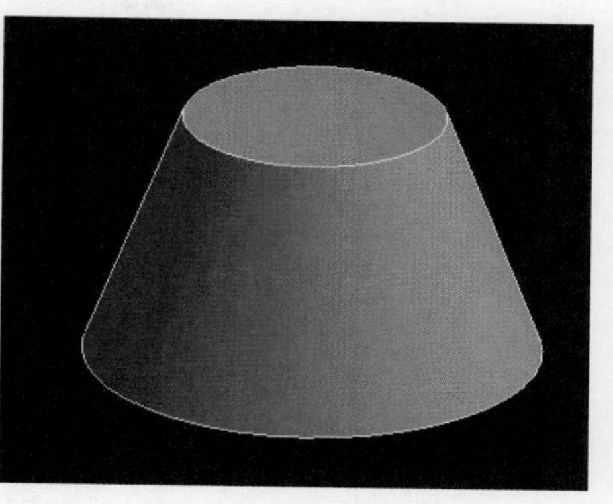

图 2-2-11 三维视图查看

（6）另存为/保存。

提 示

在使用融合建模的过程中可能会遇到融合效果不理想的情况，可通过增减数个融合面的顶点数量来控制融合的效果，具体操作请参考 Revit 族帮助，在此不展开详述。

3. 旋转

旋转命令通过绕旋转轴放样二维轮廓创建实心三维模型，并且二维轮廓的线条必须在闭合的环内，否则无法完成旋转，如果草图轮廓非闭合，则会在右下角弹出错误提示，如图 2-2-12 所示，单击“继续”按钮则可以对高亮显示处的轮廓线进行修改。具体操作如下：

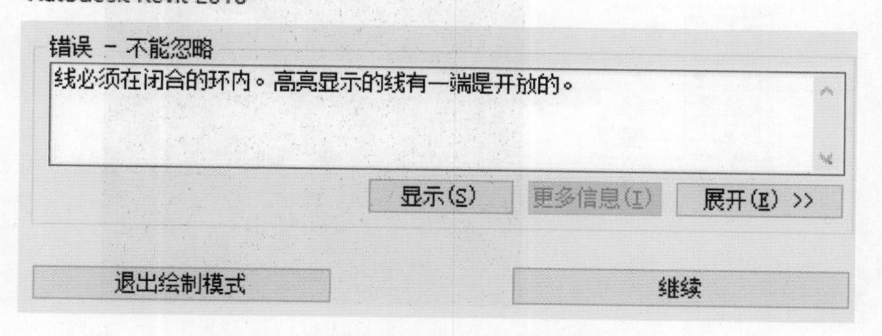

图 2-2-12 错误提示（草图轮廓非闭合）

（1）依次单击“创建→形状→旋转”，默认先绘制“边界线”，可绘制任意闭合形状，选择绘制面板中的工具绘制一个闭合轮廓。

（2）继步骤（1）之后，选择的“边界线”按钮下方“轴线”按钮，执行轴线的绘制或拾取。

（3）单击✓按钮，完成旋转。

（4）另外，用户可以对已有的旋转实体进行属性编辑，可自定义旋转角度。应先选中已完成旋转命令的模型，在属性对话栏，对其角度进行编辑，如图 2-2-13 所示。

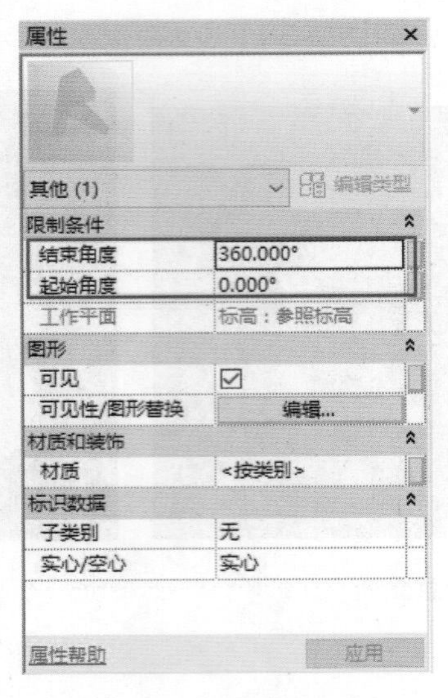

图 2-2-13　属性对话栏

（5）另存为/保存。

4. 放样

用于创建需绘制或应用轮廓且沿路径拉伸该轮廓的族的建模，具体操作如下：

（1）在执行放样命令前，需在“参照标高”工作平面上绘制一条参照线（在放样界面无法直接选取系统参照平面，所以要借助于参照线，放样创建成功之后可删除）。实线为参照线，虚线为参照平面，示例如图 2-2-14 所示。

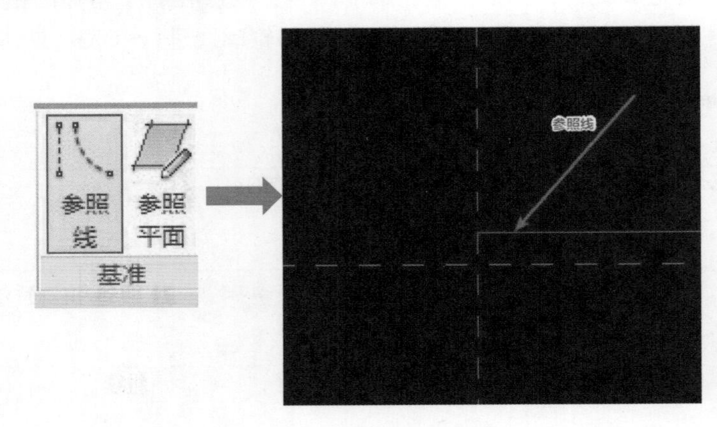

图 2-2-14　参照线与参照平面

（2）依次单击“创建→形状→放样”，进入放样绘制界面（图 2-2-15），执行放样命令“绘制路径”和“拾取路径”两种路径选择方式。以拾取路径为例进行解释：单击“拾取路径”，拾取步骤（1）绘制的参照线，单击✔按钮完成拾取。

图 2-2-15　放样绘制界面

（3）单击“编辑轮廓”，在弹出的“转到视图”对话框中选择“立面：右”，单击“打开视图”并在“右立面”上绘出封闭轮廓，单击✔按钮，完成轮廓绘制。

（4）轮廓界面绘制完成后，再次单击✔按钮，完成建模。

（5）另存为/保存，步骤演示如图2-2-16所示。

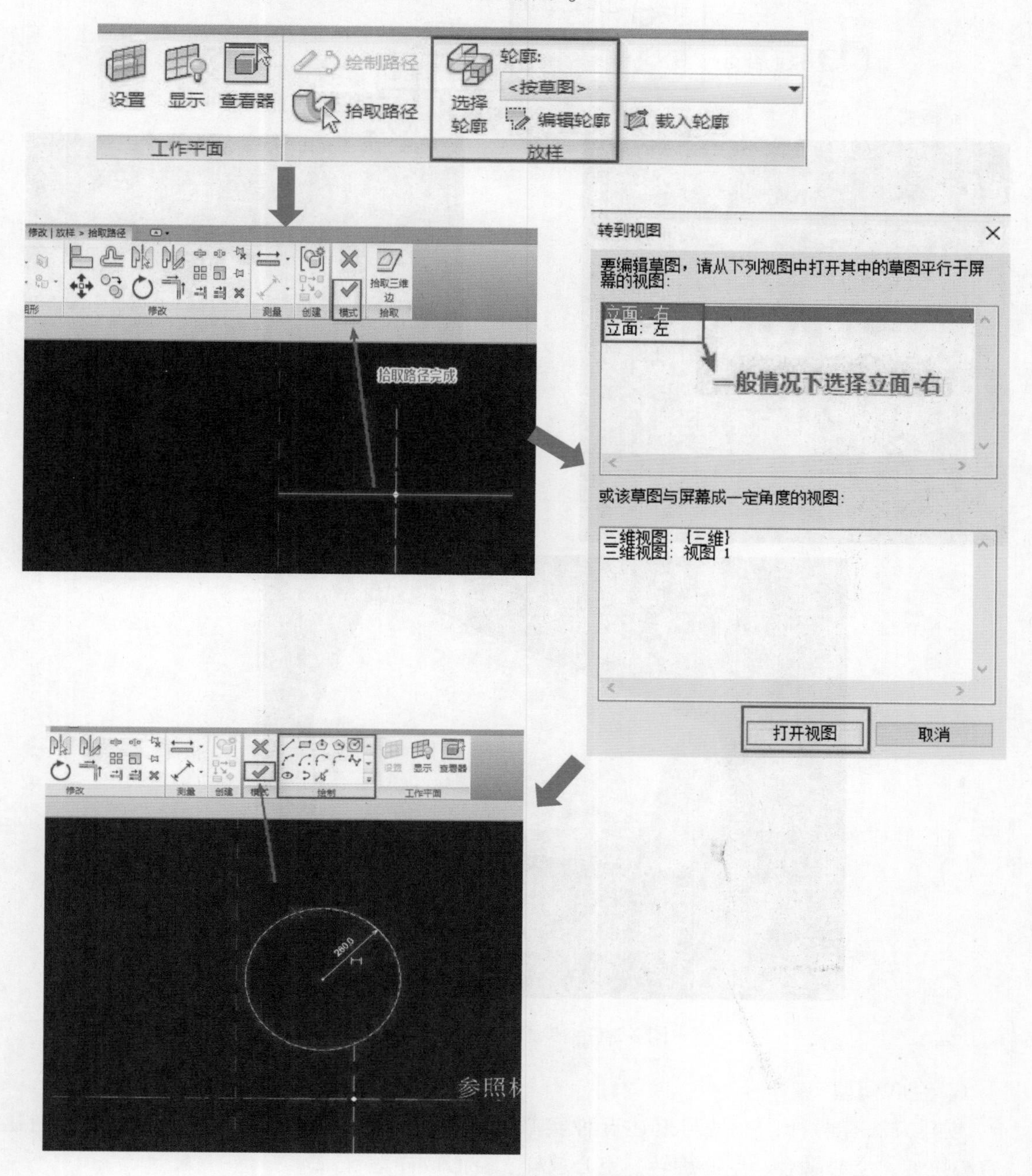

图2-2-16 步骤演示（放样）

5. 放样融合

便于创建具有两个不同轮廓的融合实体，放样融合实体由两个轮廓形状通过指定路径来确定。创建方法与步骤（3）相似，分别创建轮廓1、轮廓2，最终完成放样融合，如图2-2-17所示。

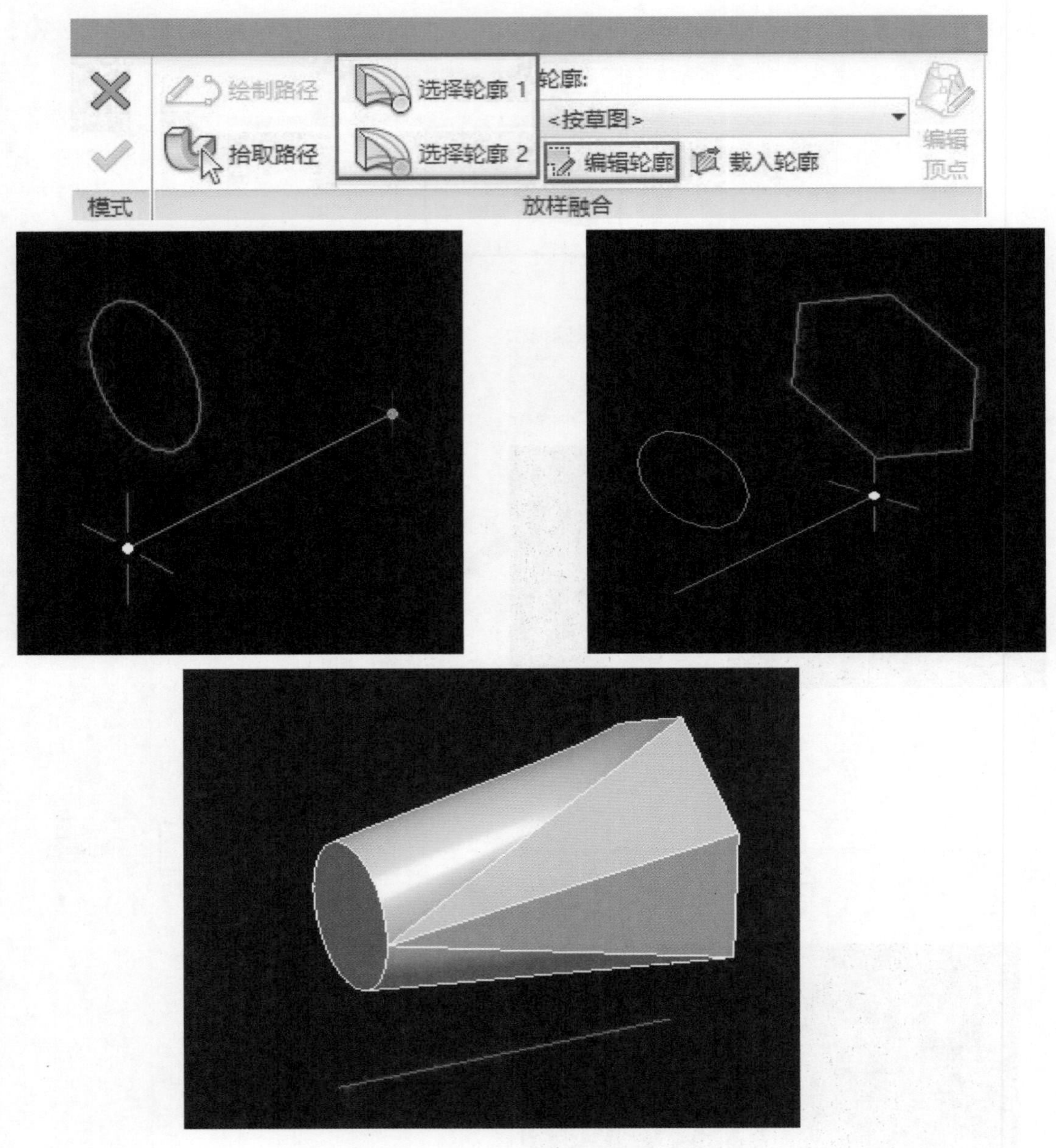

图 2-2-17　步骤演示（放样融合）

6. 空心模型

创建方法有两种，一是与上述五种实心创建方法一样，如图 2-2-18 所示，选择创建“空心拉伸、空心融合、空心旋转、空心放样、空心放样融合”。

另外，实心创建与空心创建之间可以相互转换，可以将已绘制好的实心模型转化为空心模型：选中实心模型→“属性”对话框→“实体”转变成“空心”（图 2-2-19），即可创建为空心模型。

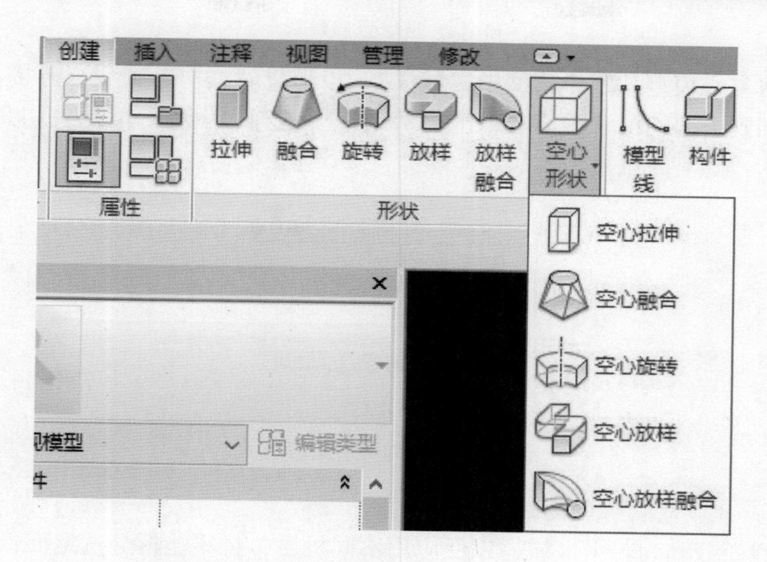

图 2-2-18 创建空心模型（一）

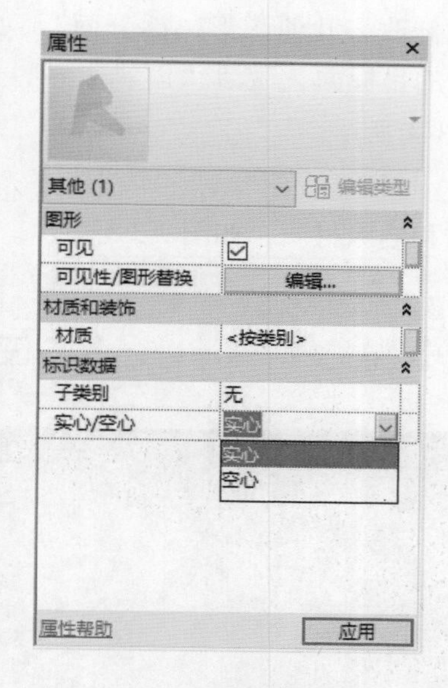

图 2-2-19 创建空心模型（二）

2.3 族的修改

2.3.1 对几何图形的修改

1. 连接

该命令可将多个实体模型连接为一体，若需要将已经连接的实体模型返回到未连接的状态，可单击“连接”下拉列表中的“取消连接几何图形”，如图 2-3-1 所示。

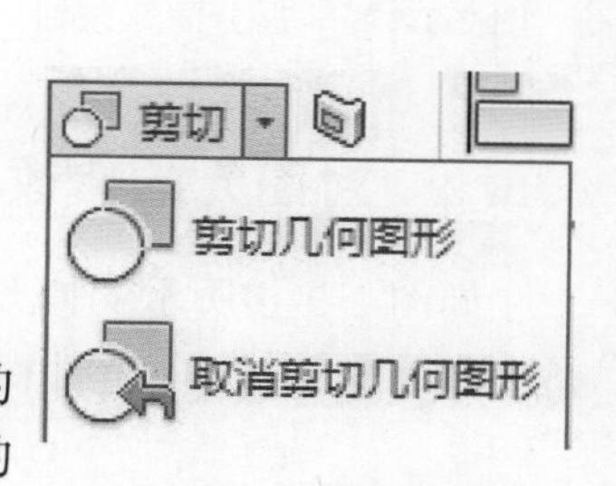

图 2-3-1 取消连接几何图形

2. 剪切

该命令可将空心模型从实体模型中“减去”，以形成“镂空”效果。若需要将已经剪切的实体模型返回到未剪切的状态，可单击“剪切”下拉列表中的“取消剪切几何图形”，如图 2-3-2 所示。

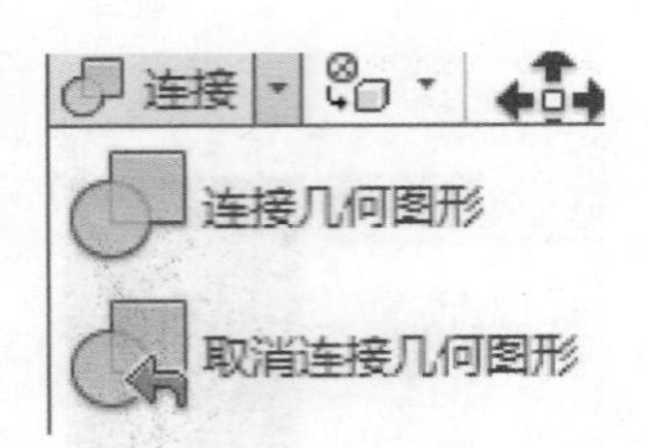

图 2-3-2　取消剪切几何图形

3. 拆分面

可将图元的面分割为若干区域，以便应用不同材质，且只能拆分选定面，但不会产生多个图元或修改图元的结构。

具体操作如下：依次单击“修改→几何图形→拆分面”，如图 2-3-3 所示，鼠标指针移至待拆分面附近，选中高亮显示的目标面，激活“创建边界”选项卡，绘制拆分区域边界，单击 ✓ 按钮完成绘制，如图 2-3-4 所示。

4. 填色

可在图元的面和区域中添加和删除材质，如图 2-3-5 所示。

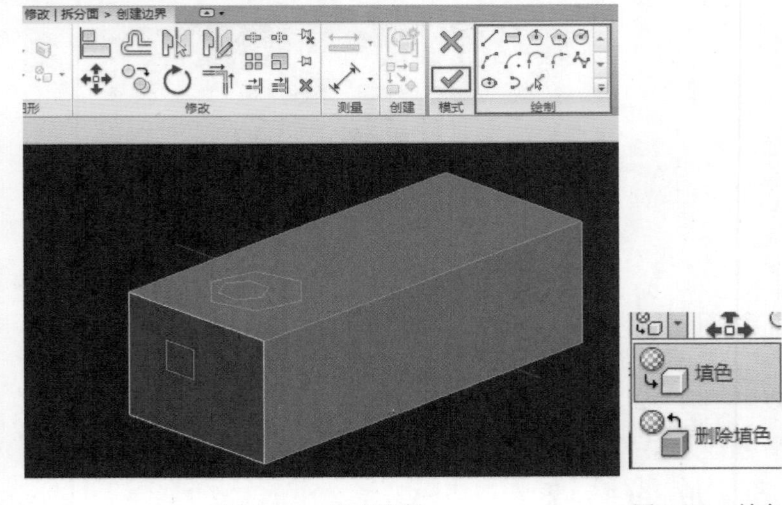

图 2-3-3　“拆分面”按钮　　图 2-3-4　完成绘制　　图 2-3-5　填色

2.3.2　对图元的修改

如图 2-3-6 所示的修改面板，是对图元进行修改的各种工具，不仅用于族的修改，更是会贯穿整个 Revit 软件操作使用周期，用一个表格将各个工具的功能进行展示，详见表 2-3-1。

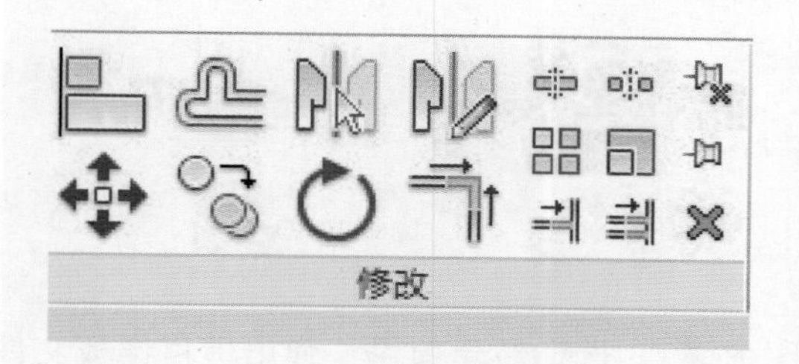

图 2-3-6　修改面板

表 2-3-1　修改工具功能介绍

工　具	功　能
	可以将一个或多个图元与选定的图元对齐
	将选定的图元（例如线、墙或梁）复制或移动到其长度的垂直方向上指定距离处
	绘制一条临时线，用作镜像轴
	可以使用现有线或边作为镜像轴，来反转选定图元的位置
	用于将选定图元移动到当前视图中指定的位置
	可以绕轴旋转选定图元
	修剪或延伸图元（例如墙或梁），以形成一个角
	用于复制选定图元并将它们放置在当前视图中指定的位置
	可以修剪或延伸一个图元（例如墙、线或梁）到其他图元定义的边界
	修剪或延伸多个图元（例如墙、线、梁）到其他图元定义的边界
	在选定点剪切图元（例如墙或线），或删除两点之间的线段
	将墙拆分成之间已定义间隙的两面单独的墙
	可以调整选定项的大小
	可以创建选定图元的线性阵列或半径阵列
	用于解锁模型图元，以使其可以移动 锁定图元后，不能对其进行移动，除非将图元设置为随附近的图元一同移动或它所在的标高上下移动 为使图元可以移动，应将其解锁
	用于将模型图元锁定到位
	用于从建筑模型中删除选定图元

2.4 Revit 项目创建与保存

1. 新建项目

双击 Revit 启动程序图标，选择新建项目，弹出项目样板文件选择界面（图 2-4-1），在选择项目样板文件时，要根据所需创建目标进行选择，在软件“新建项目”对话框中，软件默认提供了构造样板、建筑样板、结构样板和机械样板，也可通过点击“浏览”按钮选择除默认外其他类型的样板文件，项目样板选定之后，单击“确定”按钮，新建一个Revit项目。

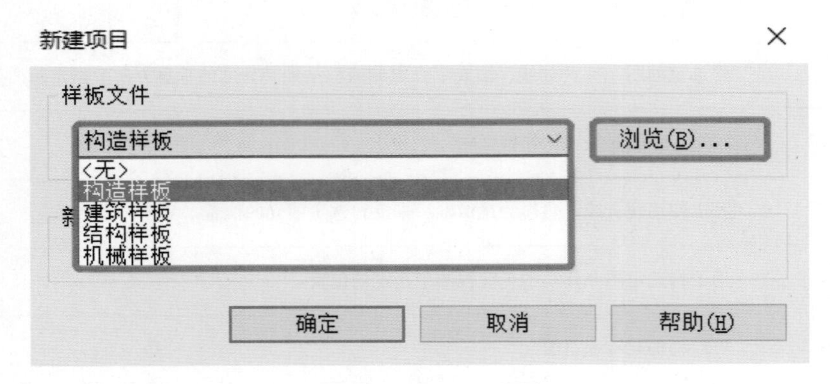

图 2-4-1　新建项目

提 示

Revit 项目文件基本格式：

（1）rte 格式：项目样板文件格式。包含项目单位、标注样式、文字样式、线型、线宽、线样式、导入/导出设置等内容。为规范设计和避免重复设置，对 Revit 自带的项目样板文件，可根据用户需要及企业内部标准设置，并保存成项目样板文件，便于用户新建项目文件时选用。

（2）rvt 格式：项目文件格式。包含项目所有的模型、注释、视图等项目内容。通常基于项目样板文件（rte）创建项目文件，编辑完成后保存为 rvt 格式文件，作为设计使用的项目文件。

2. 保存

方法同族文件的保存，在此不再赘述。

2.5 Revit 项目编辑界面介绍

新建项目后随即进入 Revit 项目编辑界面，与族的编辑界面相似，界面模块分区也主要由功能区各个工具面板、快速访问工具栏、上下文选项卡、项目浏览器、属性栏、绘图区域、视图控制栏等组成（图 2-5-10），但相较于族界面，项目界面逻辑关系更加丰富，以便满足建模的不同需求。

图 2-5-1 项目编辑界面

2.6 协同

建筑物自身的功能、结构、构造、机械设备及其室内装饰装修的专业性，甚至于目前随着人们工作、生活需求的不断丰富，决定了多专业协同工作的必然可行性。多专业协同可以提高效率，在运用BIM技术过程中，多专业协同更加直观，降低了各专业之间的行业门槛，提高沟通效率。在Revit软件中按照协作方式不同可以分为各专业间链接协作和使用工作集协作。

2.6.1 多专业协同

1. 项目文件的链接导入

打开现有项目，或启动新项目。单击“插入→链接丨链接Revit/链接IFC/链接CAD等”，如图2-6-1所示，可根据项目实际需求及进度进行链接导入。

图 2-6-1 链接、导入

在“导入/链接 RVT”对话框中，选择要链接的模型，如图 2-6-2 所示。

指定所需的选项作为“定位”，选择“自动-原点到原点”。如果当前项目使用共享坐标，请选择“自动-通过共享坐标”。

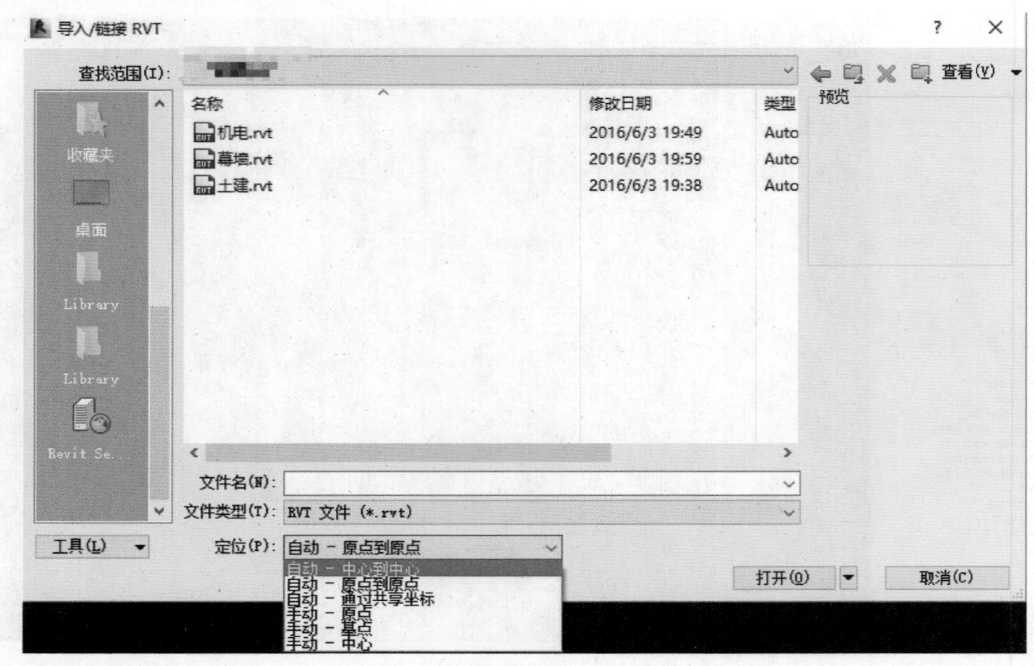

图 2-6-2　导入链接文件、定位

自动－中心到中心：Revit 将导入项的中心放置在 Revit 模型的中心。模型的中心是通过查找模型周围边界框的中心来计算的。如果 Revit 模型存在不可见区域，则此中心点可能在当前视图中不可见。要使中心点在当前视图中可见，可使用“缩放匹配”将视图进行缩放，使导入图形可见。

自动-原点到原点：Revit 将导入项的全局原点放置在 Revit 项目的内部原点上。如果所绘制的导入对象距原点较远，则它可能会显示在模型距较远距离的位置，可使用“缩放匹配”显示导入链接图形。

自动－通过共享坐标：Revit 会根据导入的几何图形相对于两个文件之间共享坐标的位置，放置此导入的几何图形。如果文件之间当前没有共享的坐标系，Revit 通知并使用“自动-中心到中心”定位。

除自动外，还可以通过手动方式导入。

2. 文件的管理

对于已插入的链接文件，可以单击“插入→链接→链接管理”进行管理，如图 2-6-3、图 2-6-4 所示。

图 2-6-3　管理链接文件（一）

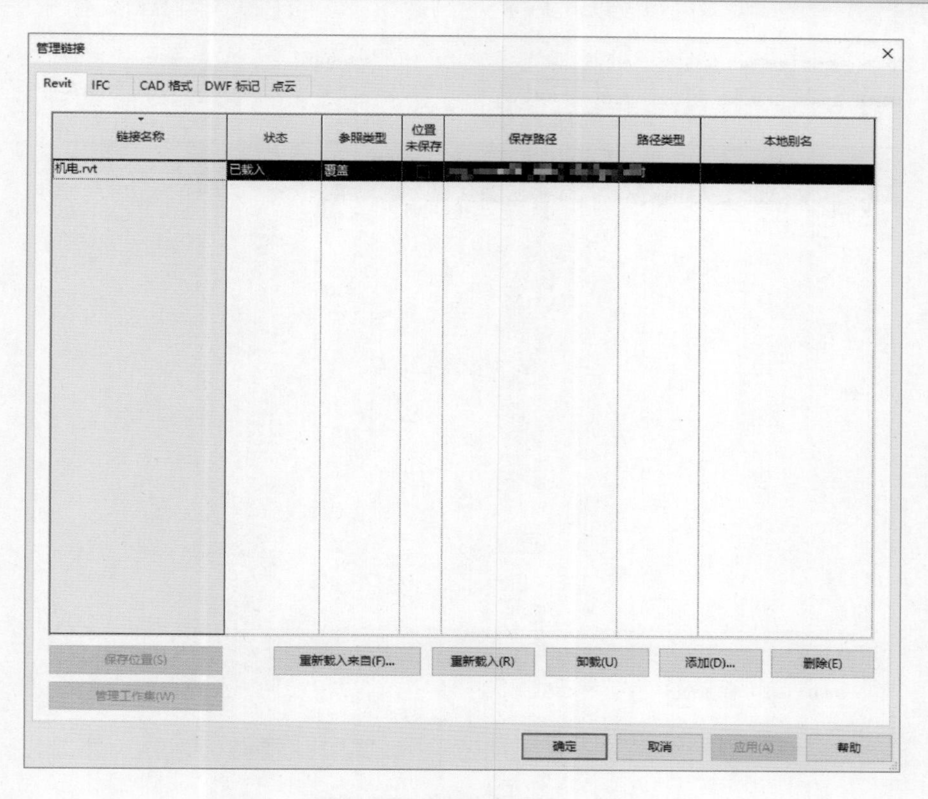

图 2-6-4　管理链接文件（二）

在管理链接选项卡中还有“重新载入来自”“重新载入”“卸载”等功能。要卸载选定的模型，请单击“卸载”，弹出“卸载链接”对话框（图 2-6-5），单击“确定”按钮进行卸载。如果需要重新链接，单击“重新载入”即可。

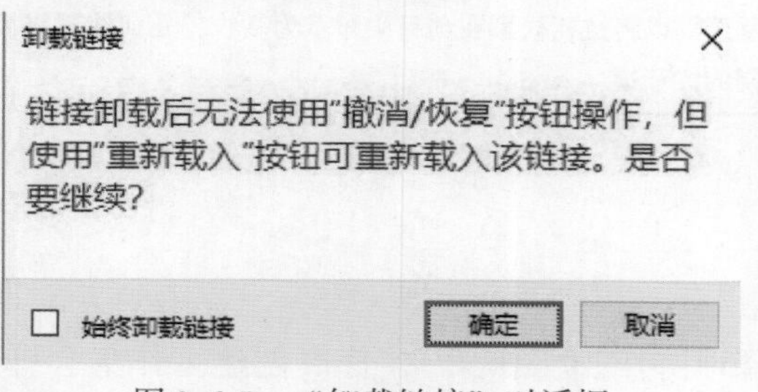

图 2-6-5　“卸载链接”对话框

在可见性设置中，可以对链接文件进行图形管理，依次单击“视图→可见性/图形”如图 2-6-6、图 2-6-7 所示，对于链接的 Revit 模型可见性、半色调与基线的解释见表 2-6-1。

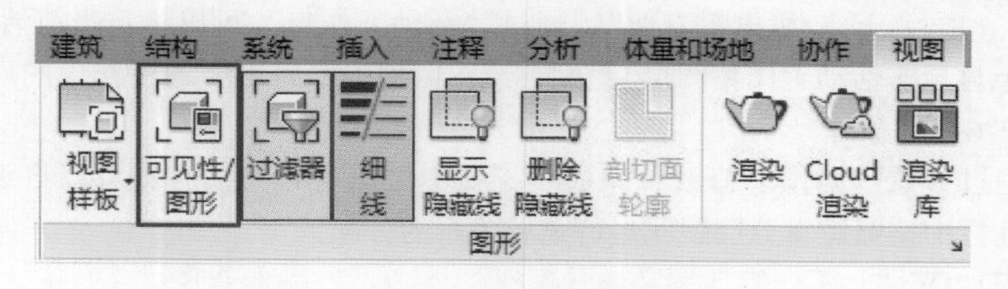

图 2-6-6　对链接文件进行图形管理（一）

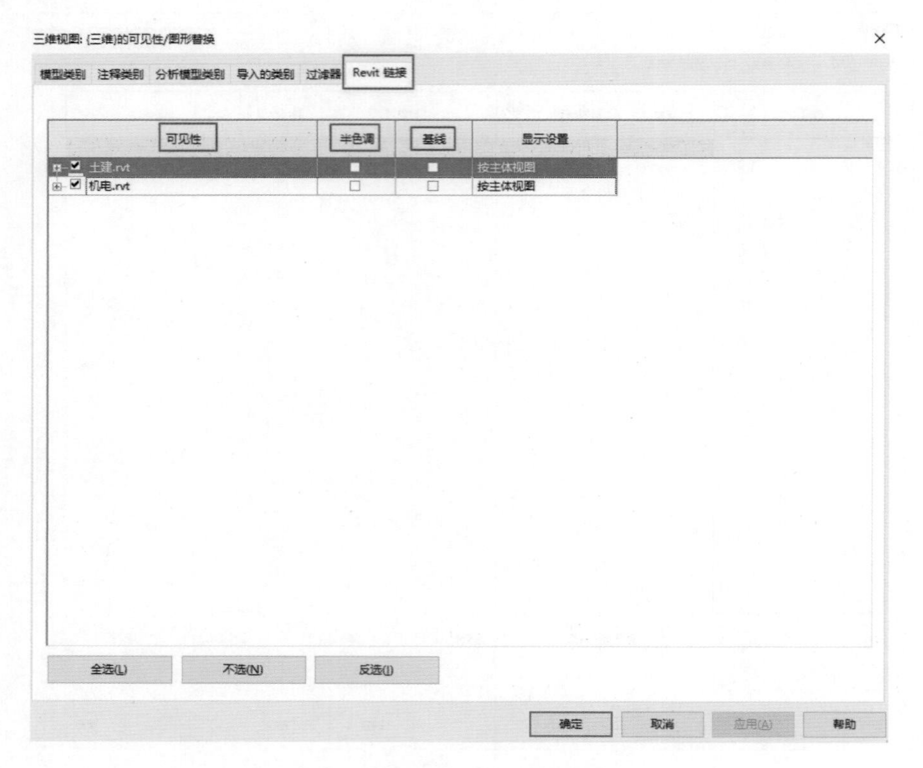

图 2-6-7　对链接文件进行图形管理（二）

表 2-6-1　链接的 Revit 模型可见性，半色调与基线的解释

可见性	选中该复选框可以在视图中显示链接模型，取消选中该复选框可以隐藏链接模型
半色调	选中该复选框可以按半色调绘制链接模型
基线	选中复选框以将链接模型在项目中显示为基线，几何图形将以半色调显示，不会遮挡在项目中新绘制的线和边

2.6.2　工作集协同

1. 工作集的创建

依次单击“协作→管理协作→工作集”，首次创建工作集会弹出“工作共享”对话框。保持默认值不变，单击“确定”按钮，软件将进行工作集的创建，“共享标高和轴网”“工作集 1”创建完成后，弹出“工作集”对话框，在工作集对话框中可以对项目新建工作集，也可以对已创建的工作集重新命名或者删除，一般按照项目名称与各个专业构成工作集名称，如：“××项目-土建/机电等专业”。通过“活动工作集”可以指定当前活动的工作集，勾选“以灰色显示非活动工作集图形”，则在绘图区域中不属于活动工作集的所有图元以灰色显示（图 2-6-8）。

也可以通过“管理协作”修改，完成“工作集”名称设置后，就可以将现有图元进行分配。在属性栏中按照逻辑分层图元进行隶属关系的分配。

2. 设置中心文件、工作集认领及协同工作

依次单击“应用程序→另存为→项目”，保存路径为局域网共享驱动器。

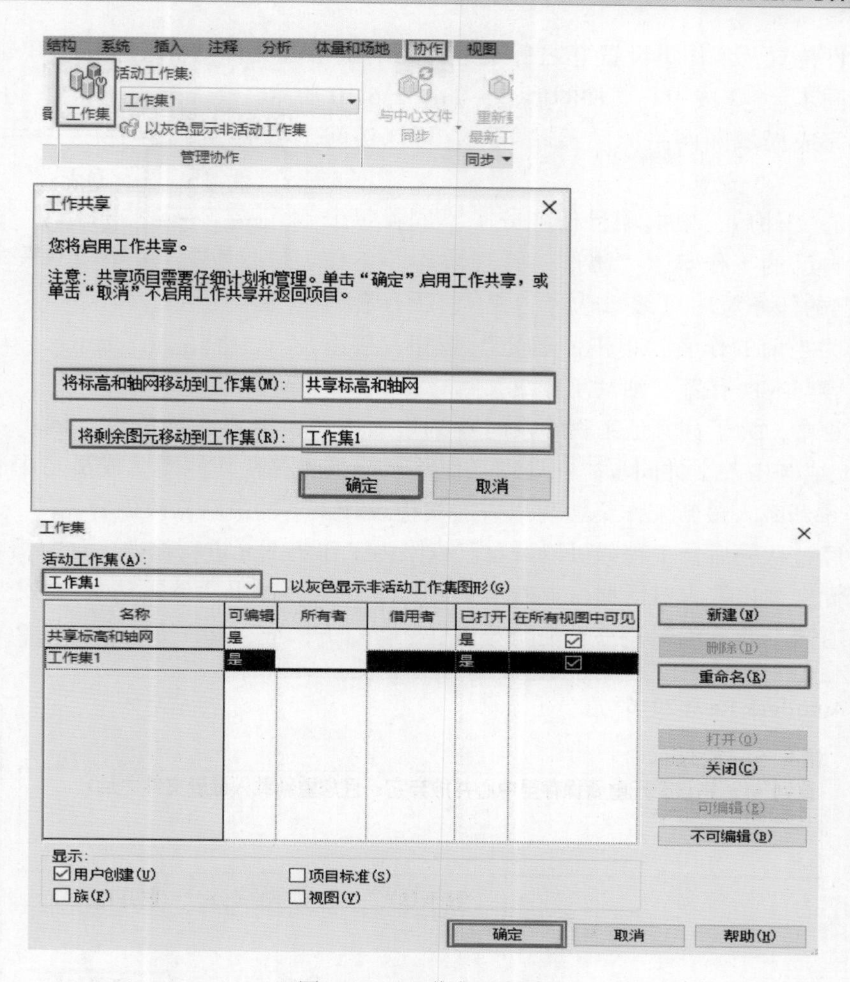

图2-6-8 工作集的创建

保存后，重新打开“工作集”，将“可编辑”选择为“否”，单击“确定”按钮，如图2-6-9所示。

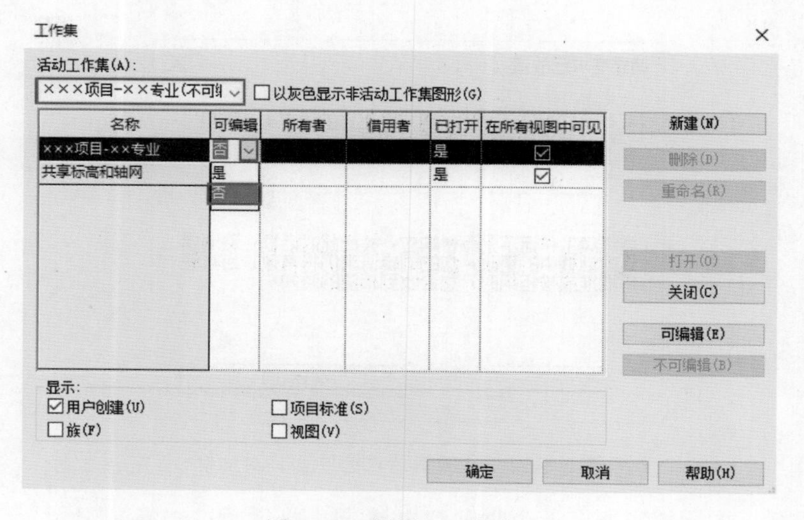

图2-6-9 设置“工作集”

中心文件位置及工作集设置好之后要进行第一次中心文件的同步，依次单击“同步→与中心文件同步”，完成中心文件的创建，如图 2-6-10 所示。

在用户完成局域网网络驱动器映射后，可以访问中心模型。

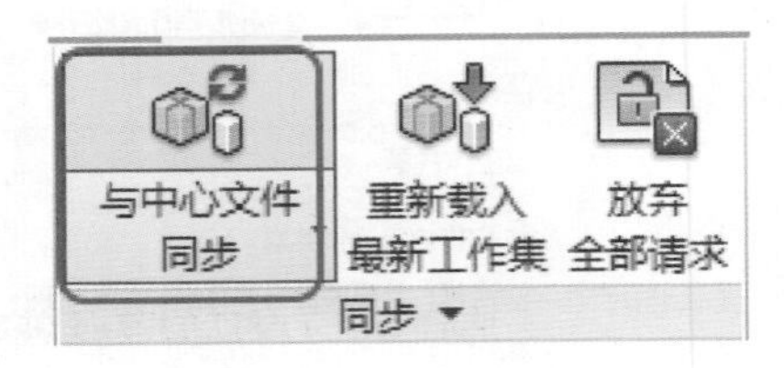

图 2-6-10　与中心文件同步

打开中心文件后，根据项目任务分工不同，每个工程师认领自己的工作集，“协作→管理协作→工作集”，将自己的任务对应可编辑选择“是”，所有者就会自动更新为当前的作者，单击“确定”按钮，接下来的绘制内容归入所有者“活动工作集”。

建模过程中，为了让其他工程师及时看到最新内容，需要通过单击“同步→与中心文件同步”，完成与中心文件同步。在处理工作共享项目时，在其他团队成员与中心模型同步后，通过“重新载入最新工作集”可以查看其他设计人员的最新修改内容。

工作集经过认领后，工程师可以对自己权限内工作集图元进行修改。如果需要修改其他工程师的图元会弹出警告对话框。点击“放置请求”后，弹出“编辑请求已放置”对话框，图元权限所有者会收到编辑请求，关闭对话框，待对方回应，如图 2-6-11、图 2-6-12 所示。

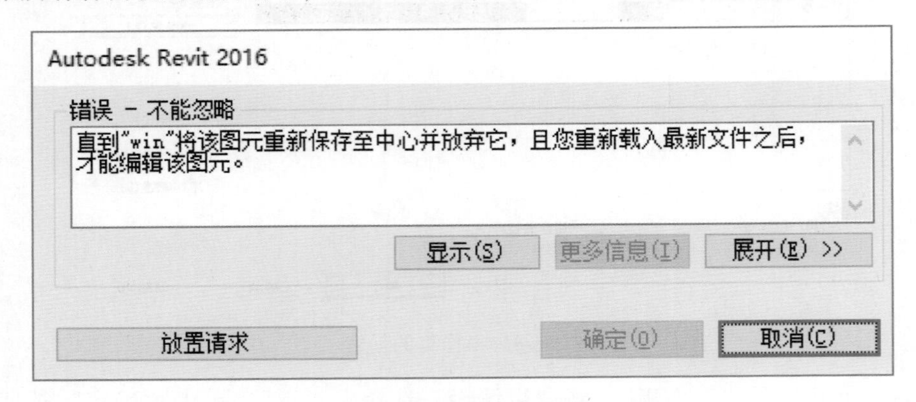

图 2-6-11　警告对话框

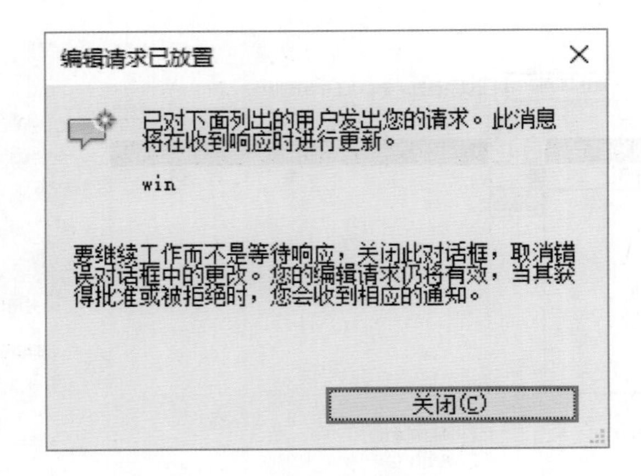

图 2-6-12　“编辑请求已放置”对话框

放置请求后，图元权限所有者会收到编辑请求，并且通过选择“显示”“批准”“拒绝”来执行自己权限，如图2-6-13所示。

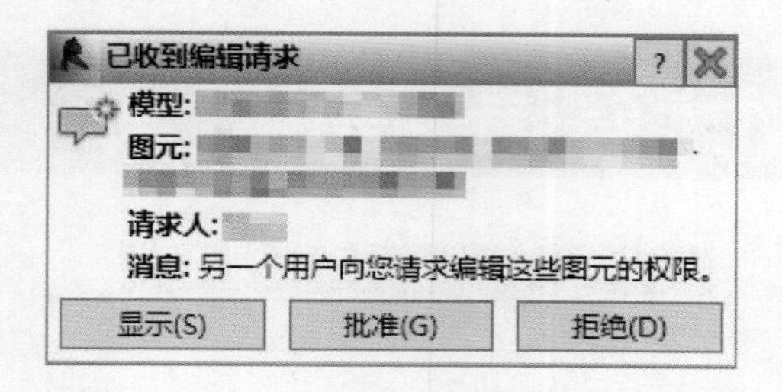

图2-6-13 “已收到编辑请求”对话框

为的是其他工程师及时了解自己的更新内容，最好在与中心文件同步时，对本次更新内容进行简要说明。

本章纲要

1. 熟练掌握Revit族界面各个模块的功能，能够正确使用族参数、族类型创建参数化族。

2. 选择正确的Revit样板文件创建以及保存项目。

3. 能够掌握协同原理，并使用协同的方法进行多专业协同。

第3章 BIM土建建模基础

从本章开始，将以某公租房项目为案例，在 Revit 中“从零开始”创建土建模型。

本章第 1 节介绍该项目的一些基本情况，以及用 Revit 创建出来的整体的模型造型，并提供建筑、结构部分的主要平面图、立面图、详图等，让读者对项目有个初步的认识。然后创建该项目的标高、轴网，为项目建立定位信息。

第 2 节介绍用 Revit 创建此项目结构部分模型构件的详细方法和步骤。

第 3 节介绍用 Revit 实现此项目的建筑部分模型构件的详细方法和步骤，最终完成该项目的土建部分模型的创建。

3.1 项目准备事项

3.1.1 项目概况了解

在进行模型创建之前，读者需要熟悉项目的基本情况，下面是本项目相关工程的情况：

工程名称：××市××区××公租房项目。

子项名称：超低能耗公租房。

建设地点：(略)

建设单位：(略)

建筑层数及高度：地上 27 层 77.4m，地下 5 层 18.7m。

建设面积：总建筑面积：12573m^2，其中地上建筑面积：10676m^2，地下建筑面积：1897m^2，公租房套数 208 户。

建筑功能：地上首层局部为商业服务网点，二层及以上为公租房，标准层 8 户、包含套型 3 种：A1-3、B2-3、B3-3；首层为商业用建筑，地下一至四层为自行车库及设备用房；地下五层为库房。

结构形式：钢筋混凝土剪力墙结构。

3.1.2 已建立的完整模型展示（图 3-1-1，图 3-1-2）

3.1.3 项目主要图纸

本项目包括建筑和结构两部分内容，因篇幅限制，下文将以标准层为主要依据创建模型。创建模型时，应严格按照图纸的尺寸进行创建。

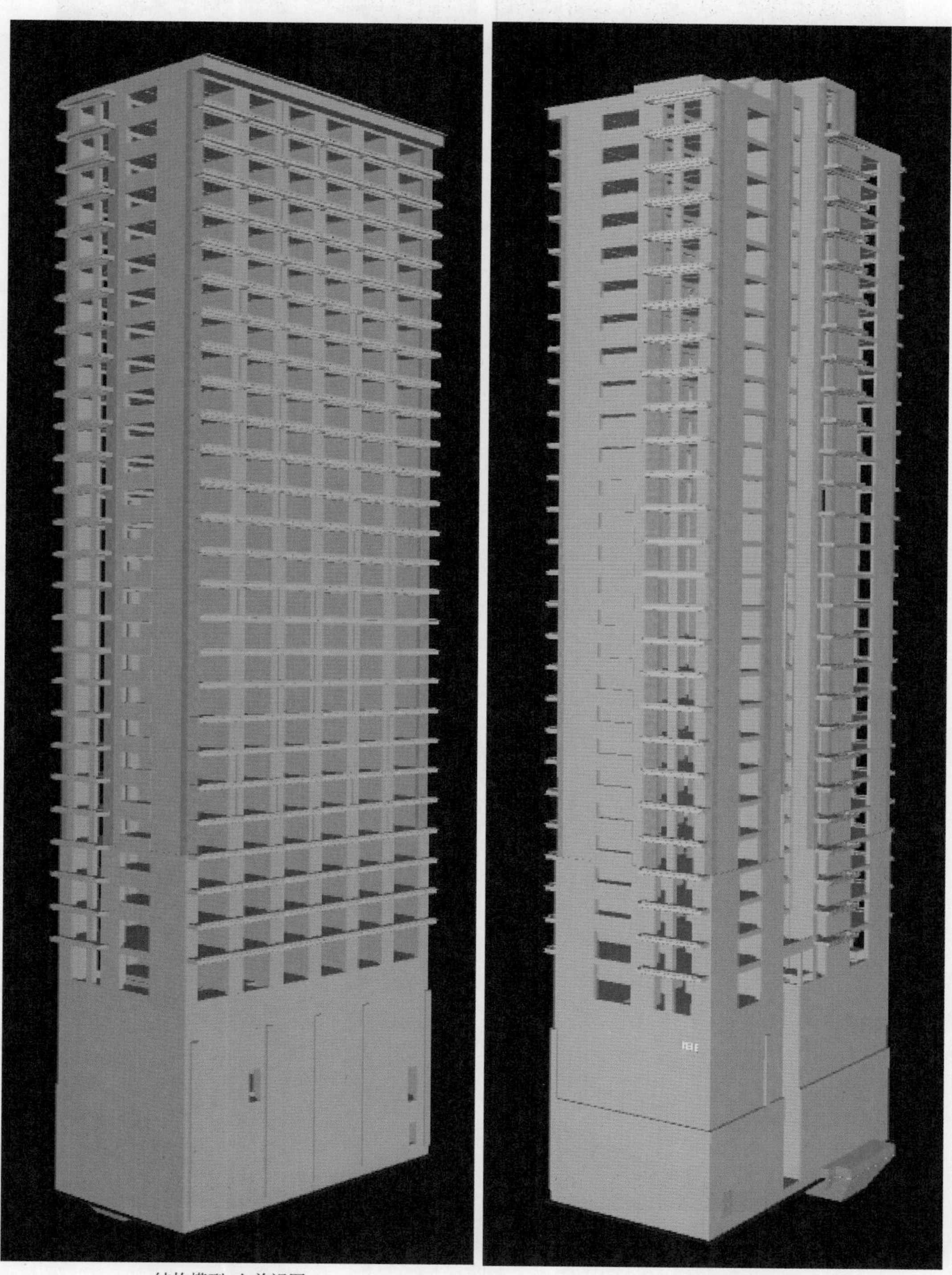

结构模型_左前视图　　　结构模型_右后视图

图 3-1-1　完整楼结构模型（一）

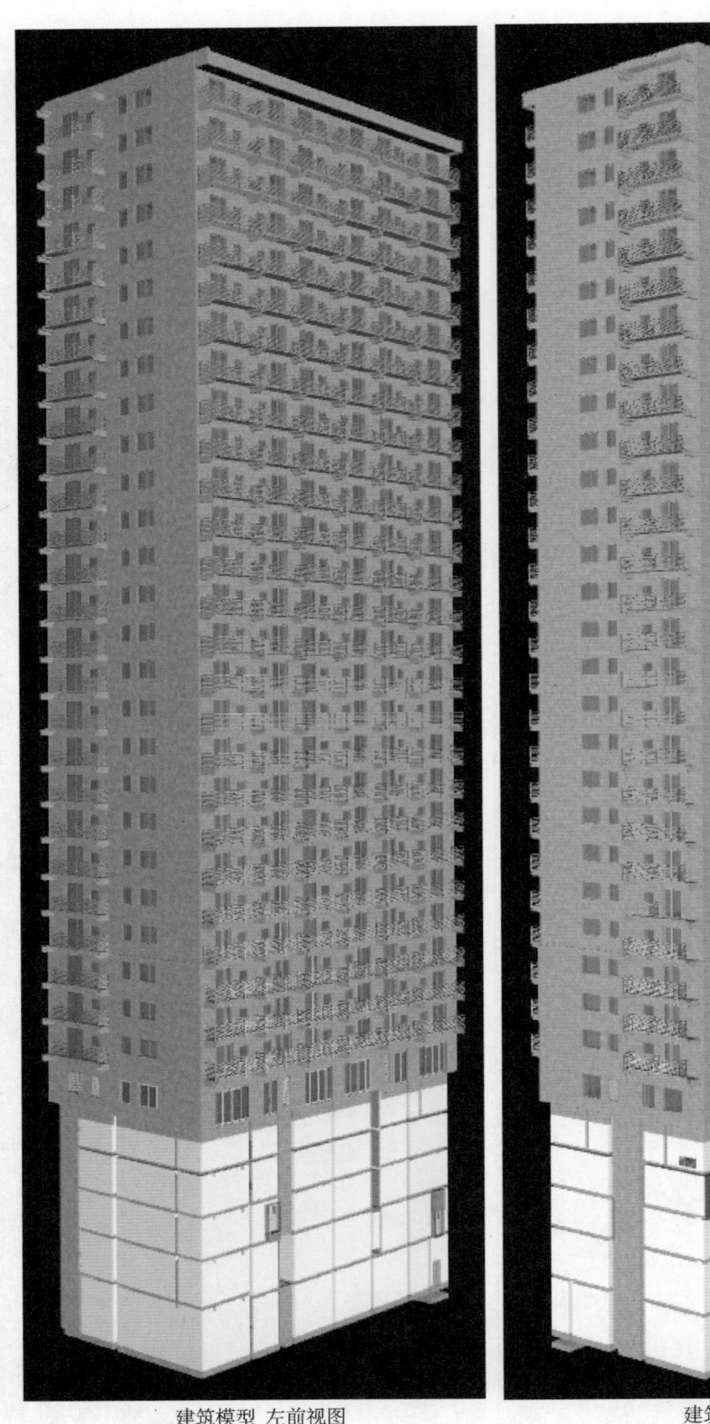

图 3-1-2　完整楼结构模型（二）

1. 结构专业施工图

本项目中，结构部分包含结构柱、结构梁、结构楼板、结构墙，在 Revit 中创建模型时，需要根据各结构构件的对应的图纸尺寸创建精确的构件模型。标准层结构部分主要图纸如图

3-1-3～图 3-1-5 所示。

（1）剪力墙及梁配筋平面图。

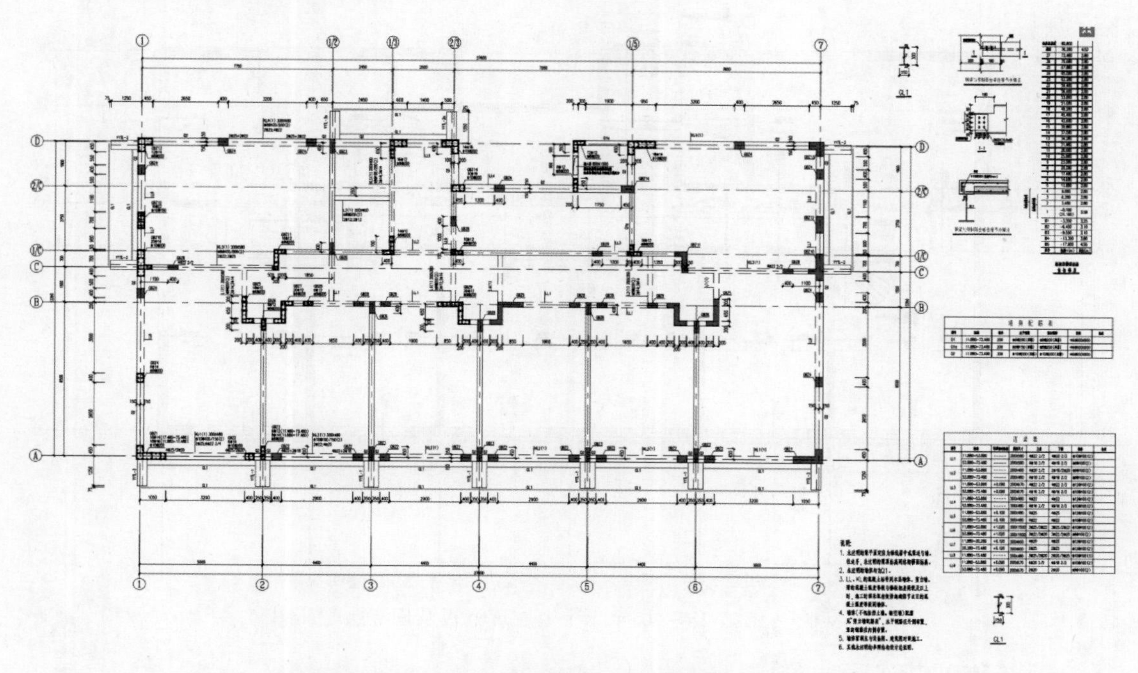

图 3-1-3 结施-09 11.880～73.480 剪力墙及梁配筋平面图

（2）板图。

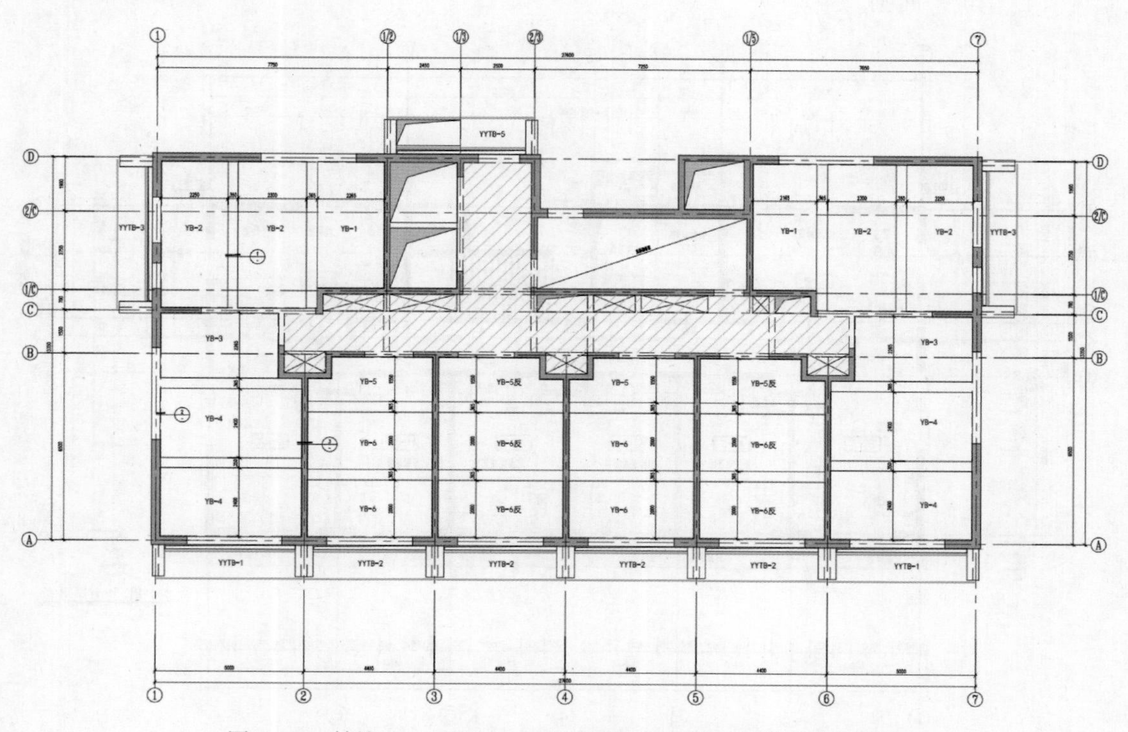

图 3-1-4 结施-19 六层至二十七层结构平面及预制板平面布置图

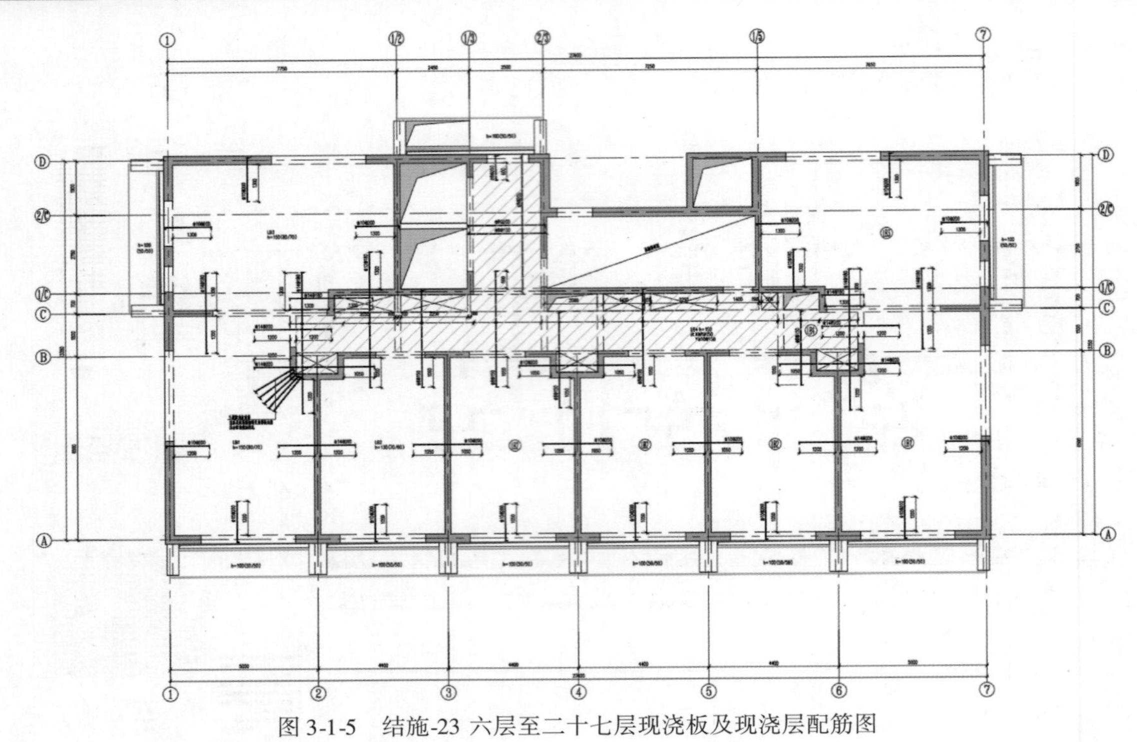

图 3-1-5　结施-23 六层至二十七层现浇板及现浇层配筋图

2. 建筑专业施工图

本项目建筑部分的标准层平面图、建筑立面与剖面图、部分详图如图 3-1-6 ~ 图 3-1-13 所示。

（1）建筑平面图。

图 3-1-6　建施-13 五层至二十七层平面图

（2）建筑立面图。

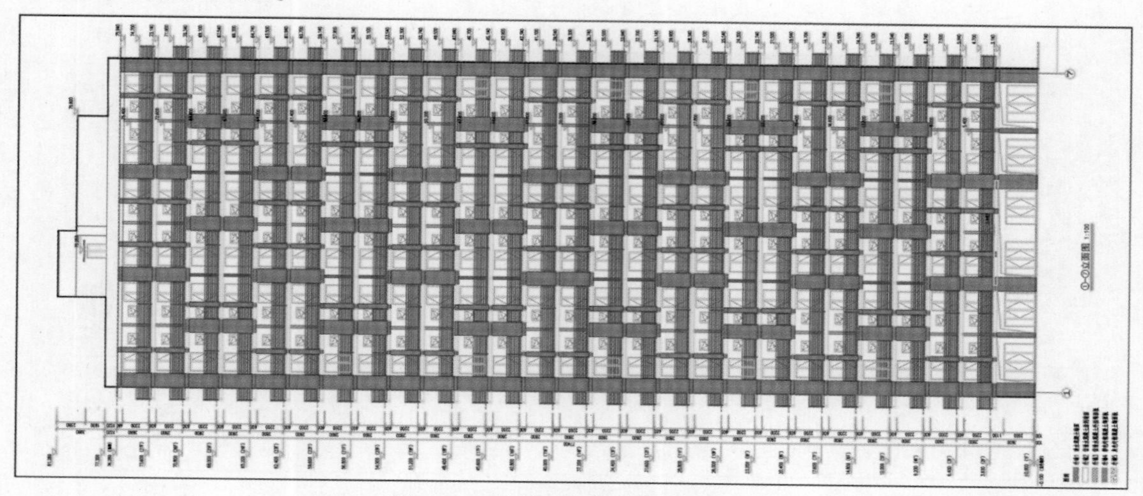

图 3-1-7 建施-16 ①～⑦轴立面图

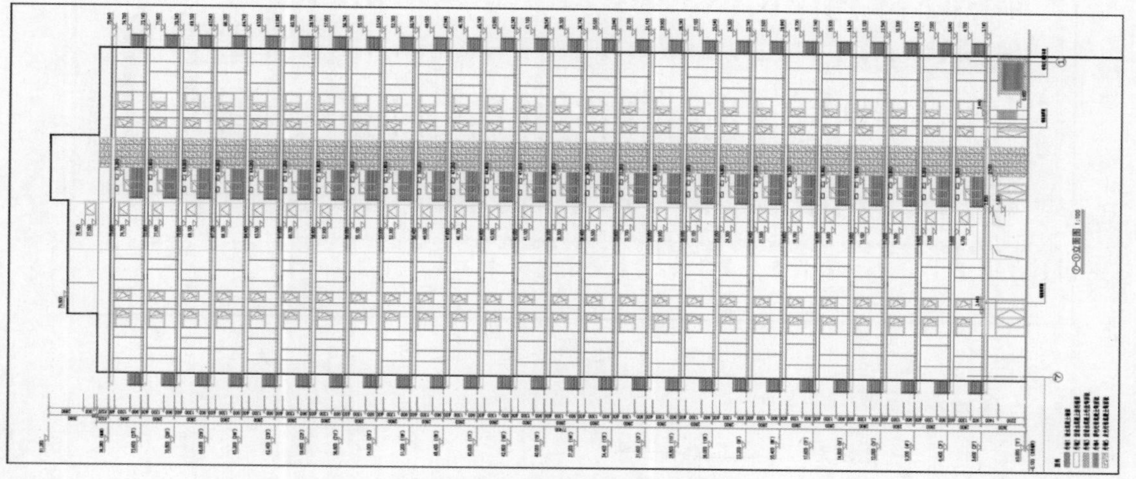

图 3-1-8 建施-17 ⑦～①轴立面图

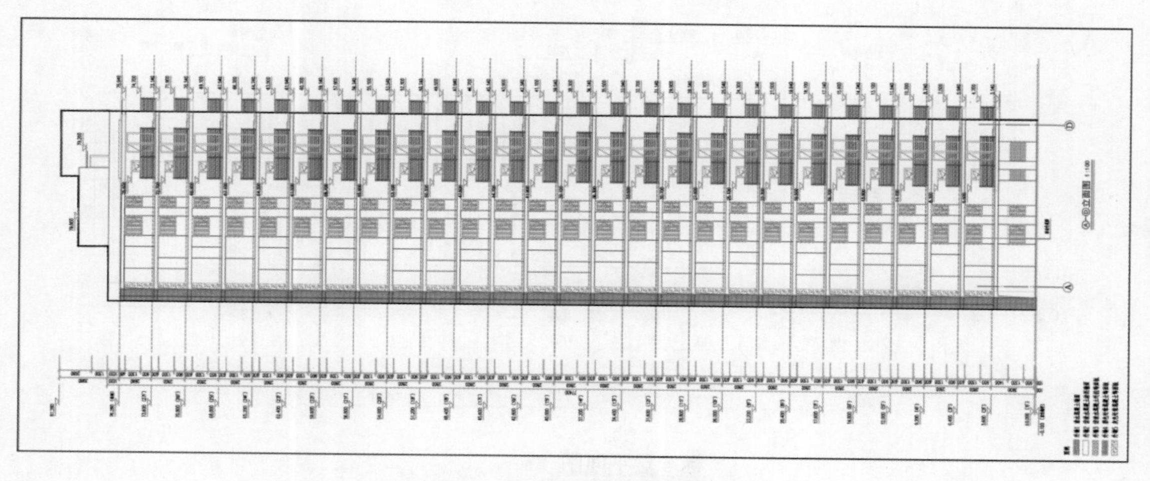

图 3-1-9 建施-18 Ⓐ～Ⓓ轴立面图

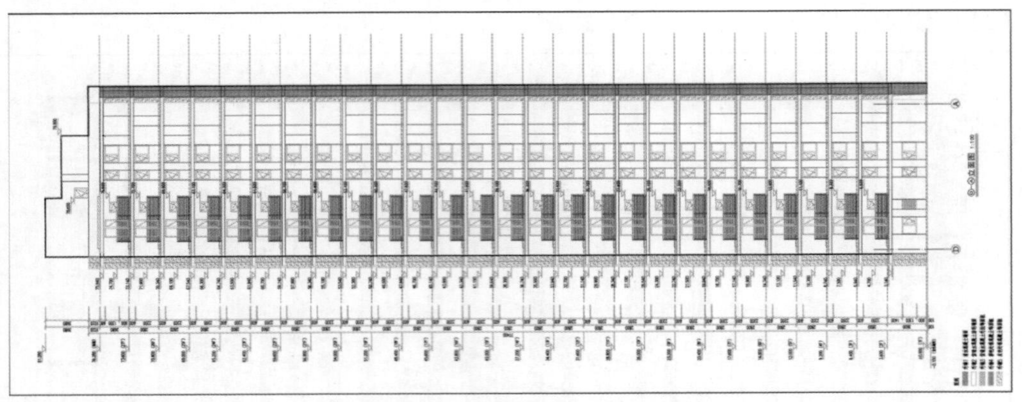

图 3-1-10　建施-19 Ⓓ ~ Ⓐ轴立面图

（3）建筑剖面图。

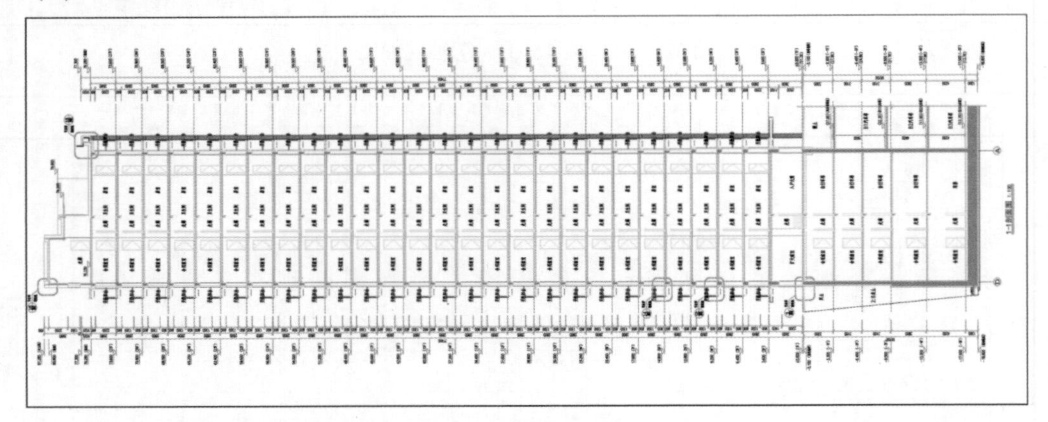

图 3-1-11　建施-20 1 – 1 剖面图

（4）建筑详图。

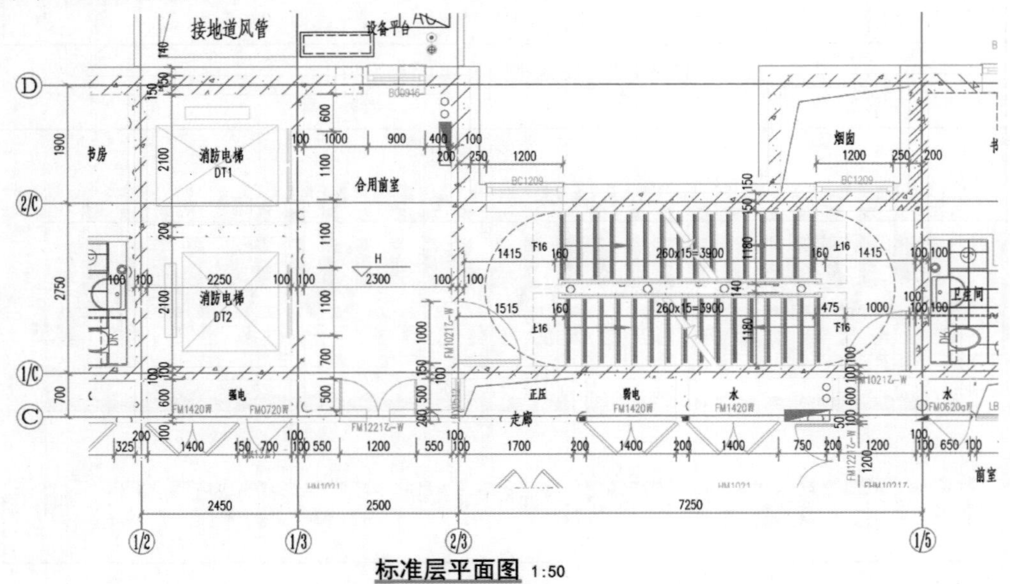

图 3-1-12　建施-25 交通核详图（一）——标准层平面图

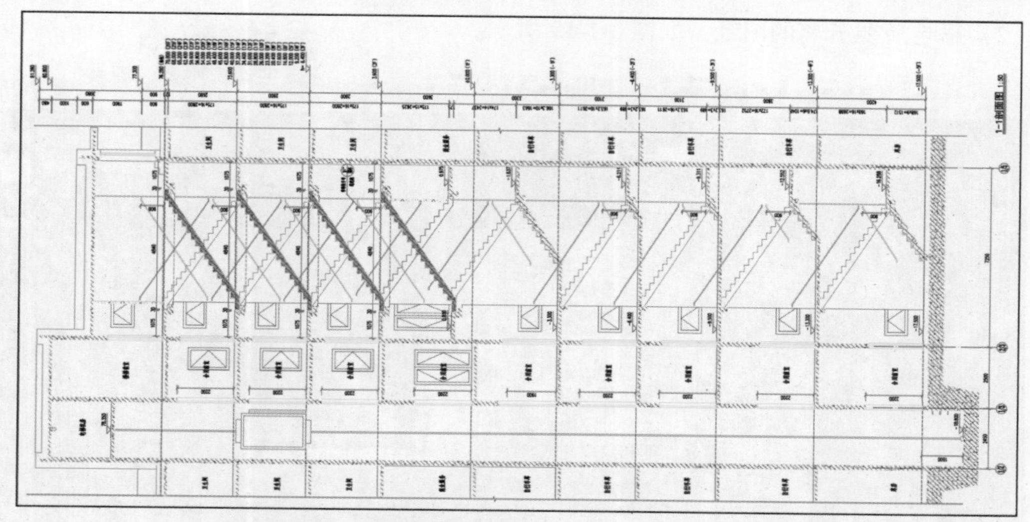

图 3-1-13　建施-28 交通核详图（二）——1－1 剖面图

结合本章给出的平面图、立面图、剖面图、详图，可以在 Revit 中建立精确、完整的标准层土建模型。在本书后面的章节中，将通过实际操作步骤，创建公租房项目标准层的建筑、结构模型，让读者掌握实用、快捷的项目模型创建方法。

3.1.4　分离图纸

从所有结构图中分离出对应单层的平面图，用于后面创建模型构件时作为单张的 CAD 链接/导入的图纸使用，然后依托链接的 CAD 文件进行模型构件的创建。下面以公租房项目建筑专业施工图为例，介绍在 CAD 软件中分离图纸的一般步骤。

（1）选中已成块的整体建筑图，按快捷键 <X>，将其分解为单一的对象，如图 3-1-14 所示。

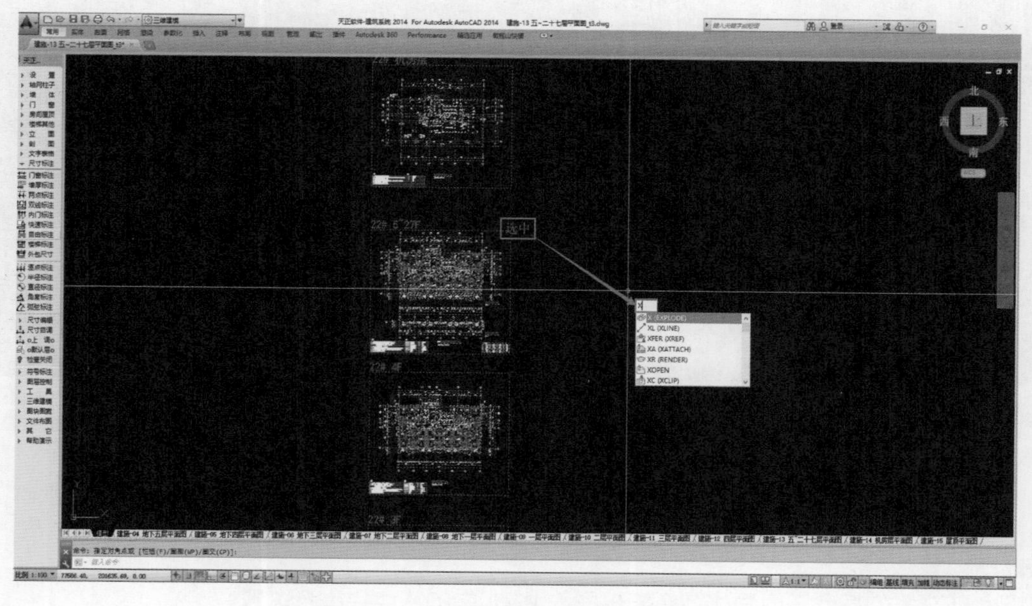

图 3-1-14　选中图纸并输入分解命令

（2）框选所要分离的图纸，如图 3-1-15 所示。

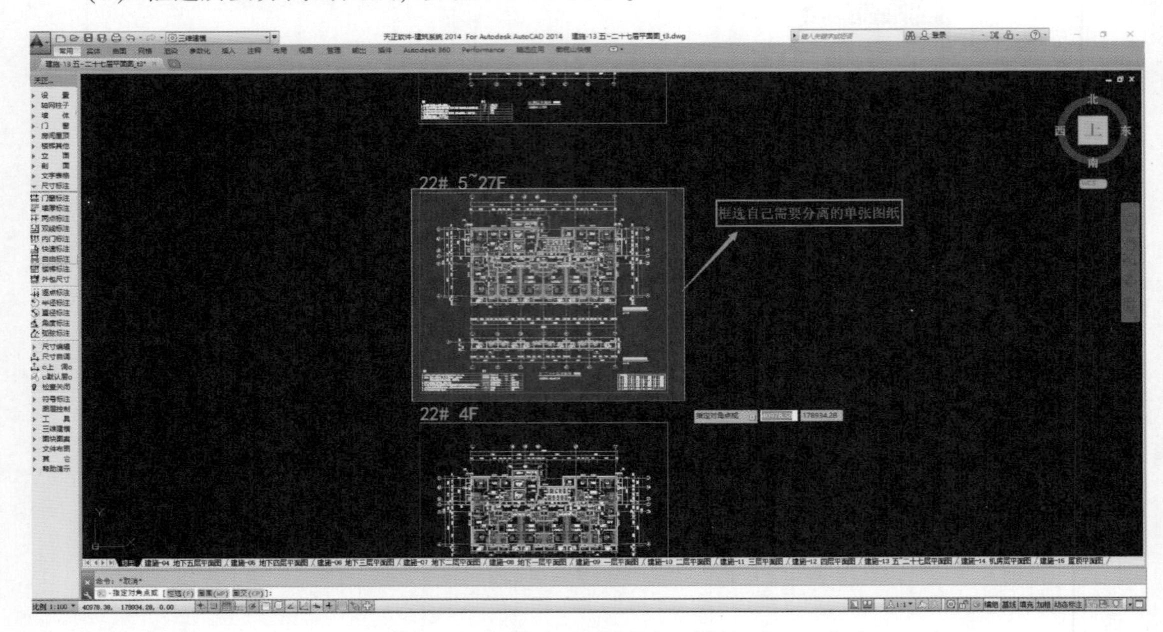

图 3-1-15 “框选”需分解的图纸区域

（3）快捷键 < Ctrl + Shift + C >，并指定某基点（如两轴线相交处：Ⓐ轴线与①轴线），如图 3-1-16 所示。

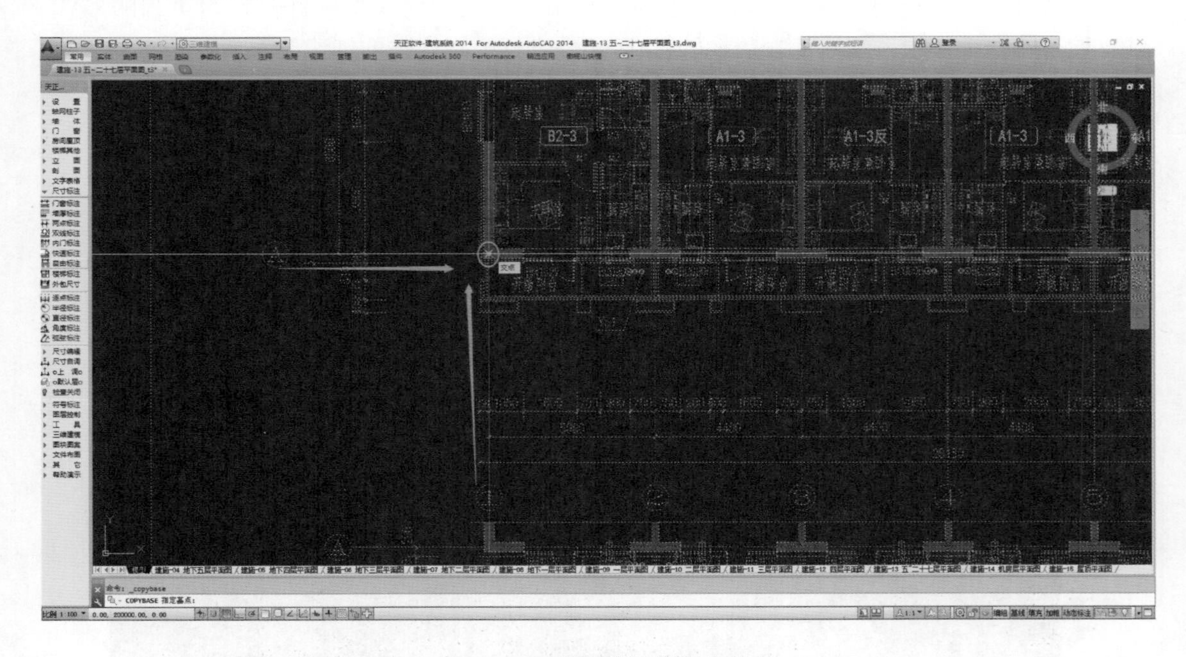

图 3-1-16 复制成块并指定基点

提 示

此处选择的基点与后面此图纸链接导入 Revit 中的基点会重合一致。

（4）快捷键＜Ctrl＋N＞，新建一个CAD文件，如图3-1-17所示。

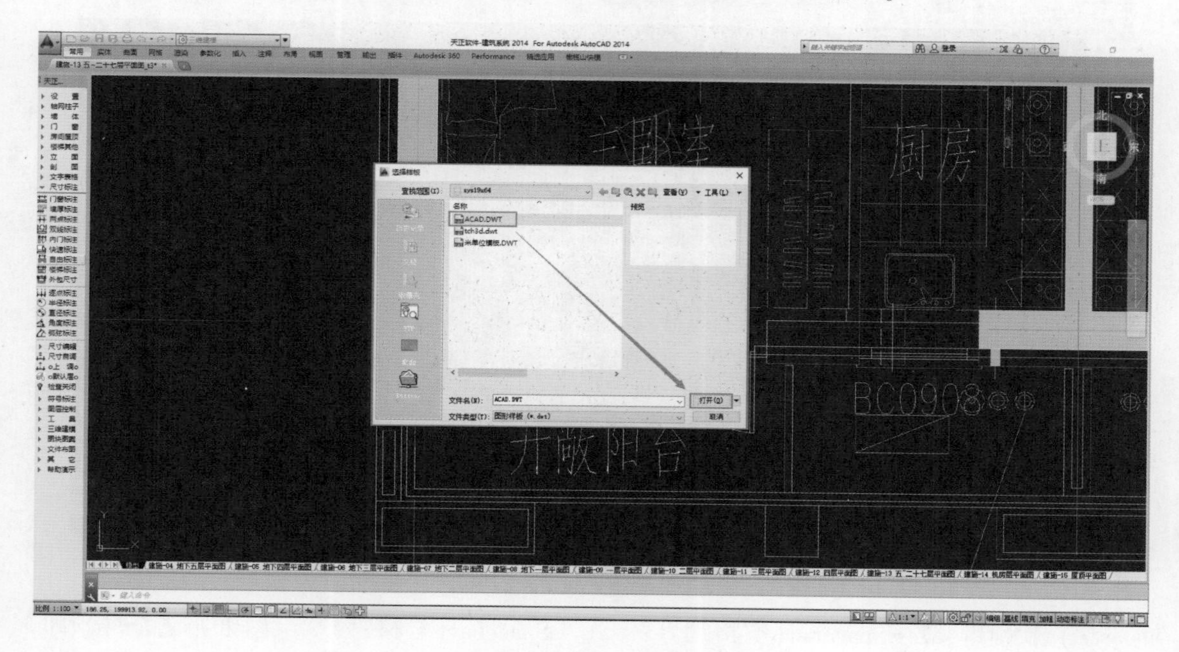

图3-1-17　新建CAD文件

（5）快捷键＜Ctrl＋Shift＋V＞，输入坐标点“0，0”，即将单张图纸分离了出来，并且坐标点（0，0）在第（3）步骤选取的Ⓐ轴与①轴交界处的点上，如图3-1-18及图3-1-19所示。

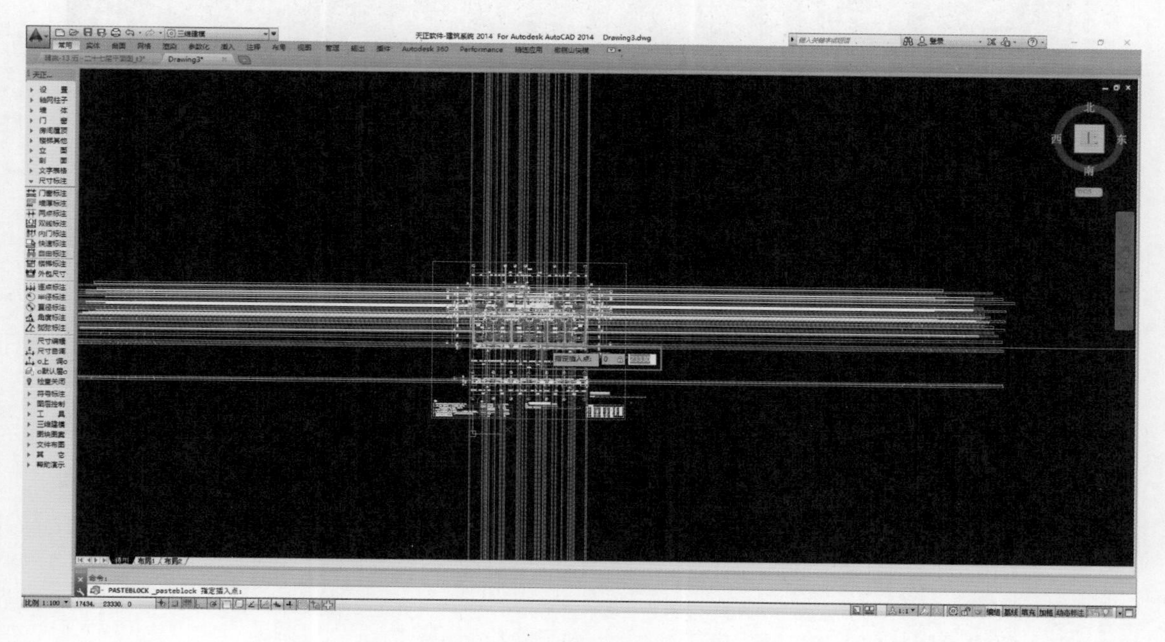

图3-1-18　输入坐标“0，0”

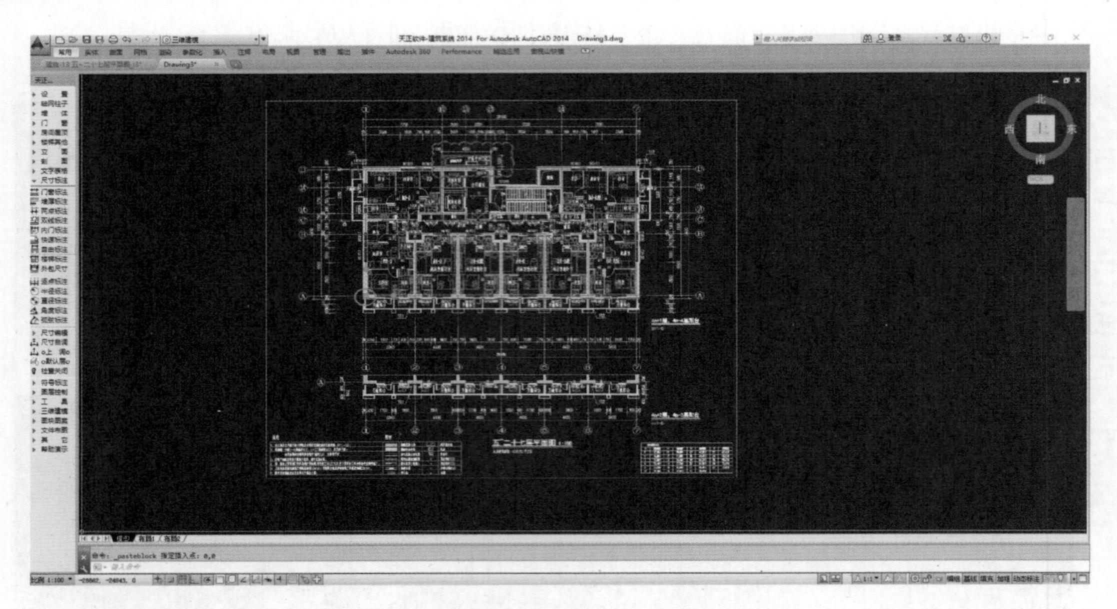

图 3-1-19　复制所选基点位于 CAD 图纸原点上

（6）快捷键 <Z + Spacebar（空格键）> <E + Spacebar（空格键）>，图纸布满全屏，即说明图纸分离没有问题，最后将此张图纸设置文件名后保存到合适位置即完成图纸分离，如图 3-1-20 所示。

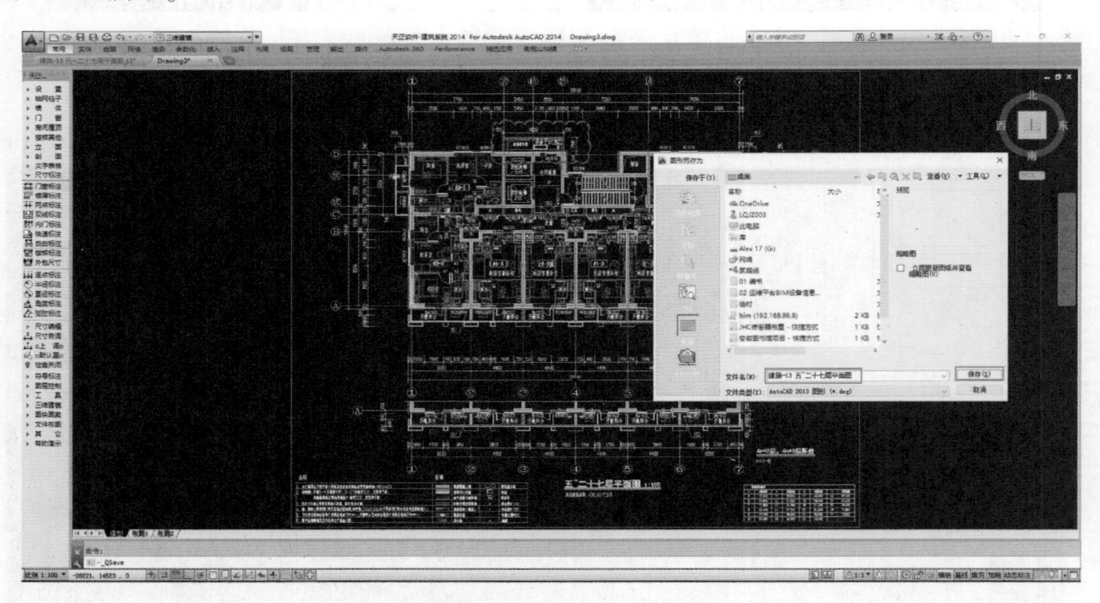

图 3-1-20　图纸确认无误后保存

3.2　创建结构项目模型

上节已经建立了结构标高和轴网的项目定位信息。从本节开始，按先结构框架后建筑构件的模式逐步完成公租房项目的土建模型创建。

3.2.1 新建结构项目文件，创建结构标高和轴网

标高和轴网是建筑设计、施工中重要的定位信息，Revit 通过标高和轴网为模型中各构件的空间关系定位，从项目的标高和轴网开始，再根据标高和轴网信息建立建筑中墙、梁、板、柱、门、窗等模型构件。

（1）新建项目，创建项目标高。标高用于反映建筑构件在高度方向上的定位情况，因此在 Revit 中开始进行建模前，应先对项目的层高和标高信息做出整体规划。下面以公租房项目为例，介绍在 Revit 中创建项目标高的一般步骤。

1）启动 Revit，单击左上角的按钮，在列表中选择“新建→项目”命令，弹出“新建项目”对话框，如图 3-2-1 所示。在“样板文件”的选项中选择“结构样板”，确认“新建”类型为项目，单击“确定”按钮，即完成了新项目的创建。

图 3-2-1 “新建项目”对话框

2）默认将打开“标高 1”结构平面视图。在项目浏览器中展开“立面”视图类别，双击任一立面视图，切换至对应立面视图中。此处以“北视图”为例，双击“北”，即进入北立面视图中，项目样板中显示设置的默认标高“标高 1”和“标高 2”，且“标高 1”的标高为“±0.000m”，“标高 2”的标高为“3.000m”，如图 3-2-2 所示。

3）在视图中适当放大标高右侧标头位置，单击鼠标左键选中“标高 1”的文字部分，进入文本编辑状态，将“标高 1”改为“S_1F_-0.100”后按 < Enter > 键，会弹出“是否希望重命名相应视图”对话框，选择“是”，如图 3-2-3 所示；选中此标高，在属性栏中将此标高“正负零标高”替换为“下标头”，如图 3-2-4 所示；采用同样的方法将“标高 2”改为“S_2F_3.480”，“标头”由“上标头”改为“下标头”。

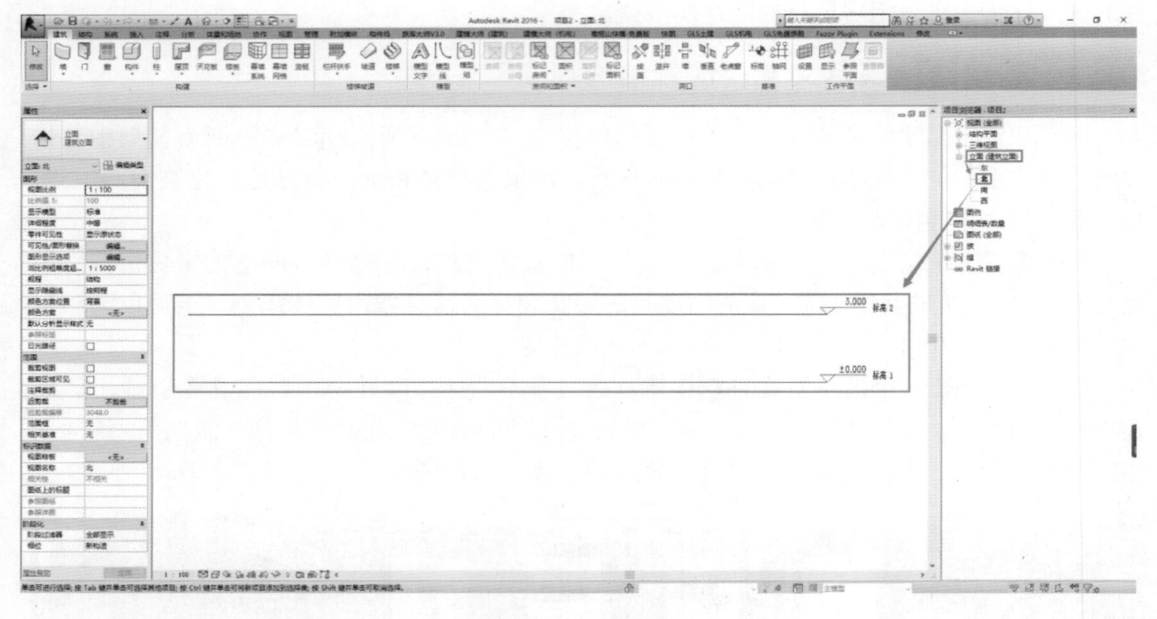

图 3-2-2　默认北立面视图

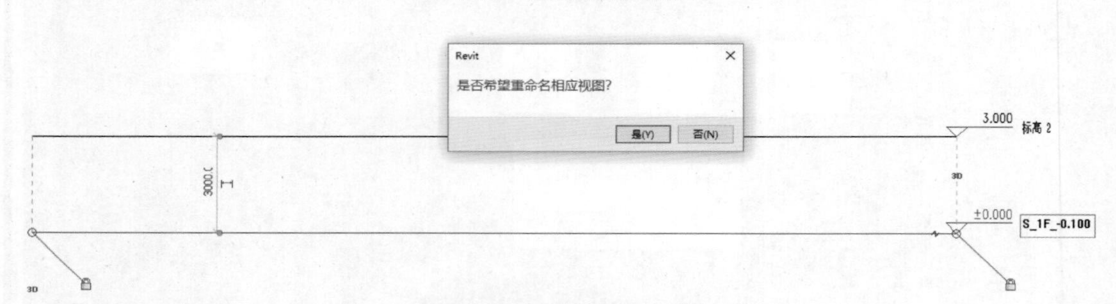

图 3-2-3　重命名视图名称

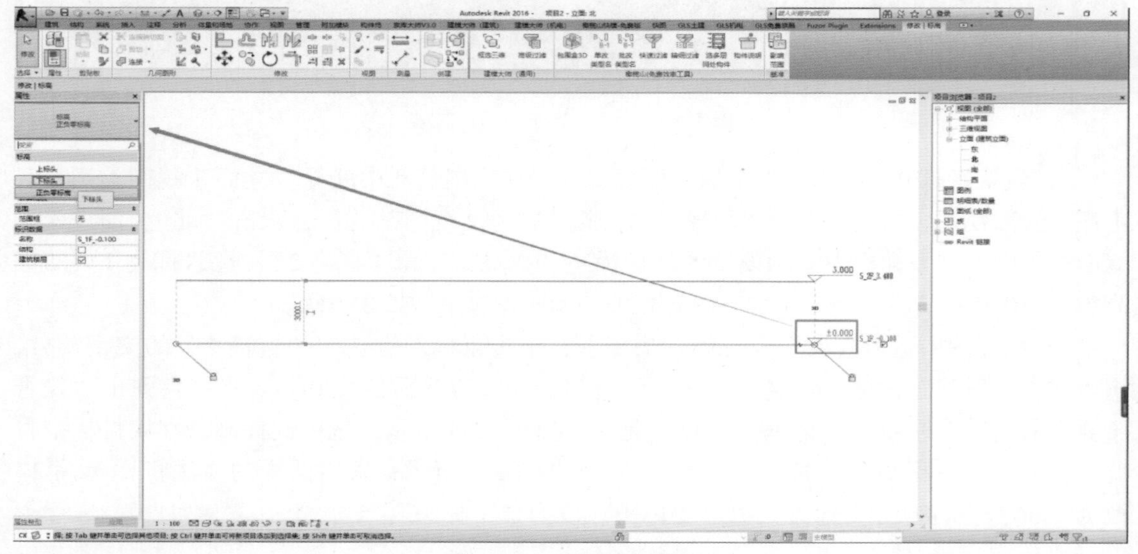

图 3-2-4　替换标头类型

4）移动鼠标至“标高 2”标高值位置，单击标高值，进入标高值文本编辑状态，将数值改为自己需要的标高值，按 < Enter > 键确定。此时 Revit 将修改“S_2F_3.480”的标高值为“3.480m”，并自动向上移动“S_2F_3.480”标高线，如图 3-2-5 所示。

图 3-2-5　修改标高值

5）单击“结构→基准→标高”命令，进入放置标高模式，Revit 将自动切换至“放置标高”上下文选项卡，如图 3-2-6 所示。

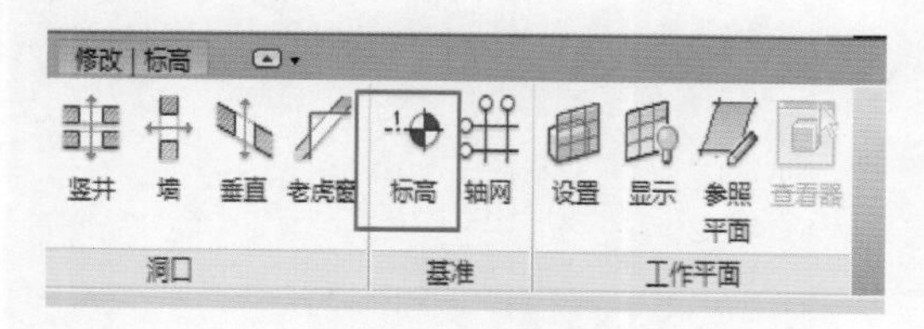

图 3-2-6　放置标高

6）采用默认设置，移动鼠标指针至标高“S_2F_3.480”左侧上方任意位置，Revit 将在鼠标指针与标高“S_2F_3.480”间显示临时尺寸，指示鼠标指针位置与“S_2F_3.480”标高的距离。移动鼠标，当鼠标指针位置与标高“S_2F_3.480”端点对齐时，Revit 将捕捉已有标高端点并显示端点对齐蓝色虚线，再通过键盘输入或鼠标控制屋面标高与标高“S_2F_3.480”的标高差值“2800”，如图 3-2-7 所示。单击鼠标左键，确定标高“6.280m”的起点。

图 3-2-7　新建“2F”（二层）标高

7）沿水平方向向右移动鼠标指针，绘制标高。当鼠标指针移动至已有标高右侧端点时，Revit 将显示端点对齐位置，单击鼠标左键完成标高“S_3F_6.280”的绘制，并按步骤 3）将名称修改为“S_3F_6.280”，“标头”为“下标头”，如图 3-2-8 所示。

图 3-2-8　绘制“3F”（三层）标高并命名

8）单击选择新绘制的标高“S_3F_6.280”，单击“修改→复制”命令，勾选选项栏中的“约束”和“多个”选项，如图 3-2-9 所示。

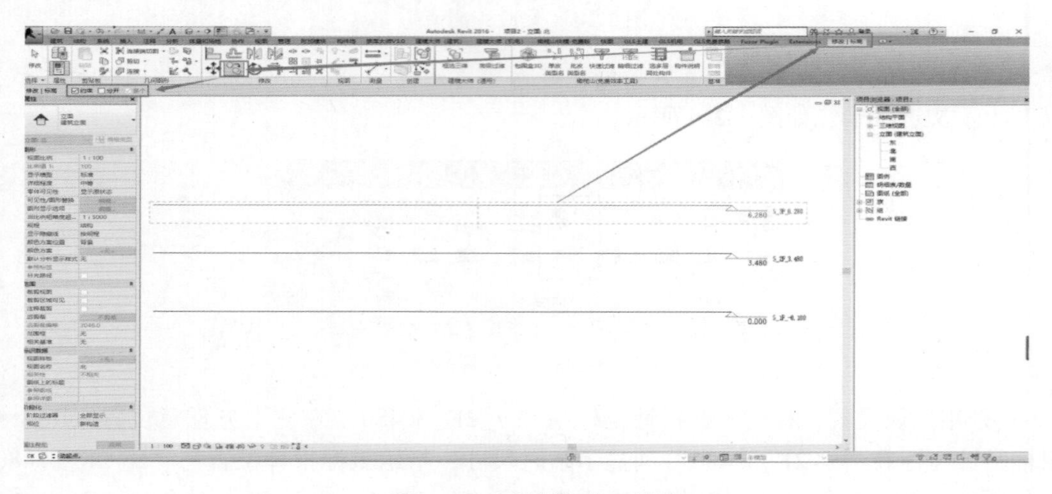

图 3-2-9　“复制多个”设置

9）单击标高“S_3F_6.280”上任意一点作为复制基点，向上移动鼠标指针，使用键盘输入数值“2800”并按 <Enter> 键确认，Revit 将自动在屋面标高上方“2800mm”处生成新标高，按 <Esc> 键完成复制操作。单击选中新标高，进入文字修改状态，修改新标高的名称为“S_4F_9.080”，如图 3-2-10 所示；参考“结施-09 11.880 ~ 73.480 剪力墙及梁配筋平面图”中给出的标高，按此方法将本楼的所有标高创建出来，如图 3-2-11 所示。

图 3-2-10　复制“4F”（四层）标高

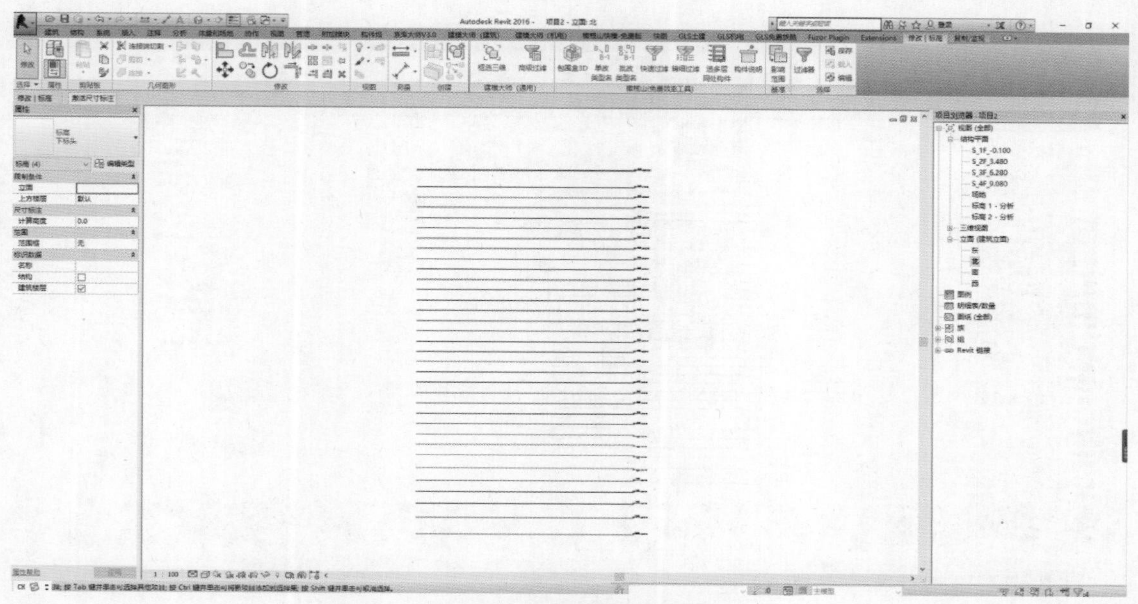

图 3-2-11 结构标高复制完成

10）单击其中任意一条标高线，单击左侧 编辑类型，依次将类型属性中“上标头”“下标头”和“正负零标高”的“端点1处默认符号”的勾选框打勾，如图3-2-12所示。

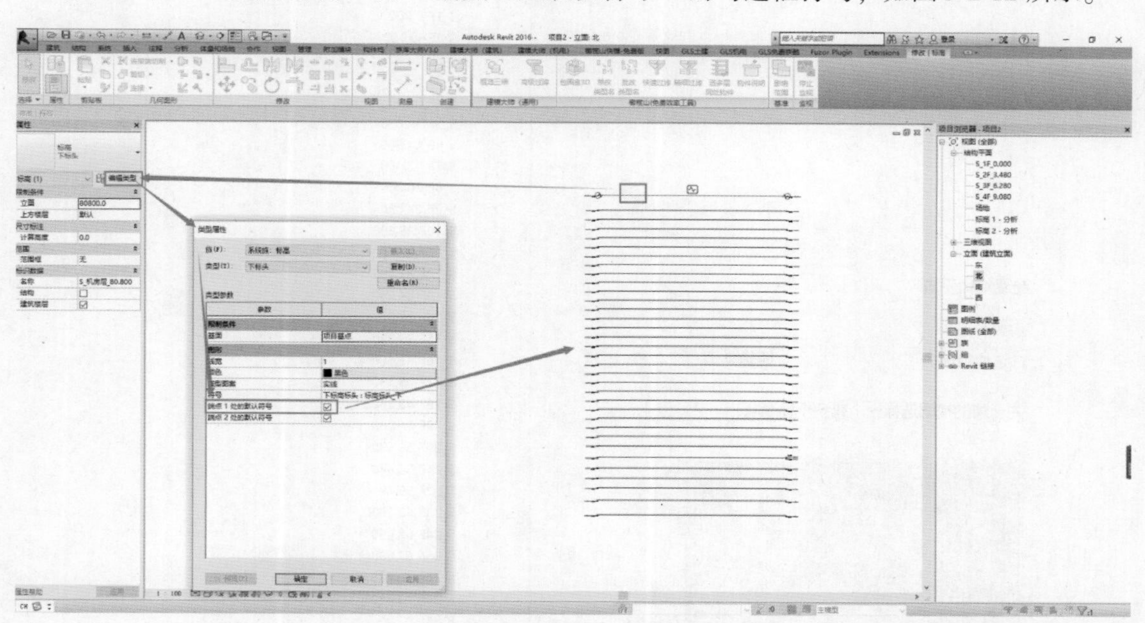

图 3-2-12 更改标高类型属性

11）如图3-2-13所示，单击“视图→创建→平面视图→结构平面”命令，Revit将打开“新建结构平面”对话框。

12）如图3-2-14所示，在“新建结构平面”对话框中按住键盘 <Ctrl> 键或 <Shift> 键选中所有出现的标高，然后单击“确定”按钮，Revit将在项目浏览器中创建与标高同名的结构平面视图，如图3-2-15所示。

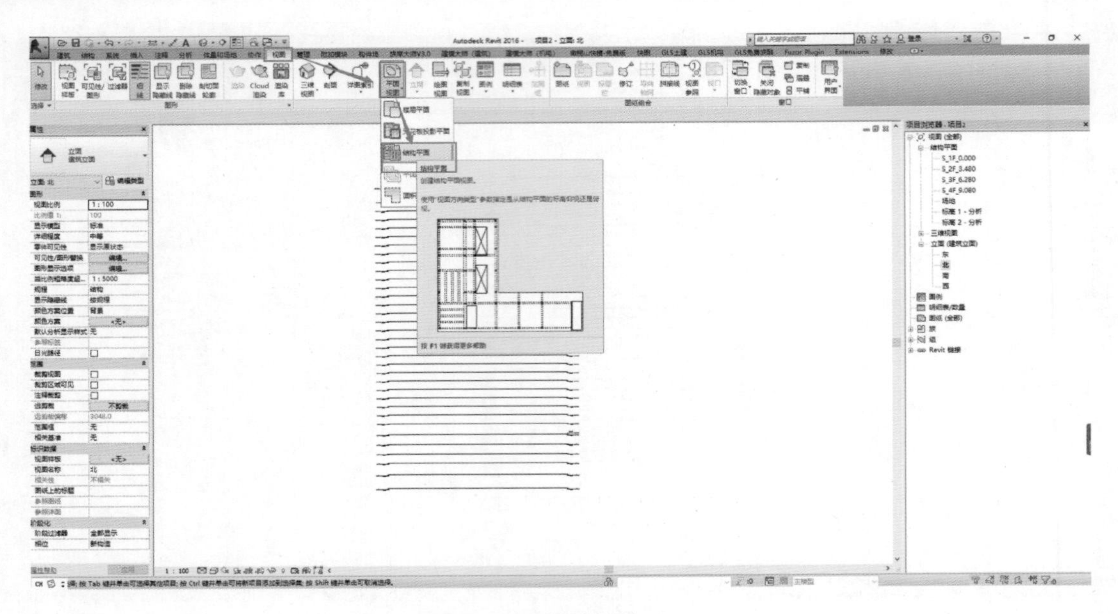

图 3-2-13　新建结构平面

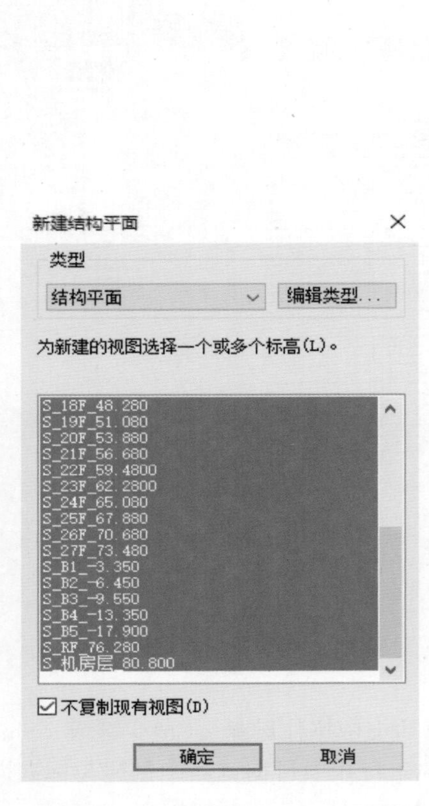

图 3-2-14　“新建结构平面”对话框

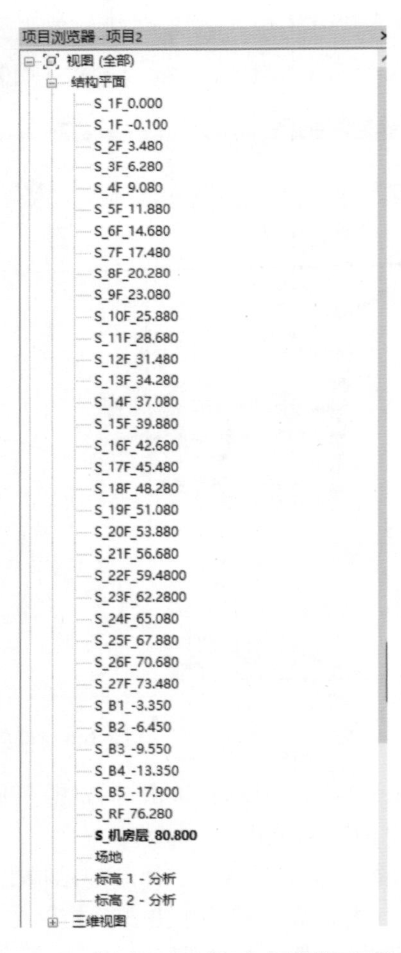

图 3-2-15　创建已复制标高的结构平面视图

13）双击鼠标滚轮缩放显示当前视图中全部图元，此时已在Revit中完成了公租房项目的结构标高绘制，结果如图3-2-16所示。在项目浏览器中，依次切换至“东、西、北”立面视图，在其他立面视图中，已生成与南立面完全相同的标高。

图3-2-16　完成项目标高绘制

14）单击按钮，在弹出的菜单中选择“保存”命令，弹出“另存为”对话框，指定保存位置并命名为“JHC—22#S—1.0”，单击“保存”按钮，将项目保存为“.rvt”格式文件。

（2）创建项目轴网。

1）导入/链接CAD图纸。

在“插入”选项中有“链接CAD”和“导入CAD”两种工具，如图3-2-17所示。

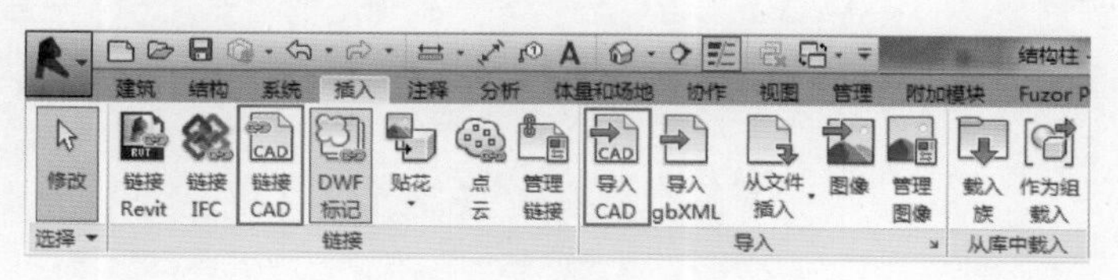

图3-2-17　链接与导入CAD

提 示

“导入/链接CAD图纸”两种方式的区别：

（1）“链接CAD”是将CAD图纸作为链接的方式置于项目中，优点为CAD图纸原文件更新后，项目中的图纸也会随着更新，且能减小.rvt格式模型文件的大小，减少计算机运行模型文件的“卡顿”；缺点为若原CAD文件丢失或链接失效，项目中CAD底图也随着消失，需要重新链接。

（2）“导入CAD”是将CAD图纸导入项目中作为项目的一部分，其优点和缺点与“链接CAD”恰好相反。此处推荐使用“链接CAD”的方式。

2）链接 CAD 的基本设置。

链接图纸，切换进入标准层结构视图“S_7F_17.480”，单击“插入→链接 CAD”，在基本设置中将“导入单位”改为“毫米”，“定位”改为“自动－原点到原点”，勾选“仅当前视图”仅将图纸放置于当前“1F”（首层）结构平面视图中，单击“打开”进行链接，如图 3-2-18 所示。

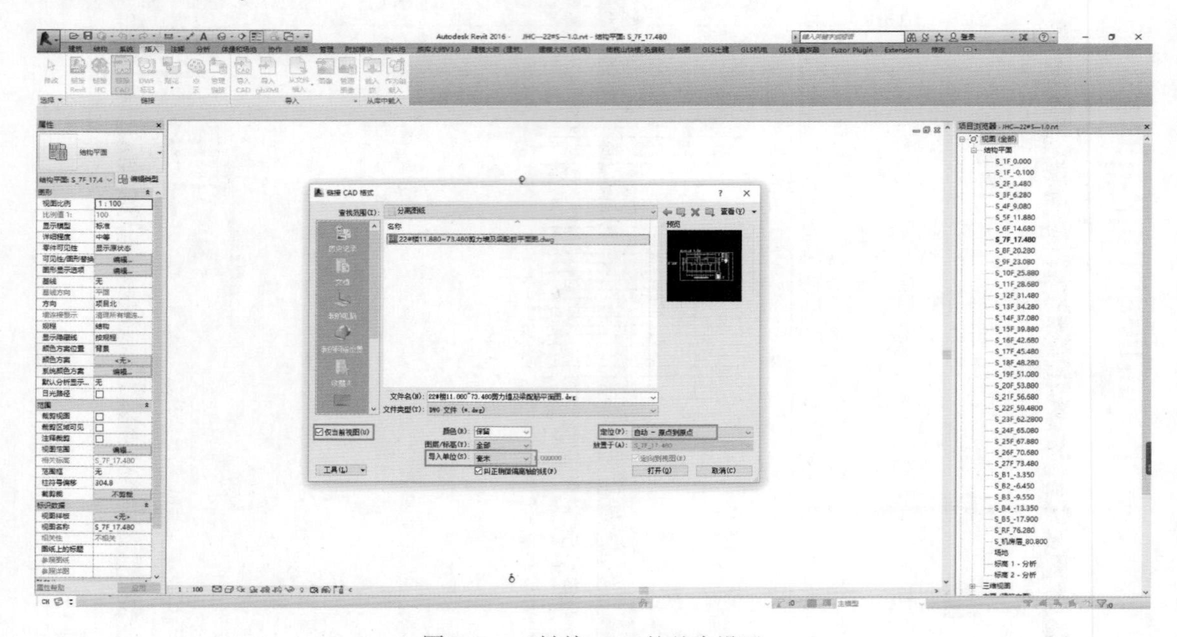

图 3-2-18 链接 CAD 的基本设置

3）锁定底图，如图 3-2-19 所示。

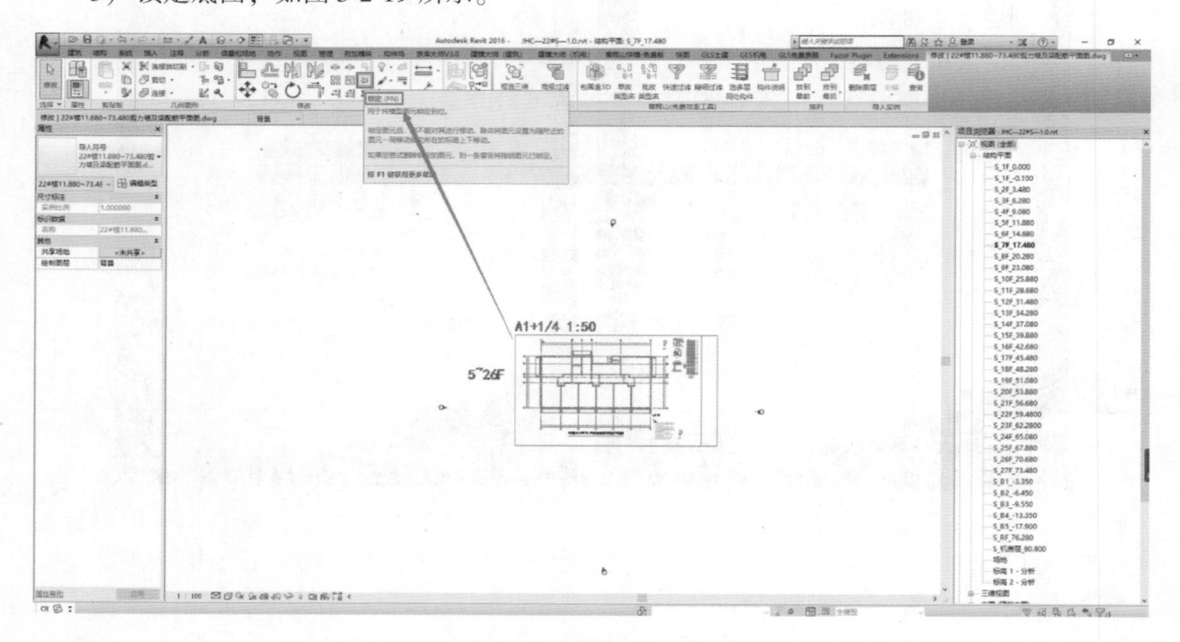

图 3-2-19 锁定 CAD 底图

提 示

（1）模型创建过程中，底图一旦失误移动，会导致模型移位，且补救调整极为麻烦，所以，切记：链接/导入 CAD 图纸后一定要锁定图纸。

（2）若 CAD 底图中带颜色的线条显示不清楚，可将 Revit 绘图区域背景色改为黑色，方法如图 3-2-20 及图 3-2-21 所示。

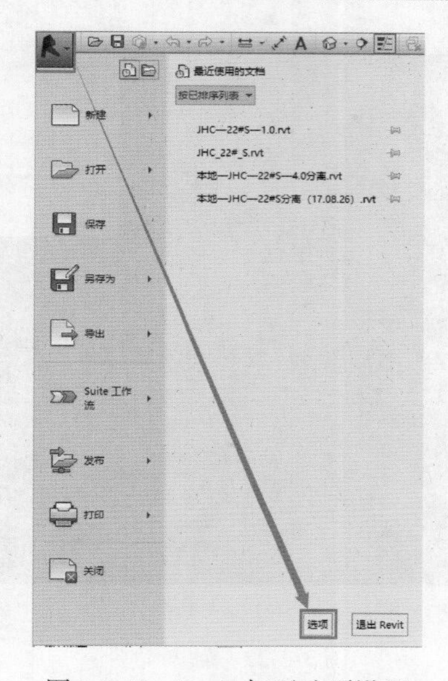

图 3-2-20　Revit 打开选项设置

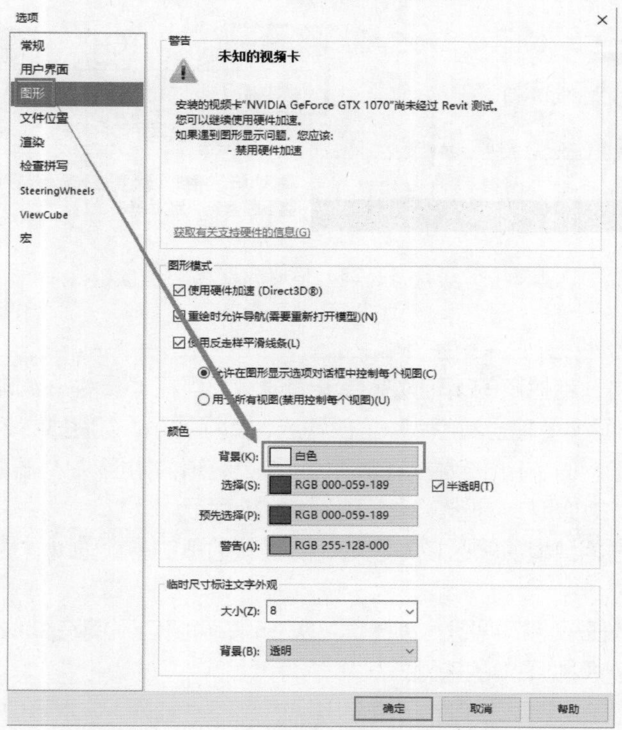

图 3-2-21　Revit 工作区域颜色修改

4）创建轴网。

如图 3-2-22 所示，依次单击“结构→基准→轴网”命令，进入放置轴网模式，Revit 将自动切换至“放置轴网”上下文选项卡，使用“拾取线”依次拾取 CAD 底图上的轴网（注意：拾取时需点击 CAD 底图轴网进行拾取而非其标注及标头），如图 3-2-23 所示。

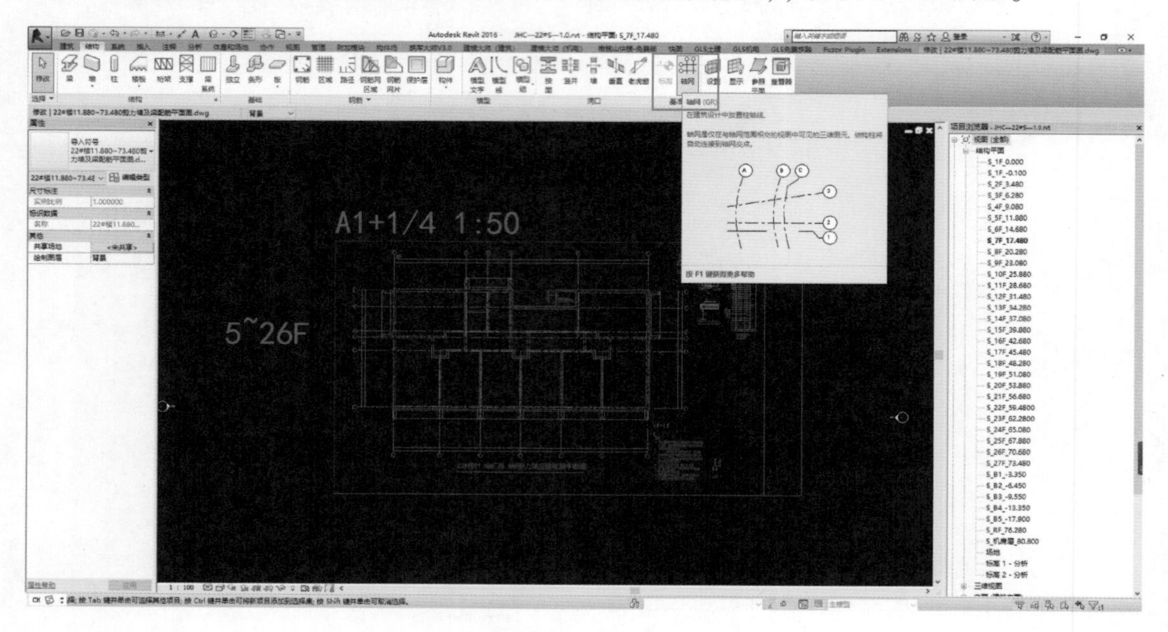

图 3-2-22 轴网命令

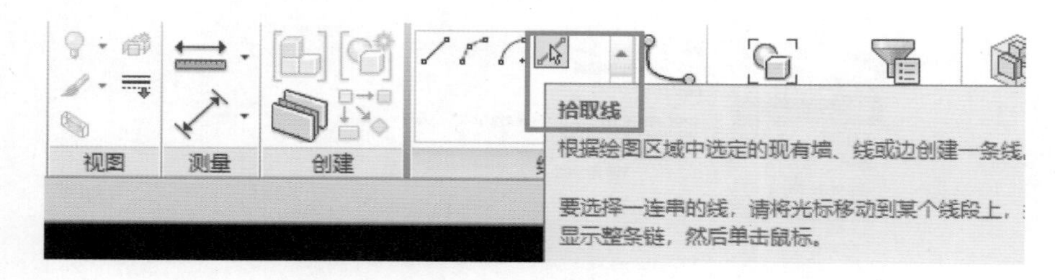

图 3-2-23 拾取线方式

提 示

（1）拾取轴网时，若拾取的新轴网标头没有显示，可在“属性—编辑类型”中将“平面视图轴号端点 1、平面视图轴号端点 2”全部勾选，即可显示，如图 3-2-24 所示。

（2）拾取纵向轴网时，单击新生成的轴网标头，编辑为对应 CAD 底图轴网标号，然后依次拾取完成纵向轴网的拾取，如图 3-2-25 及图 3-2-26 所示。

（3）以不影响后期建模所需区域为原则，调整新拾取的各个轴网，使之与 CAD 底图轴网位置近似。

方法：单击进入任一结构视图，快捷键 < WT > 使两窗口平铺在 Revit 工作区域，调整没有 CAD 底图影响的结构视图中的轴网。

选中需要调整的任意轴网，向上拉取至出现虚线与“轴网 1”水平位置一致，如图 3-2-27 所示。用类似方法将轴网调至合适位置即完成轴网创建。

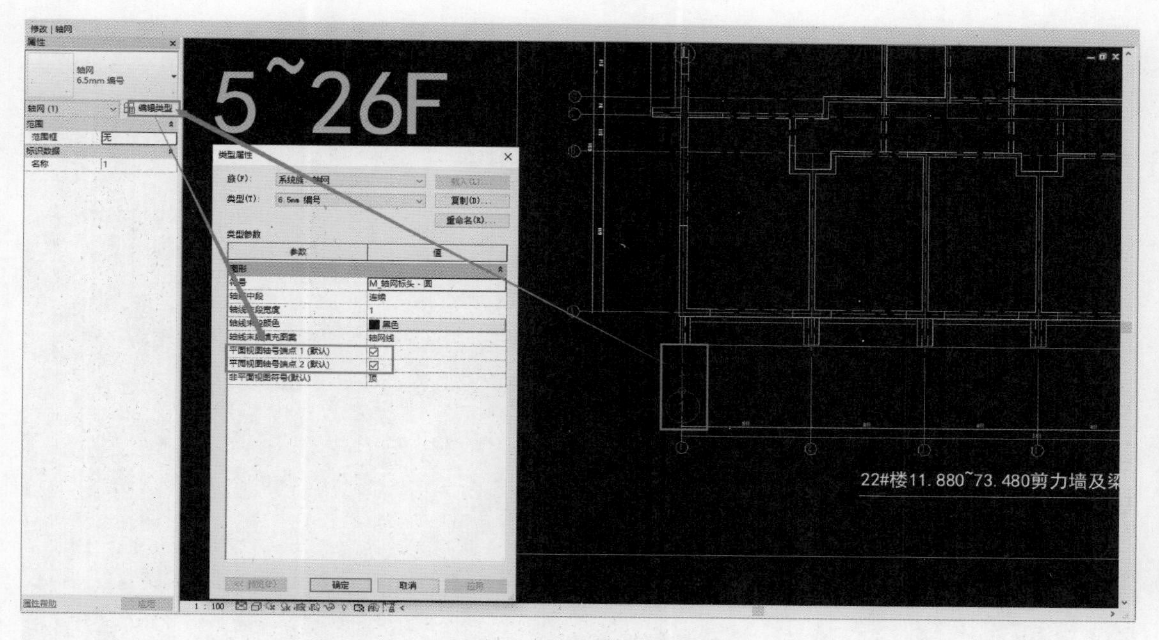

图 3-2-24 轴网标头属性设置

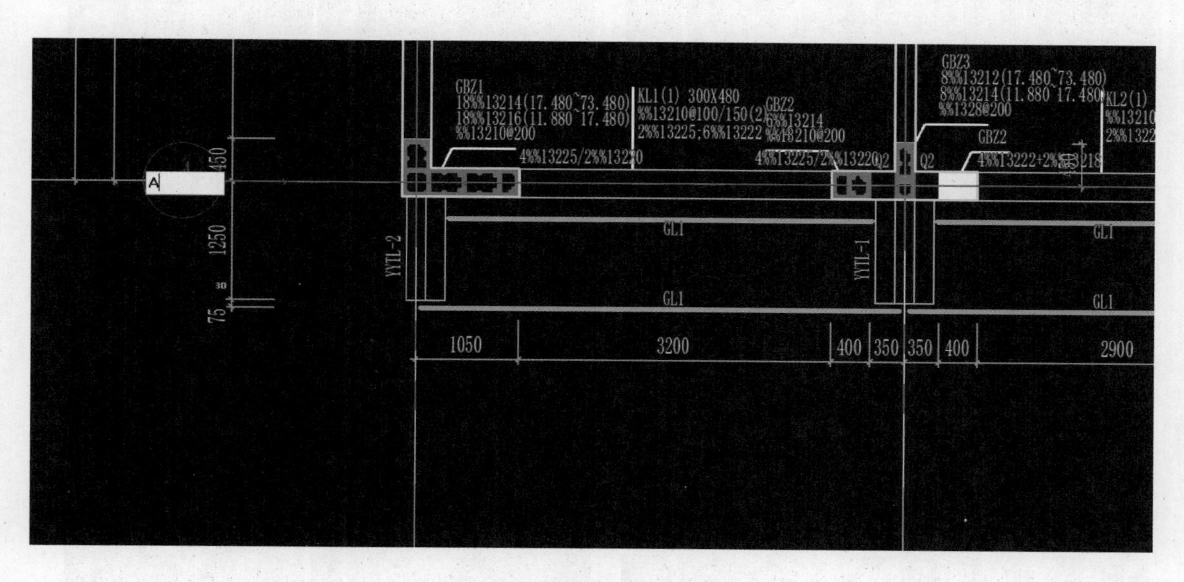

图 3-2-25 轴网标头标号修改

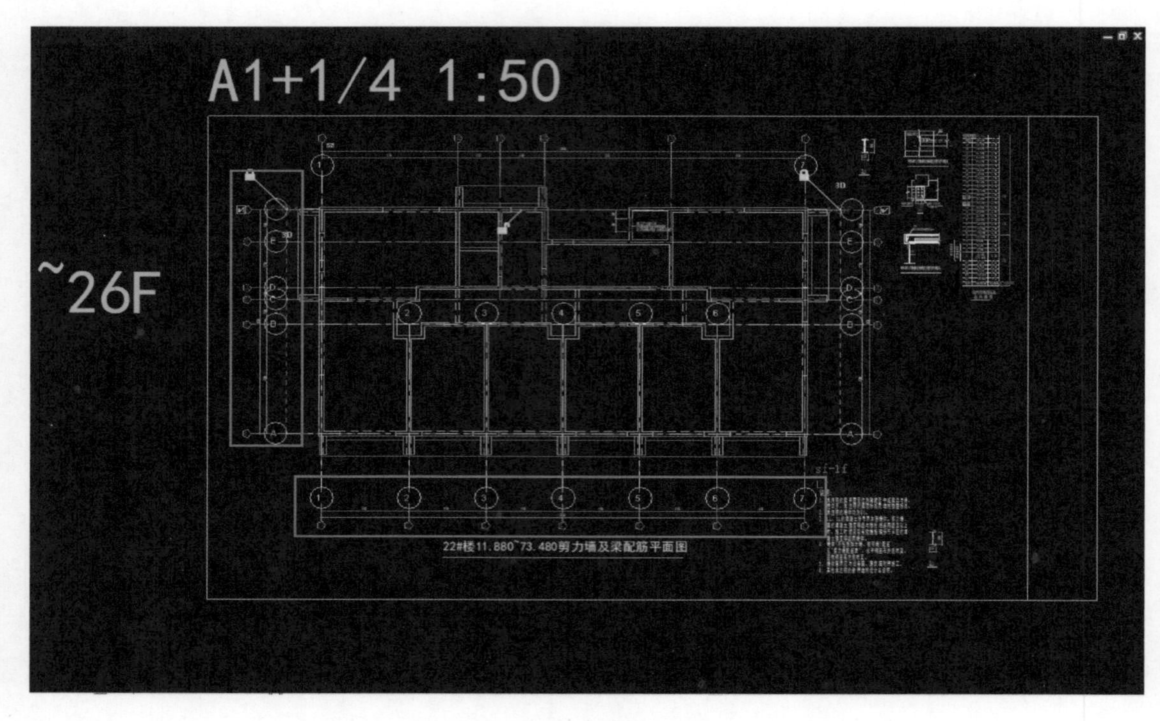

图 3-2-26　轴网绘制完成

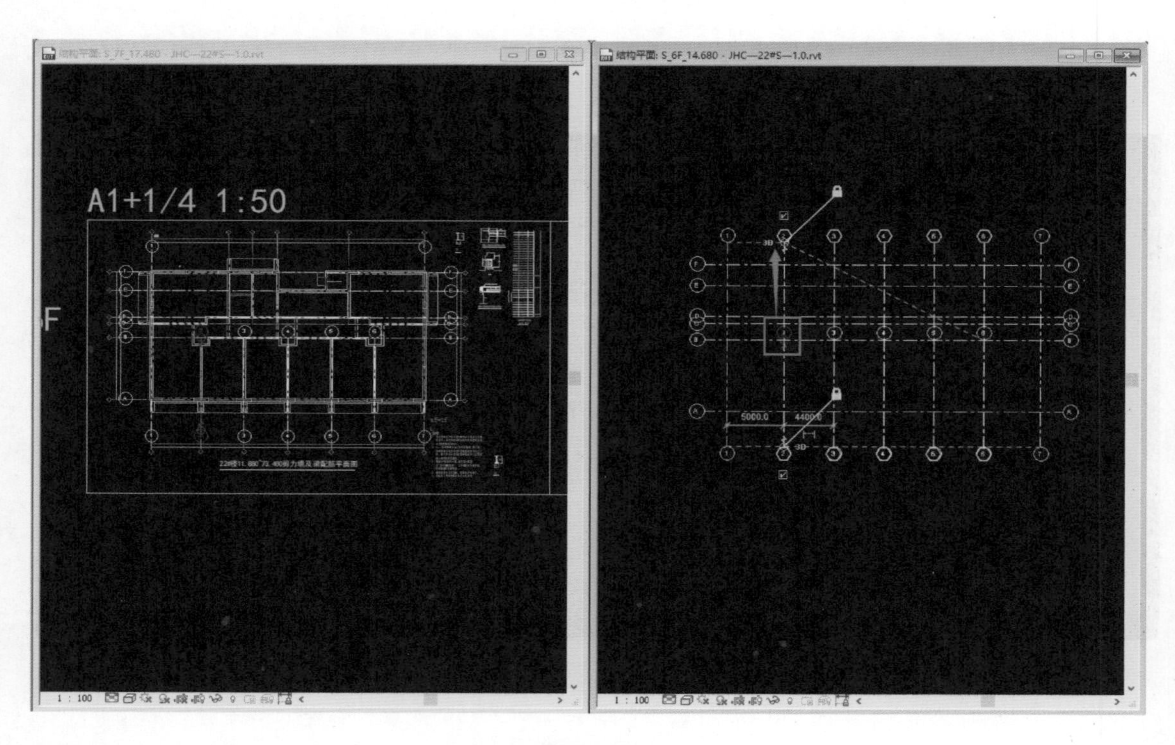

图 3-2-27　调整轴网至合适位置

3.2.2 结构柱

本小节介绍结构柱的创建，Revit 提供两种柱，即结构柱和建筑柱。建筑柱适用于墙垛、装饰柱等，非承重构件。在框架结构模型中，结构柱是用来支撑上部结构并将荷载传至基础的竖向构件。

在本案例中，公租房项目中结构柱为异形柱，并非常见的矩形柱、圆形柱等，所以需要先创建对应的异形柱族，然后放置这些结构柱。

（1）异形柱族的创建。

1）此处以内建族方法创建异形族构件。如图 3-2-28 及图 3-2-29 所示，点击“结构→构件→内建模型”，在弹出的“族类别与族参数”对话框中选择“结构柱”，单击“确定”按钮，为族指定为“结构柱”的族类别。

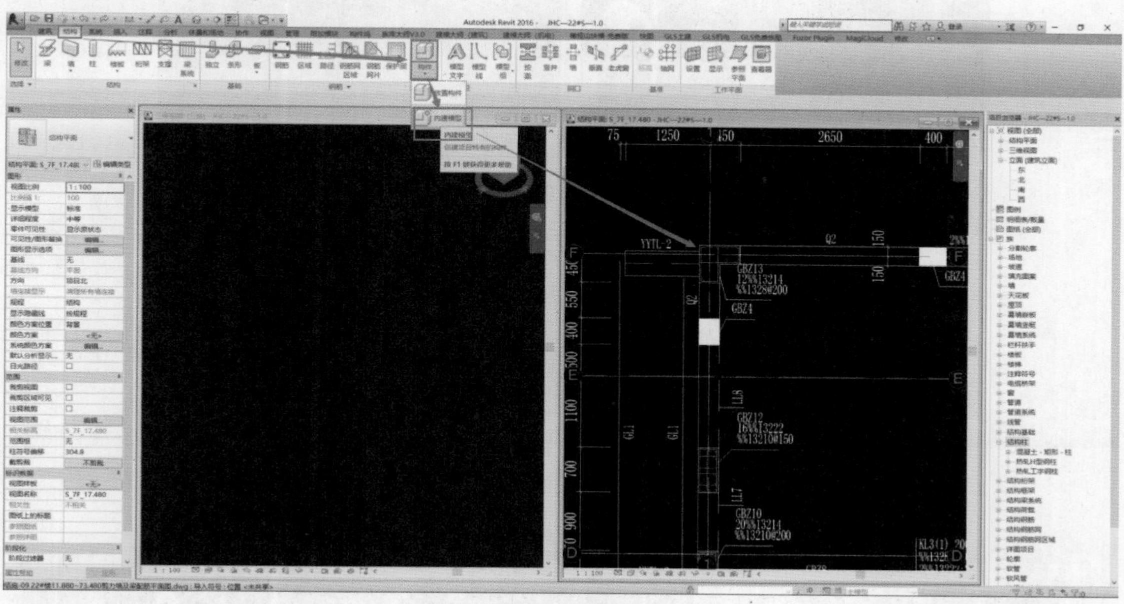

图 3-2-28　内建族命令

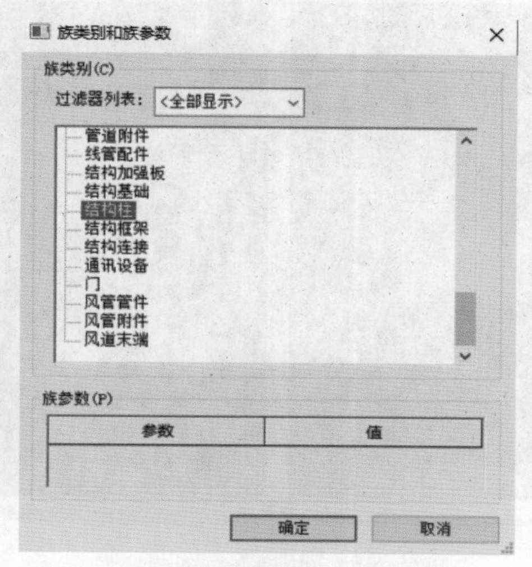

图 3-2-29　内建族指定族类别

2）输入此内建族的名称“GBZ13”，单击“确定”按钮，如图 3-2-30 所示。

图 3-2-30　命名族名称

3）使用拉伸命令，绘制此结构柱的轮廓形成闭合图形，因“6F”（六层）与“7F”（七层）标高差异为“2800”，所以将此内建族的拉伸终点设为“2800”，如图 3-2-31 及图 3-2-32 所示。

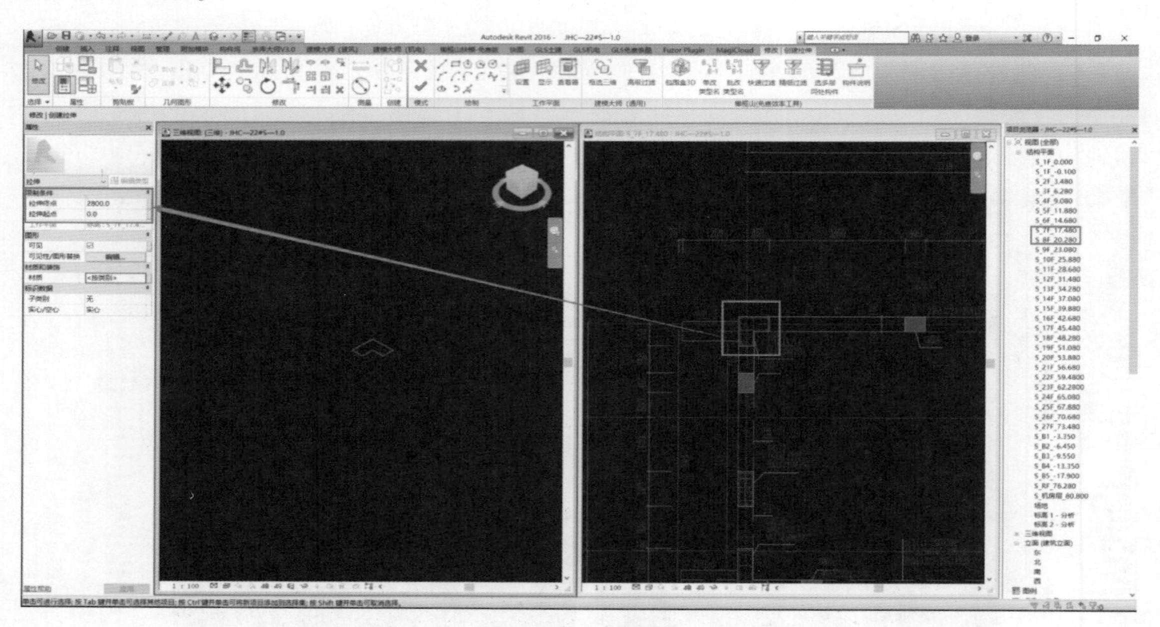
图 3-2-31　设定拉伸起终点高度

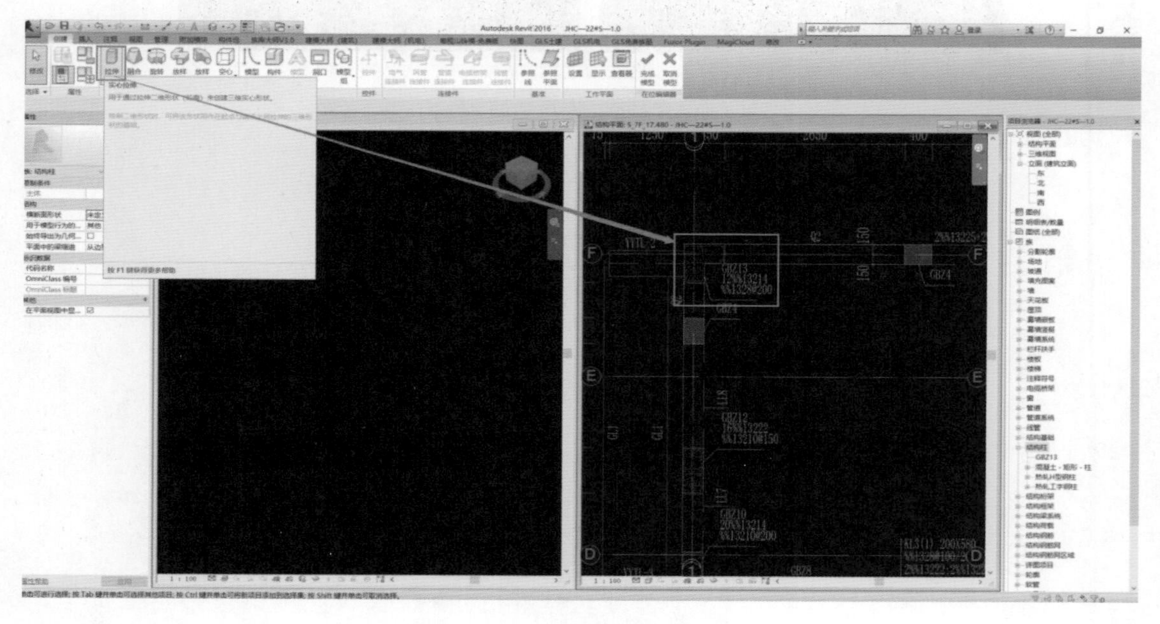
图 3-2-32　拉伸命令创建模型

4）为此结构柱赋予材质：如图 3-2-33 所示，点击属性栏“材质”右侧“按类别”，在弹出的“材质浏览器”对话框中选择“混凝土，现场浇注－C50”，单击“确定”按钮。然后单击顶部绿色按钮✔→“完成编辑模式”，如图 3-2-34 所示，最后点击“在位编辑器→完成模型”，即完成内建族结构柱的模型创建。

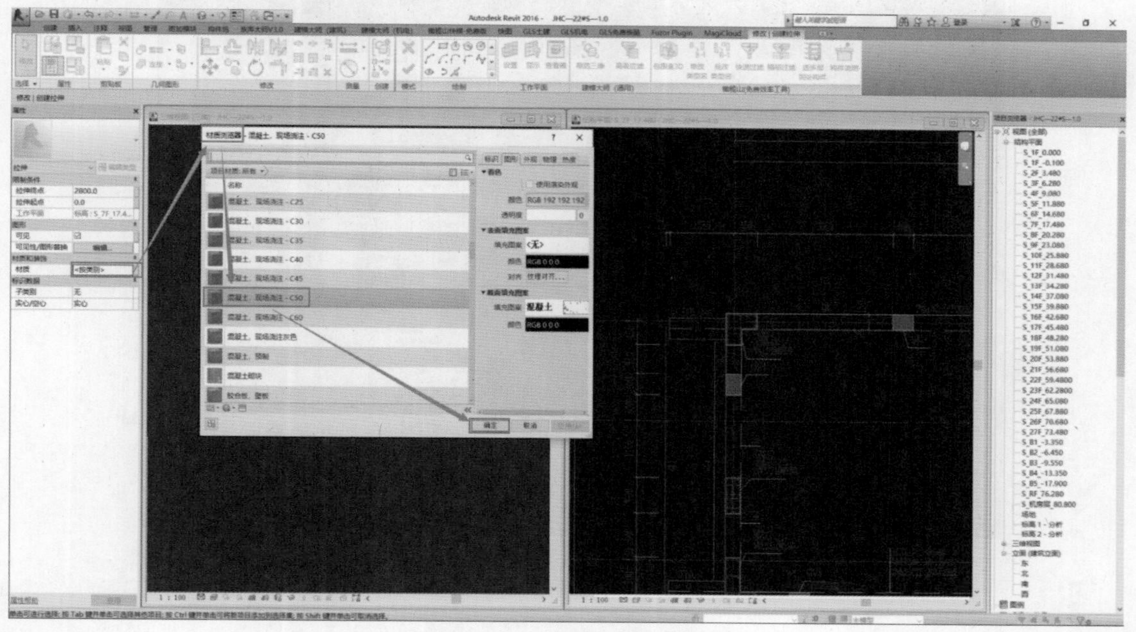

图 3-2-33　赋予构件材质

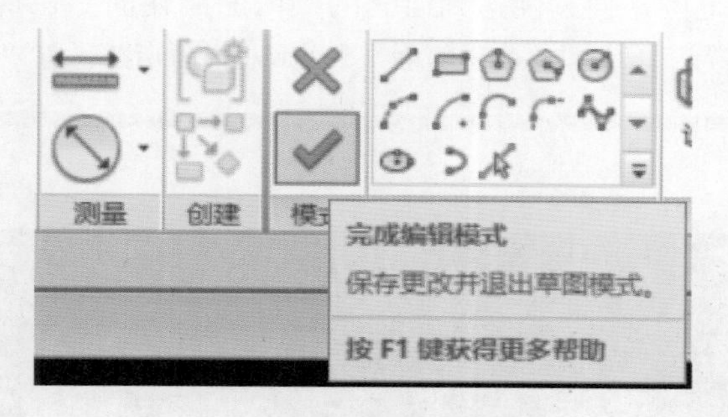

图 3-2-34　完成内建族编辑模式

（2）按步骤（1）所述方法将本层结构异形柱全部创建完毕，如图 3-2-35 所示。

（3）保存该项目文件。

3.2.3　结构梁

在前述章节中，使用内建结构柱为公租房项目创建了结构柱，本节将继续完成结构梁创建，这些工作将继续在结构选项卡中完成。使用“梁”时必须先载入相关的梁族文件，接下来以本楼建立结构梁模型为例，介绍梁模型的创建方法。

（1）接上节所绘模型，或打开“模型第三章 \ 结构模型 \ JHC—22#S—1.0（结构柱创建）.rvt”项目文件。切换至标准层“7F”（七层）结构平面视图，检查并设置结构平面视图“属性”面板中“规程”为“结构/协调”。

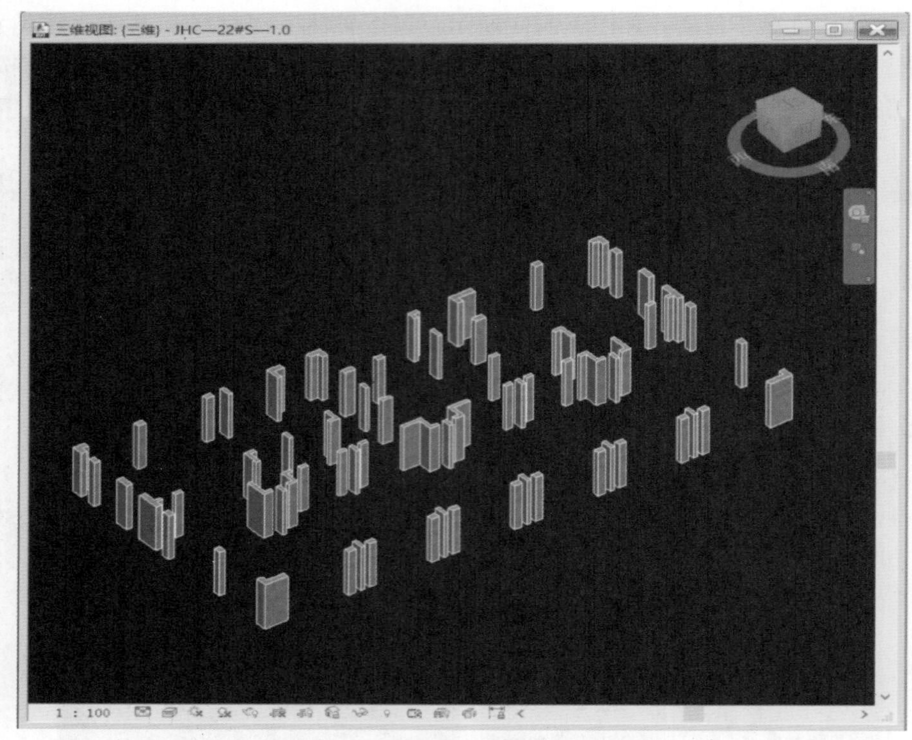

图 3-2-35　本层结构异形柱创建完毕

（2）在“S_7F_17. 480”结构平面视图中，点击“属性”选项栏中“视图范围—编辑”修改此视图的视图范围，使其能达到绘制的梁内的剖切面，在视图中显示出梁的模型。如图 3-2-36 所示，设定为“顶”与“剖切面”，偏移量分别设定为“2800、2700”。

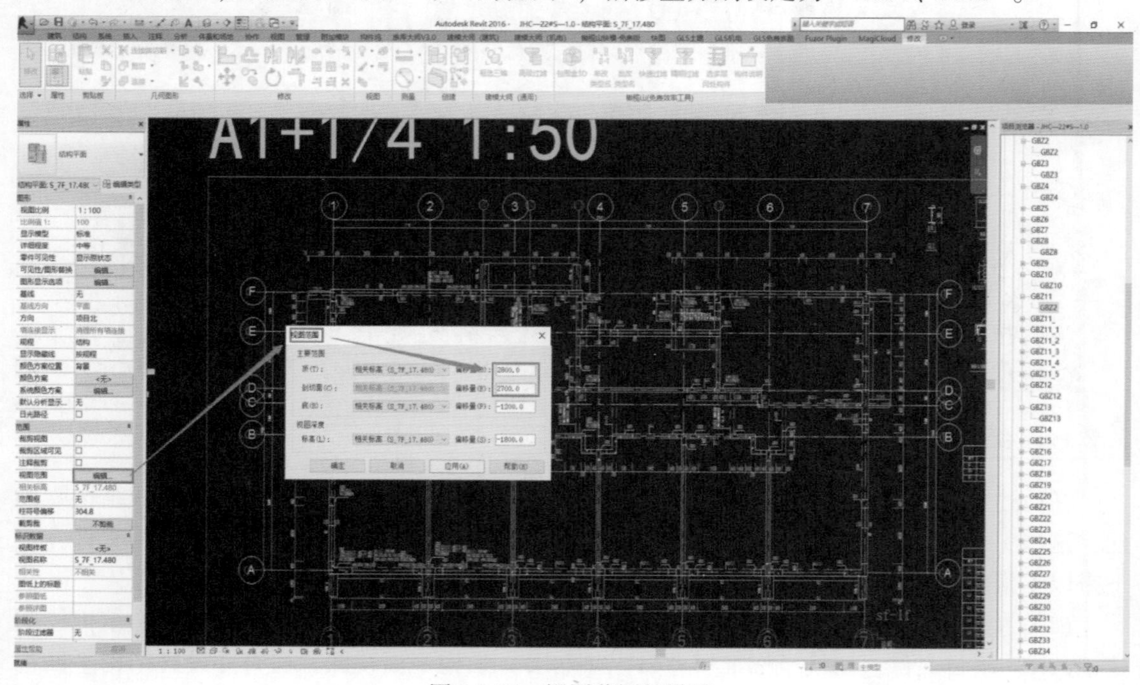

图 3-2-36　视图范围的设置

（3）单击功能区“结构—梁”命令，自动切换至“修改 | 放置梁”上下文选项卡中。在类型选择器中选择“混凝土—矩形梁”族，类型选择“300×600mm”（或其他类型均可以），如图3-2-37所示。

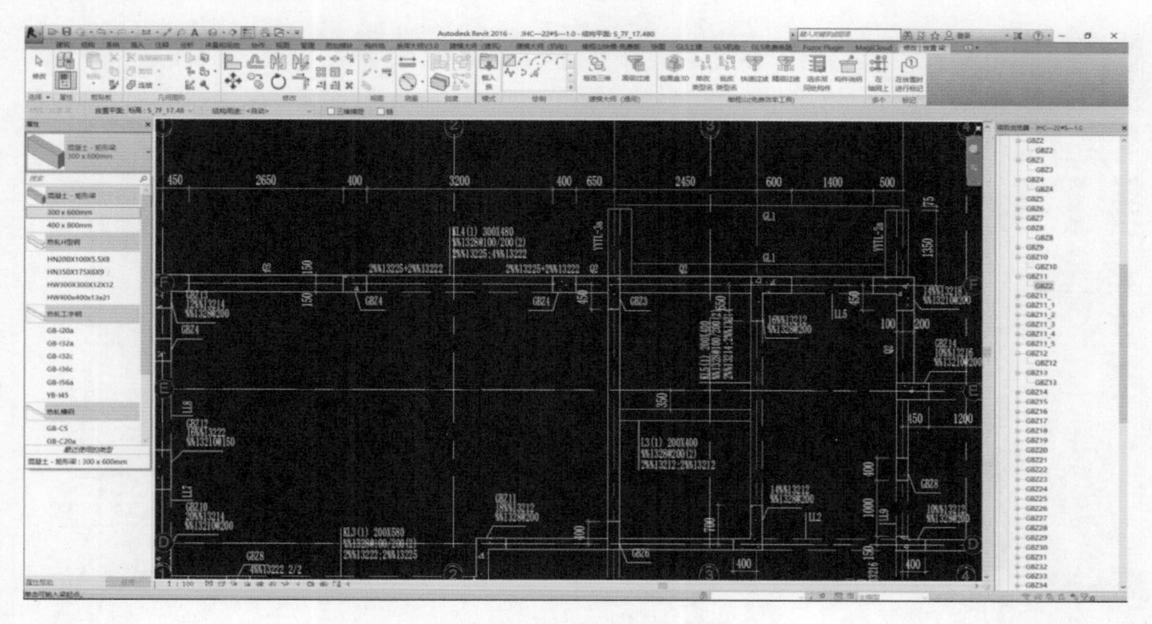

图3-2-37　结构梁类型选择

（4）点击“属性—编辑类型”，弹出“类型属性”对话框，复制并新建名称为“300×480mm”的梁类型。如图3-2-38所示，修改类型参数中的宽度为“300”，高度为“480”。完成后，单击“确定”按钮退出“类型属性”对话框。

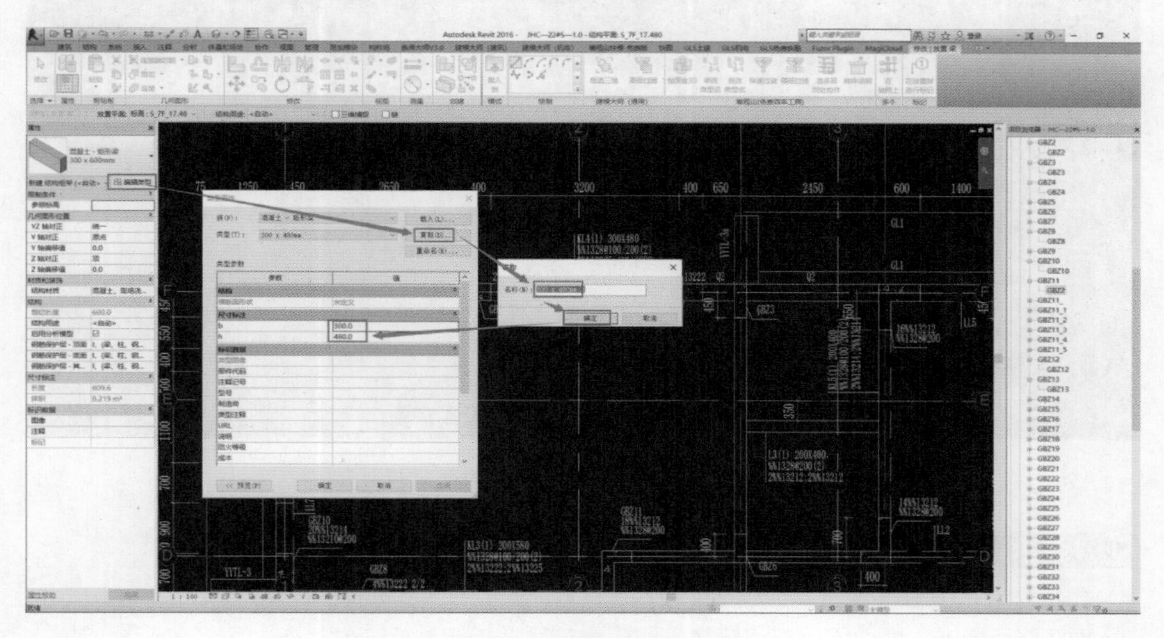

图3-2-38　结构梁的类型复制

（5）如图 3-2-39 所示，选择“绘制”面板中的绘制方式为“直线”，设置选项栏中的“放置平面”为“S_7F_17.480”，不勾选“三维捕捉”和“链”选项。确认“属性”面板中“Z 方向对正”设置为“顶”。即所绘制的结构梁将以梁图元顶面与“放置平面”标高对齐。

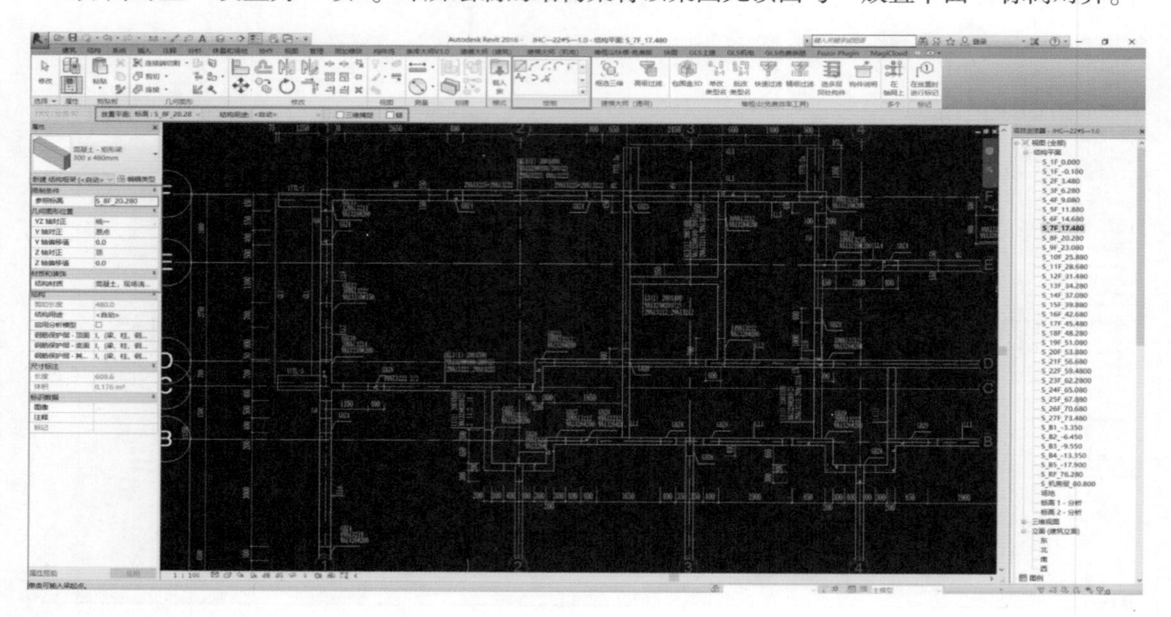

图 3-2-39　结构梁选项栏设置

（6）如图 3-2-40 所示，移动鼠标绘制 KL4 结构梁。

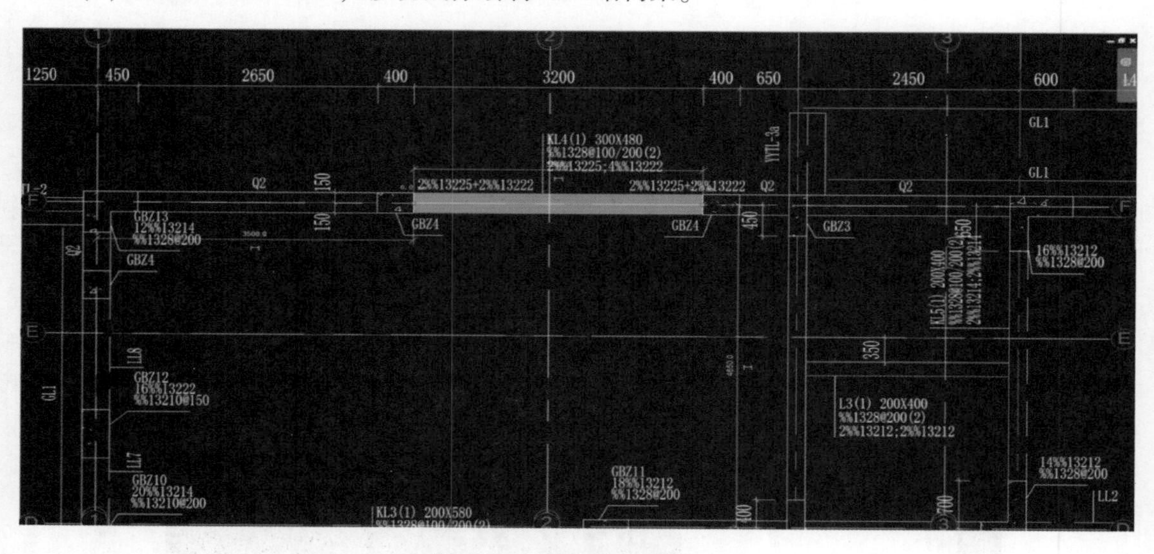

图 3-2-40　绘制 KL4 结构梁

提　示

若梁与 CAD 底图所示梁边线不能重合，可对所建梁作对齐处理。使用“对齐”命令，进入对齐修改模式。移动鼠标到结构柱外侧边缘位置，单击鼠标左键，作为对齐的目标位置，再次在梁外侧边缘单击鼠标左键，则梁外侧边缘将与柱外侧边缘对齐，如图 3-2-41 所示。

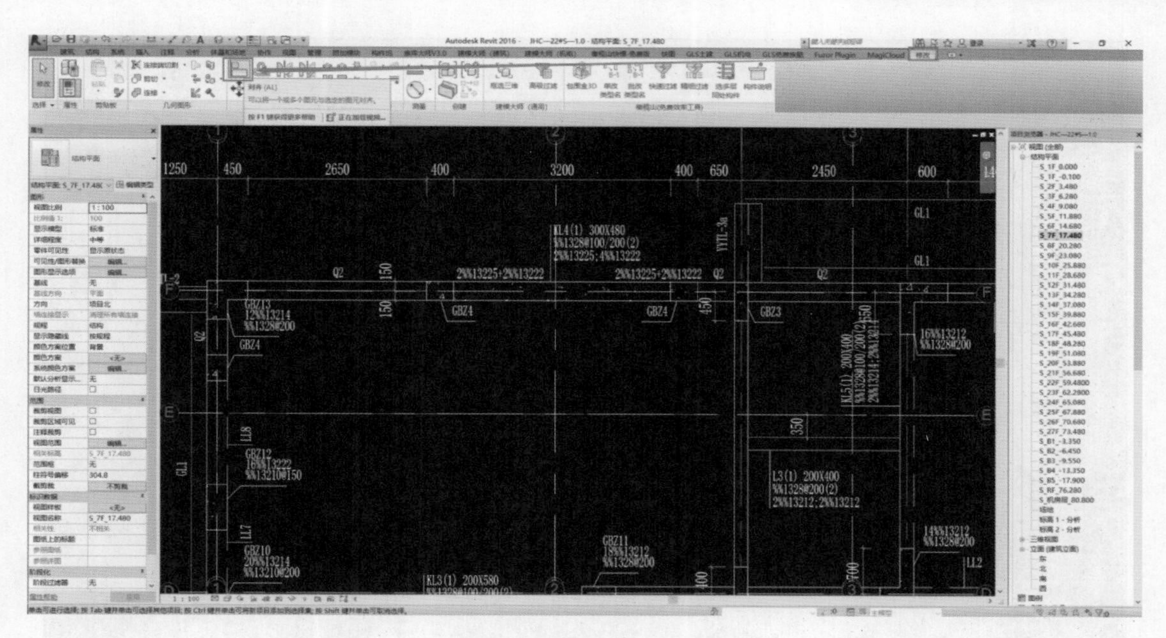

图 3-2-41　对齐命令的使用

（7）使用类似的方式，绘制“S_7F_17.480”结构平面视图其他部分的梁，结果如图 3-2-42 所示。

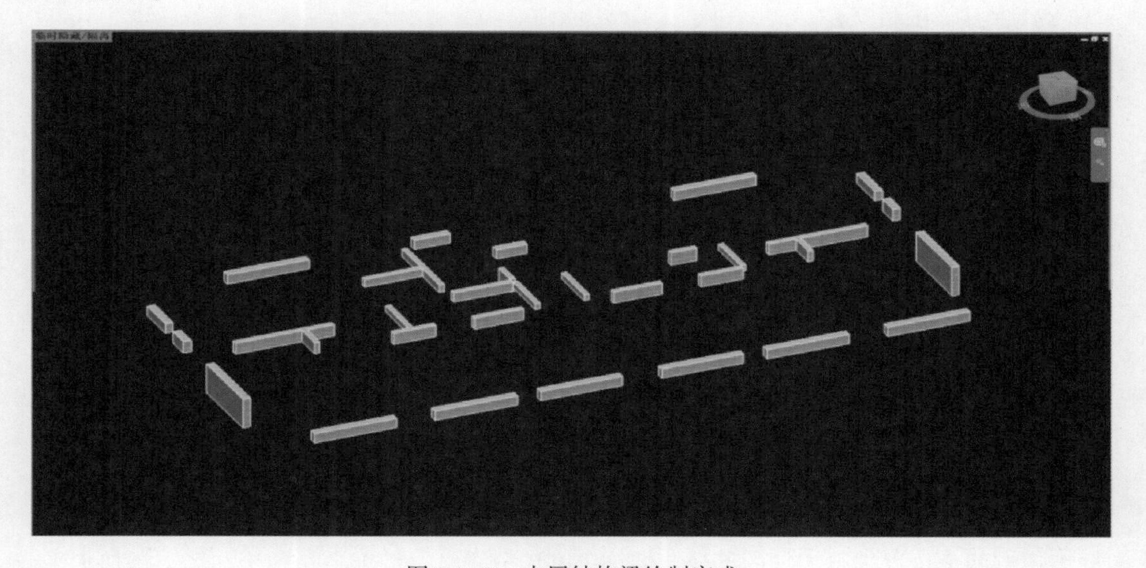

图 3-2-42　本层结构梁绘制完成

提　示

图纸中给出连梁的界面尺寸信息，如图 3-2-43 所示。

连梁表							
编号	标高	梁顶相对标高	截面尺寸	上筋	下筋	箍筋	备注
LL1	11.880~53.880	-----	200X580	4Φ22 2/2	4Φ20 2/2	Φ10@100(2)	
	53.880~73.480	-----	200X580	4Φ18 2/2	4Φ18 2/2	Φ8@100(2)	
LL2	11.880~53.880	-----	200X480	4Φ20 2/2	2Φ18/2Φ20	Φ8@100(2)	
	53.880~73.480	-----	200X480	4Φ18 2/2	4Φ16 2/2	Φ8@100(2)	
LL3	11.880~53.880	+0.090	200X670	4Φ22 2/2	4Φ22 2/2	Φ12@100(2)	
	53.880~73.480	+0.090	200X670	4Φ16 2/2	4Φ16 2/2	Φ10@100(2)	
LL4	11.880~53.880	-----	300X480	4Φ22	4Φ22	Φ12@100(2)	
	53.880~73.480	-----	300X480	4Φ16 2/2	4Φ16 2/2	Φ10@100(2)	
LL5	11.880~53.880	+0.100	300X480	4Φ25	4Φ25	Φ12@100(2)	
	53.880~73.480	+0.100	300X480	4Φ22	4Φ22	Φ10@100(2)	
LL6	11.880~53.880	+1.020	300X1500	3Φ25/2Φ22	3Φ25/2Φ22	Φ10@100(2)	
	53.880~73.480	+1.020	300X1500	3Φ22/2Φ20	3Φ22/2Φ20	Φ8@100(2)	
LL7	11.880~20.280	+0.120	300X600	4Φ20	4Φ20	Φ12@100(2)	
	20.280~73.480	+0.120	300X600	2Φ25	2Φ25	Φ12@100(2)	
LL8	11.880~73.480	-----	300X480	3Φ25/2Φ20	2Φ20/3Φ25	Φ10@100(3)	
LL9	11.880~53.880	+0.090	200X670	4Φ20 2/2	4Φ18 2/2	Φ10@100(2)	
	53.880~73.480	+0.090	200X670	2Φ20	2Φ20	Φ8@100(2)	

图 3-2-43　图纸中连梁的界面尺寸

（8）保存该项目文件。

3.2.4　结构墙

本节介绍墙体模型创建，在进行墙体的创建时，需要根据墙的用途及功能，例如墙体的高度、墙体的构造、立面显示、内墙和外墙的区别等，创建不同的墙体类型，赋予不同的属性。

（1）墙体概述。在 Revit 中创建墙体模型可以通过功能区中的“墙”命令来创建，“墙”命令的使用与结构梁类似。Revit 提供了建筑墙、结构墙和面墙三个墙体创建命令。

建筑墙：主要用于绘制建筑中的隔墙。

结构墙：绘制方法与建筑墙完全相同，但使用结构墙工具创建的墙体，可以在结构专业中为墙图元指定结构受力计算模型，并为墙配置钢筋，因此该工具可以用于创建剪力墙等墙图元。

面墙：根据体量或者常规模型表面生成墙体图元。

墙还有两个可以进行添加的部分：墙饰条和墙分隔缝，墙饰条是用于在墙上添加水平或垂直的装饰条，例如踢脚板和冠顶；分隔缝可以在墙上进行水平或垂直的剪切。

（2）墙体创建。

1）墙体属性和类型。

接上节模型，或打开“模型 \ 第三章 \ 结构模型 \ JHC—22#S—1.0（结构梁）”项目文件，单击功能区“结构”→“墙”命令，功能区显示“修改 | 放置墙　结构墙”，如图 3-2-44 所示，绘制时需注意三点：

①“绘制”选项卡：在此处可以选择绘制墙的工具。该工具与梁的绘制工具基本相同，

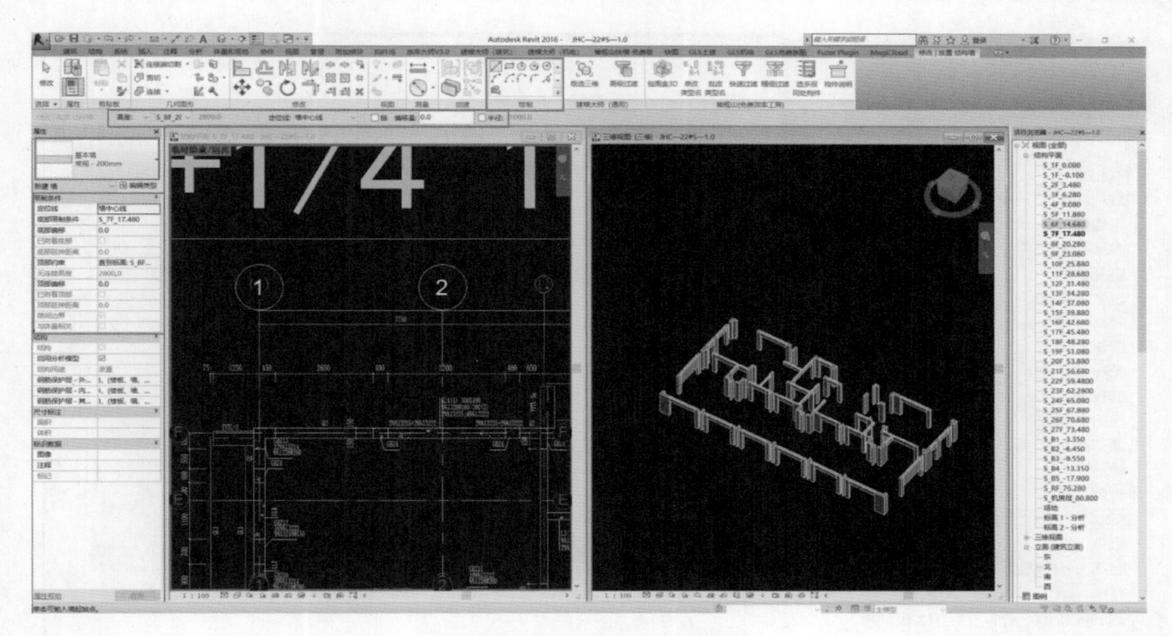

图 3-2-44 修改丨放置墙

包括默认的“直线”“矩形”“多边形”“圆形”“弧形”等工具。其中需要注意的是两个工具：一个是“拾取线”，使用该工具可以直接拾取视图中已创建的线来创建墙体；另一个是“拾取面”，该工具可以直接拾取视图中已经创建的体量面或是常规模型面来创建墙体。

②将图 3-2-44 中红色方框圈出的“深度”改为“高度”，“定位线”设为“墙中心线”（注意不勾选“链”，其作用为连续绘制墙体时墙自动连接），偏移量为“0”，不勾选“半径”。

提 示

定位线是指在平面上的定位线位置，默认为墙中心线，包括“核心层中心线”“面层面：外部”“面层面：内部”“核心面：外部”“核心面：内部”，在创建墙体模型时可以灵活使用，选择合适的类型。

③墙的属性设置：

a）墙类型，在下拉列表中可以选择其他所需要的类型进行墙体模型的创建。

b）底部限制条件和顶部约束：定义墙的底部和顶部标高（其中顶部约束不能低于底部限制条件）。

c）底部偏移和顶部偏移：是相对应底部标高和顶部标高进行偏移的高度。

2）创建需要的墙类型。单击“属性”中“编辑类型”，打开“类型属性”对话框。在“类型属性”对话框中，确认“族”列表中当前族为“系统族：基本墙”，单击“复制”按钮，输入名称“常规－300mm”作为新墙体类型名称，如图 3-2-45 所示，单击“确定”按钮返回“类型属性”对话框。

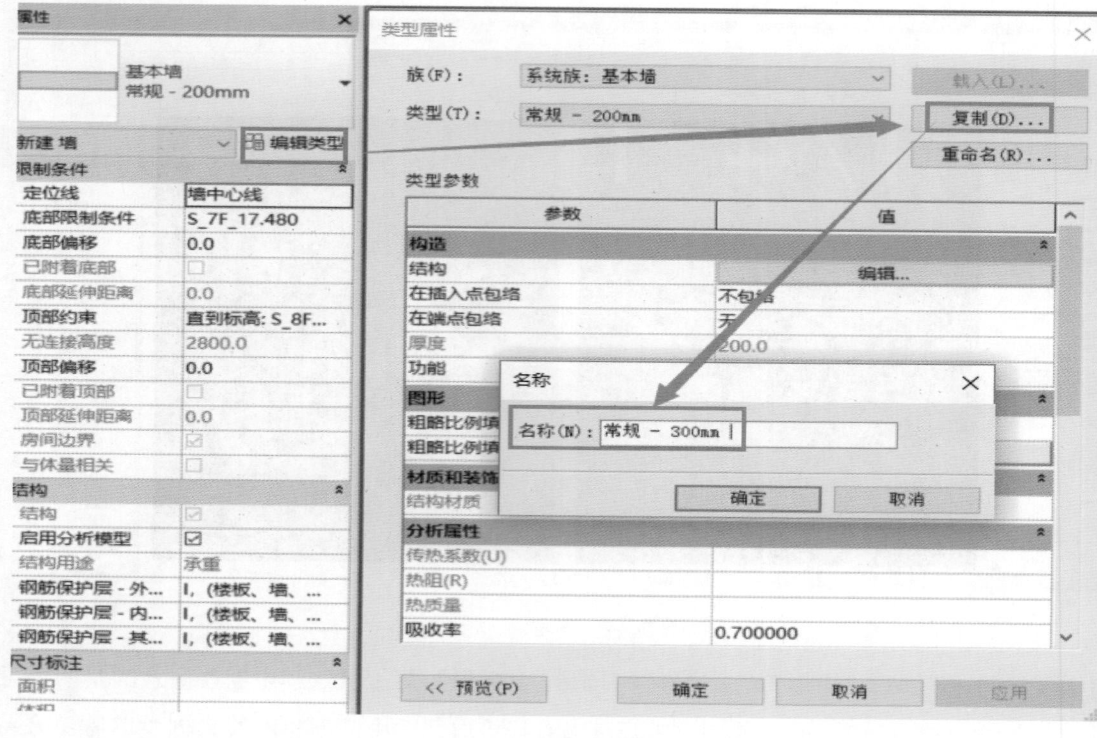

图 3-2-45　墙类型复制

提　示

墙类型依据“结施-09 11.880～73.480 剪力墙及梁配筋平面图”中“墙身配筋表”中显示的厚度进行创建，如图 3-2-46 所示。

墙身配筋表						
编号	标高	墙厚	水平钢筋	竖向钢筋	拉筋	备注
Q1	11.880~73.480	200	Φ8@200(双排)	Φ8@200(双排)	Φ6@600X600	
Q1a	11.880~73.480	200	Φ8@150(双排)	Φ8@200(双排)	Φ6@600X600	
Q2	11.880~73.480	300	Φ10@200(双排)	Φ10@200(双排)	Φ6@600X600	

图 3-2-46　图纸中的墙身配筋表

修改墙的厚度和做法，在“类型参数”中单击结构参数一栏的值“编辑”按钮，进入“编辑部件”窗口，点击“结构”—“按类别”，在弹出的材质浏览器中选择“凝土，现场浇筑-C50”材质，单击“确定”按钮。在“编辑部件”窗口中的“厚度”栏，修改“结构”的厚度为图纸中要求的厚度，如图 3-2-47 和图 3-2-48 所示。

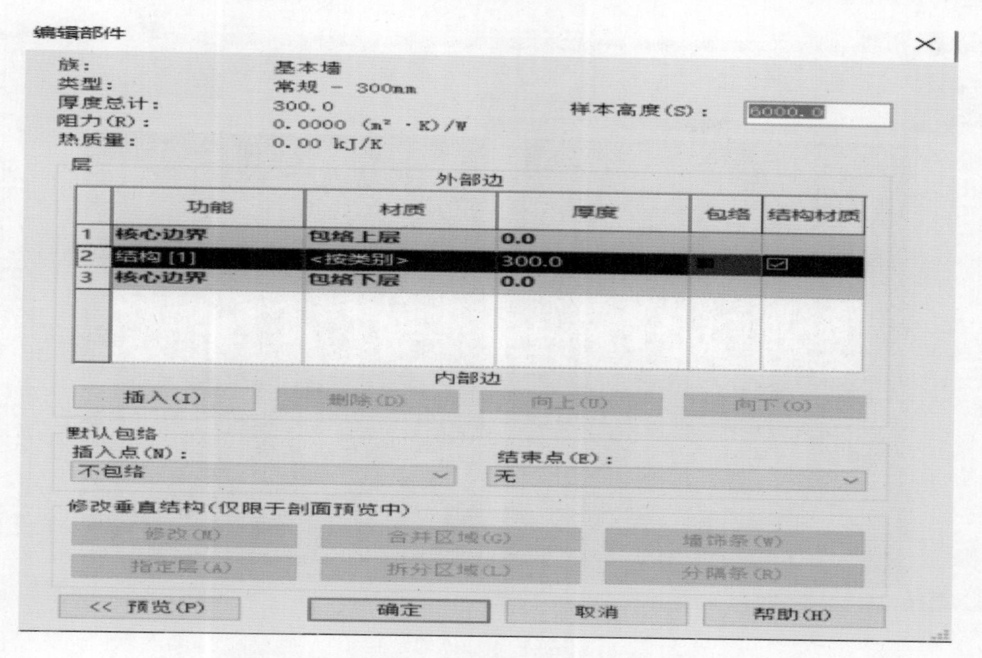

图 3-2-47　编辑部件中设置墙的构造类型及厚度

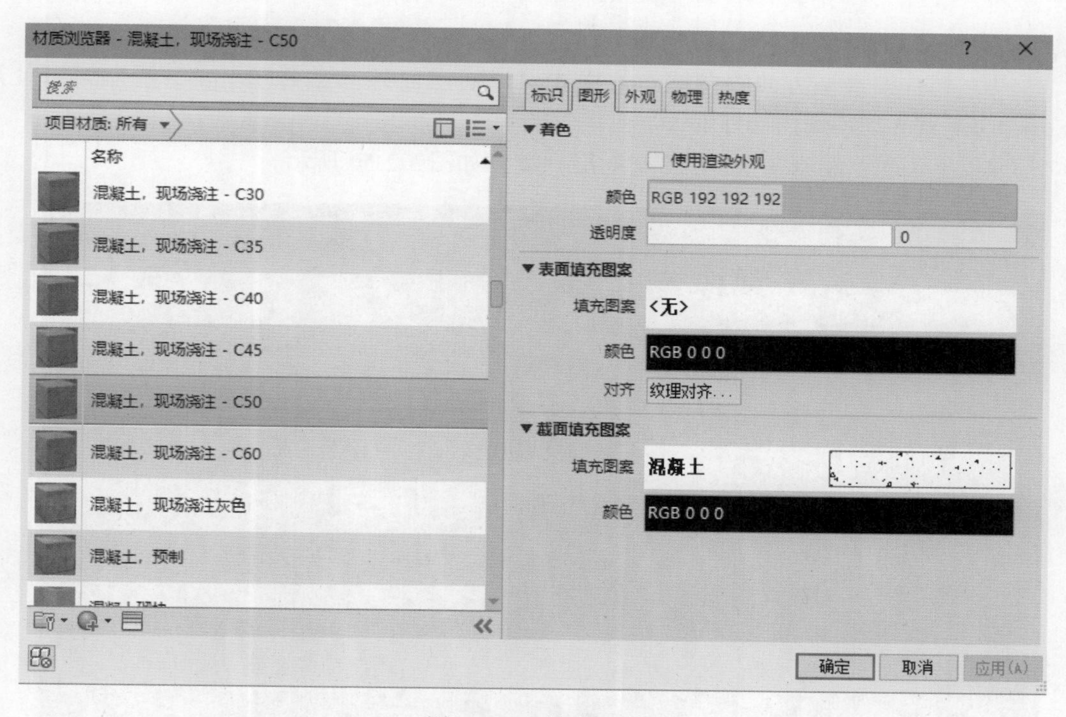

图 3-2-48　材质添加

3）绘制墙。在项目浏览器中双击进入“S_7F_17.480”结构平面视图。设置墙的类型和参数之后就可以在视图中绘制墙，绘制“7F”（七层）到“8F”（八层）的外墙步骤，如图 3-2-49 所示。

①单击功能区“结构→结构墙”命令，在工具栏中选择绘制“直线”命令。

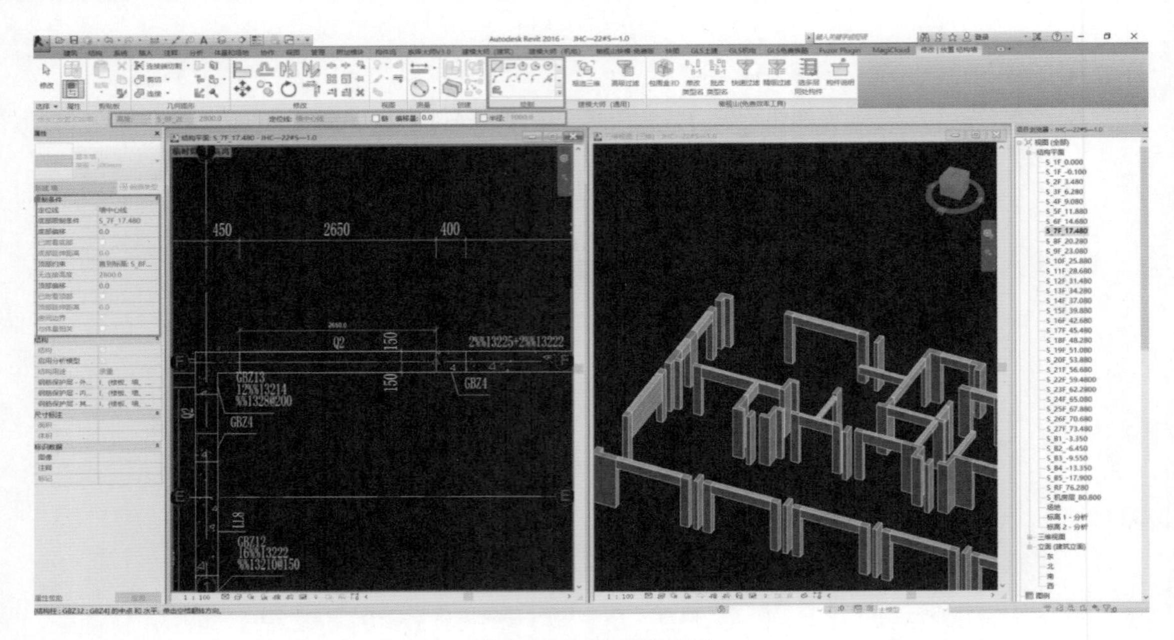

图 3-2-49 墙体的绘制

②在“属性”选项板中选择墙类型为“常规－300mm”，并将“底部限制条件”和“顶部约束”分别选择“S_7F_17.480”和“直到标高：S_8F_20.280”。

③从左到右按水平方向绘制墙，这样能保证面层面外部是处于上部。绘制时可使用 <Spacebar> 键来切换墙内部外部。

按照以上步骤，绘制整个“7F”（七层）墙体如图 3-2-50 所示。

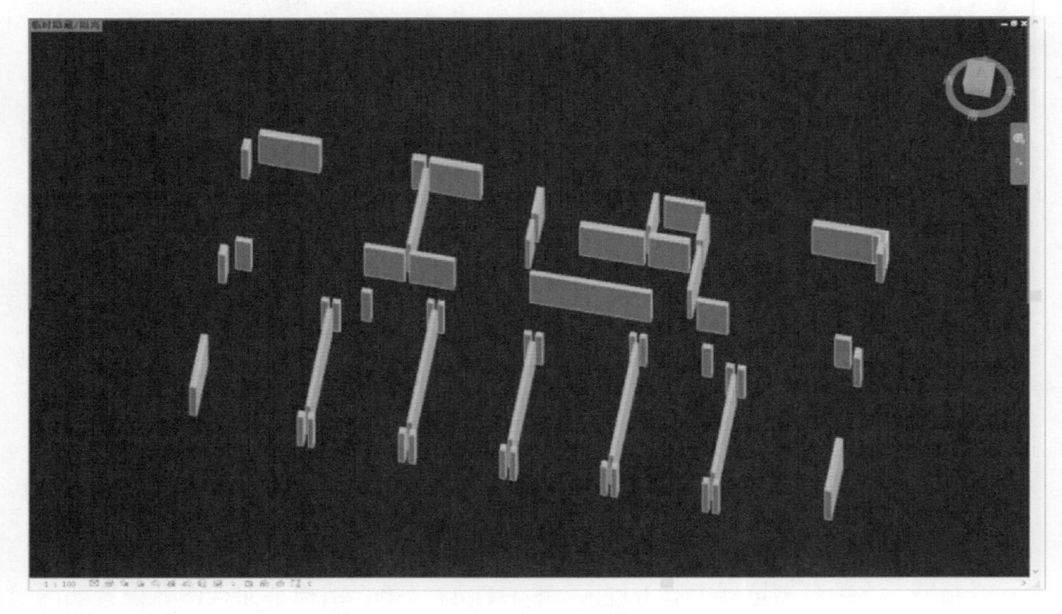

图 3-2-50 本层结构墙模型

3.2.5 结构板

楼板和天花板是建筑物中重要的水平构件，起到划分楼层空间作用。在 Revit 中楼板、天花板和屋顶都属于平面草图绘制构件，这个与之前创建单独构件的绘制方式有所不同。

楼板是系统族，在 Revit 中提供了四个楼板相关的命令：“楼板：建筑”“楼板：结构”，“面楼板”和“楼板边缘”。其中“楼板边缘”属于 Revit 中的主体放样构件，通过使用类型属性中指定轮廓，再沿楼板边缘放样生成的带状图元。

（1）隐藏“结施-09 11.880~73.480 剪力墙及梁配筋平面图”CAD 底图。进入“S_7F_17.480”结构平面视图，点击属性栏中“可见性/图形替换”或使用快捷键 <VV> 或 <VG>，进入视图的“可见性/图形替换”窗口，在“导入的类别”选项中将“结施-09 11.880~73.480 剪力墙及梁配筋平面图.dwg”文件前的“对号”去掉，单击“确定”按钮，如图 3-2-51 所示，则该 CAD 底图将不会显示在视图中。

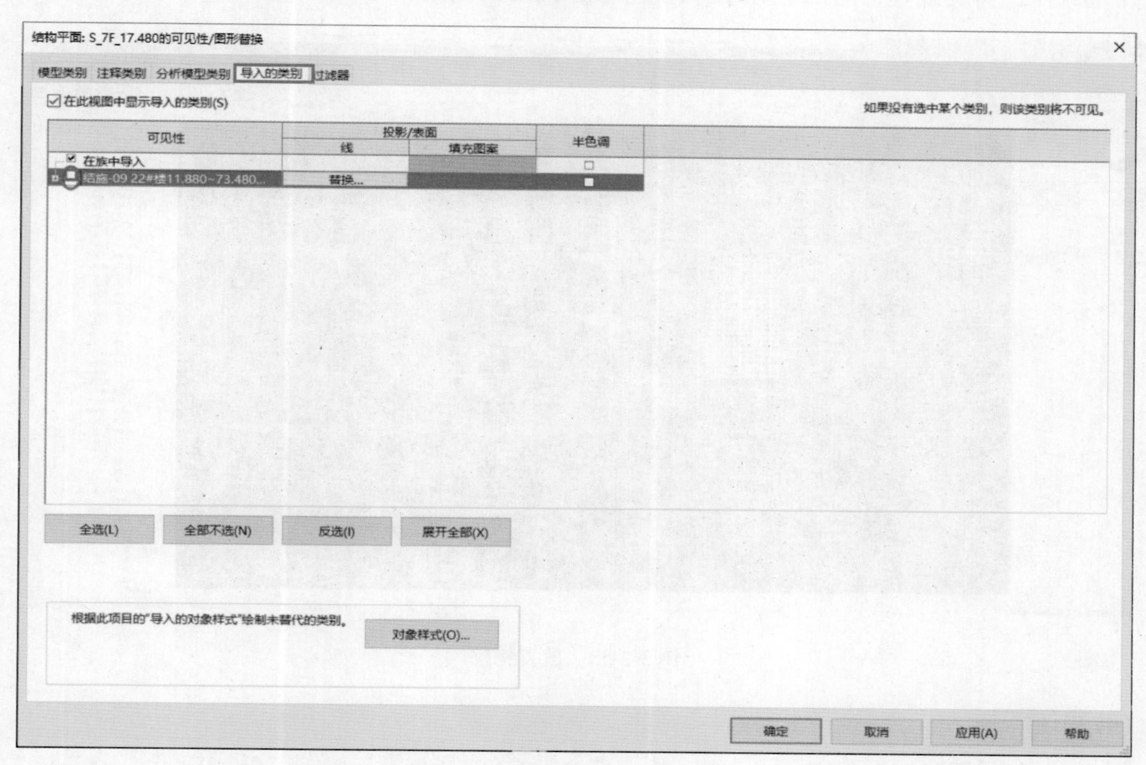

图 3-2-51　CAD 底图可见性设置

（2）导入/链接 CAD 图纸。与创建轴网时链接的图纸方法一样，在“S_7F_17.480”结构平面视图中将分离好的“六层至二十七层结构平面及预制板平面布置图”“六层至二十七层现浇板及现浇层配筋图”分别链接进来。

（3）放置叠合楼板。因本项目部分结构为预制构件，楼板部分采用预制叠合板与现浇板的组合形式，叠合板需根据图纸建立对应的族，然后载入本项目文件中使用。因建立叠合板预制构件族并非通用方法，所以此处不再展开叙述。参见“第三章 BIM 土建建模基础\模型\族\结构族\预制叠合板”，读者可将族直接载入项目文件中使用。

放置步骤如下：

1）单击“结构——构件-放置构件”命令，如图 3-2-52 所示。

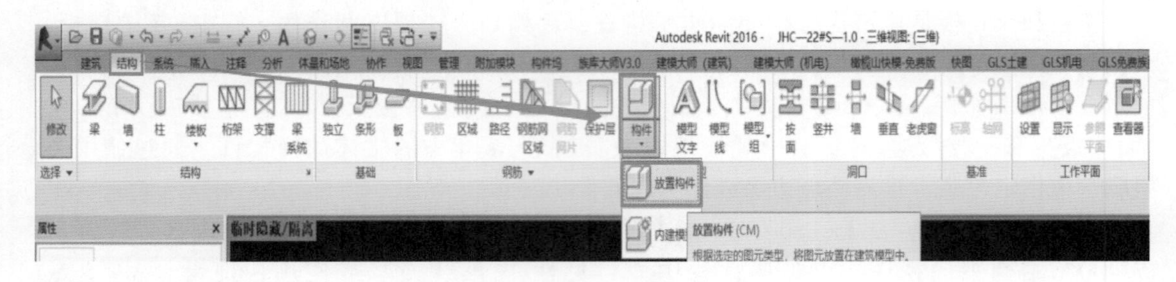

图 3-2-52　放置构件

2）在属性面板中选择对应的叠合板预制构件族，确定标高位于“S_7F_17.480”结构平面视图，将其放置在图纸中对应的位置，如图 3-2-53 所示。

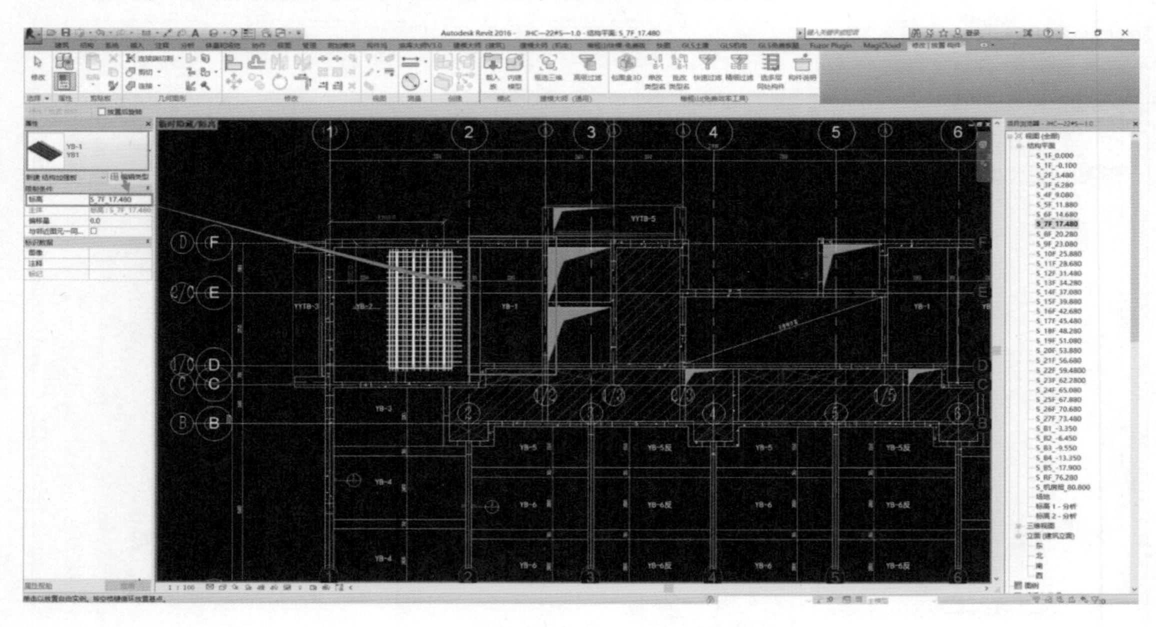

图 3-2-53　放置构件

提 示

（1）放置时，按 < Spacebar > 键可进行构件族的方向旋转；且预制板需向下偏移一个现浇和预制板整板的厚度。

（2）放置后，可利用“对齐”命令，拾取构件边线与图纸中标示的叠合板预制构件族轮廓线对齐。

（3）在“S_7F_17.480”结构平面视图放置叠合板后，如图 3-2-54 所示。

（4）创建楼板（名称为“70_混凝土板_C50_SS”）。

1）同“（1）隐藏、结施-09 11.880～73.480 剪力墙及梁配筋平面图，CAD 底图”介绍的方法类似，将“六层至二十七层结构平面及预制板平面布置图”设置为不显示，将“六层至二十七层现浇板及现浇层配筋图”显示在“S_7F_17.480”结构平面视图中。

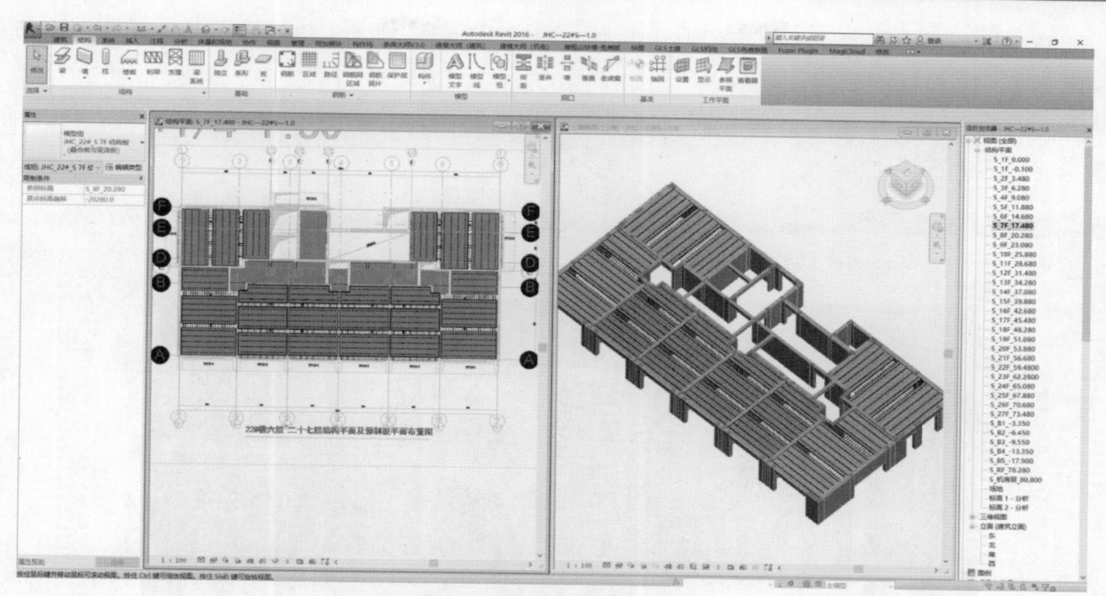

图 3-2-54 叠合板放置完成

为方便底图在结构视图中的显示，选中 CAD 底图，将上方“背景”设置为“前景”，然后将放置的叠合板结构板族隐藏，如图 3-2-55 所示。

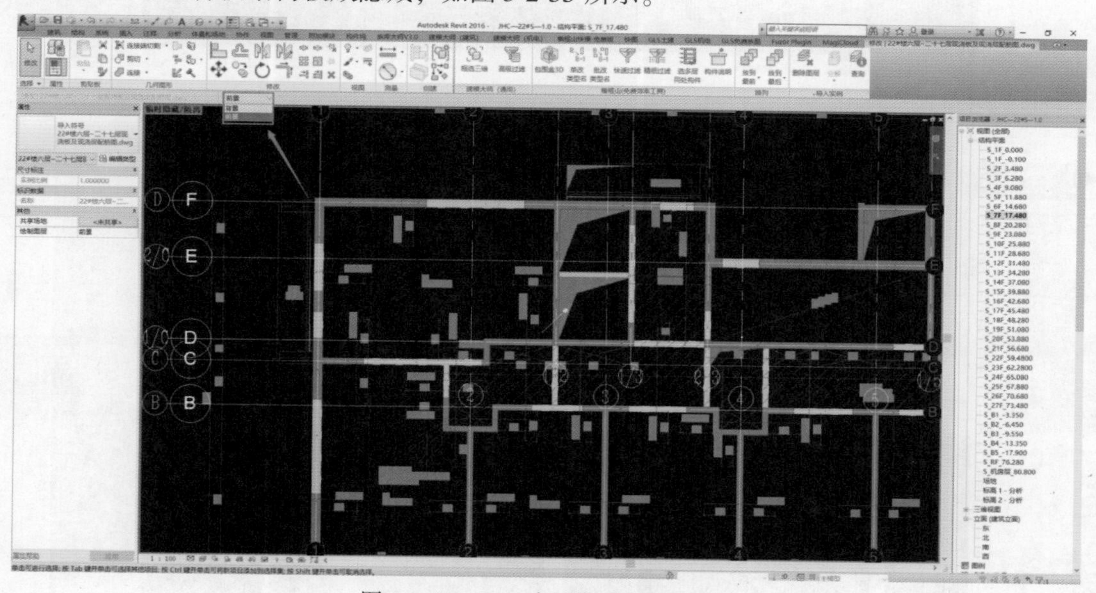

图 3-2-55 CAD 底图背景/前景切换

2）单击功能区“结构→楼板”命令，功能区显示“修改 | 创建楼层边界”，如图 3-2-56 所示。

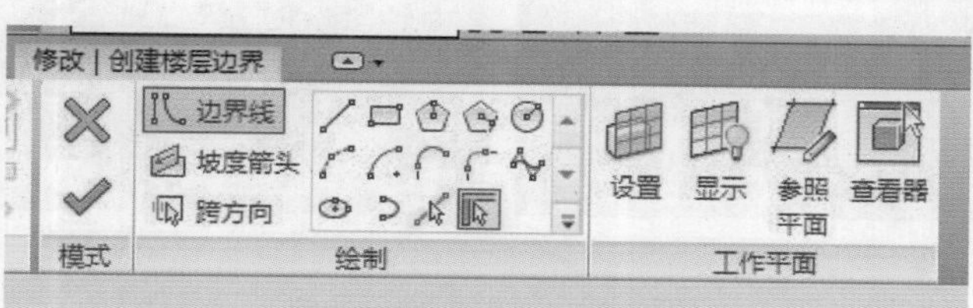

图 3-2-56 修改 | 创建楼层边界

根据图纸中的说明，设置板的对应类型、材质、厚度，方法同墙类型的创建相同，此处不再赘述。确保标高的限制条件为“S_8F_20.280”，选取适当的方式绘制楼板的边界后，点击上部“模式”绿色“对号”即完成现浇结构板的创建，如图 3-2-57 所示，然后打开项目三维视图进行核查。

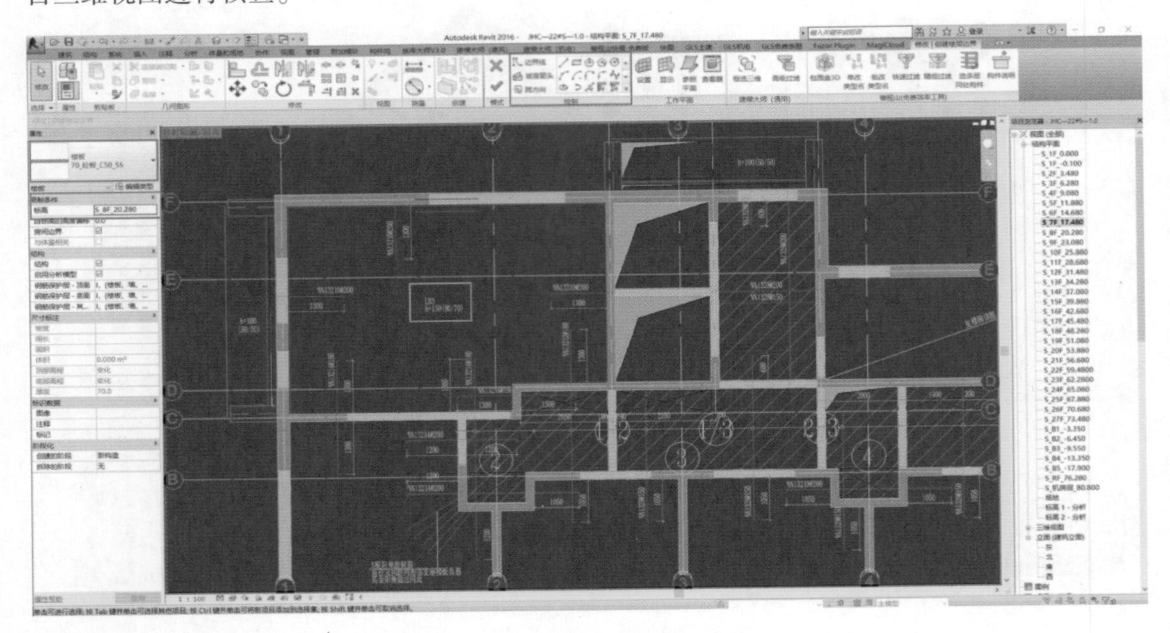

图 3-2-57　创建楼板时的设置

提 示

若三维视图中结构板出现闪烁现象，选中结构板，将属性栏中的“启用分析模型”后“对号”勾除即可消去，如图 3-2-58 所示。

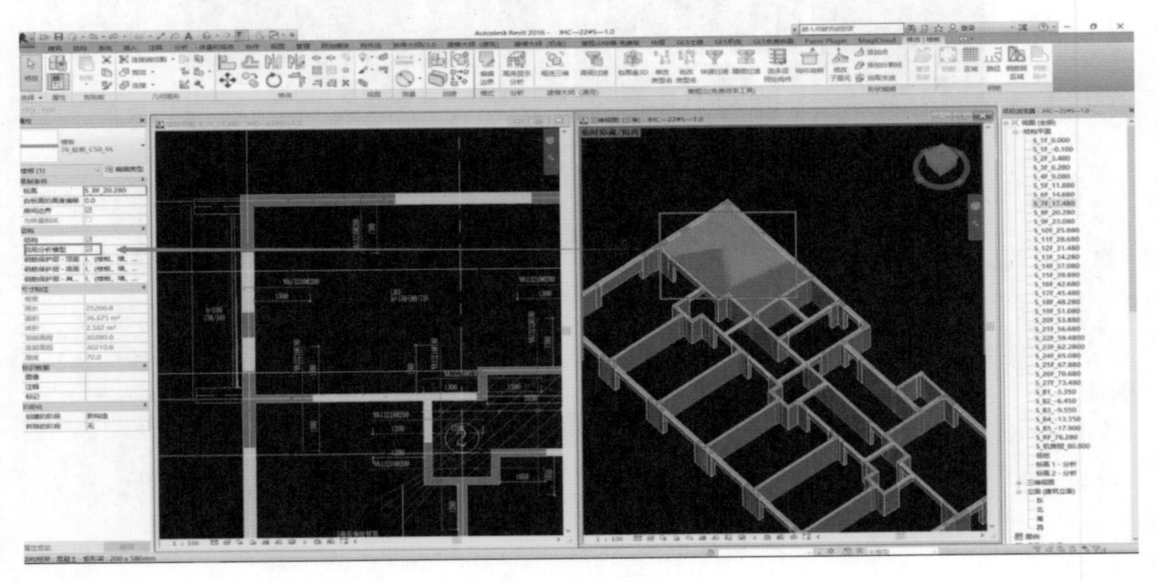

图 3-2-58　闪烁现象处理

（5）楼板上开洞口。

1）一种方式是绘制楼板边界时，直接留出洞口位置，这种方式适用于洞口在绘制的楼板边界外部。

2）另一种方式是使用洞口工具中的“竖井”命令。单击结构选项卡下“洞口-竖井”命令，绘制封闭矩形洞口，然后修改其底部限制和顶部约束，点击“模式”选项卡中的绿色“对号”即可，如图3-2-59所示（这种方式多用于多个楼层在同一位置进行开洞的情况）。

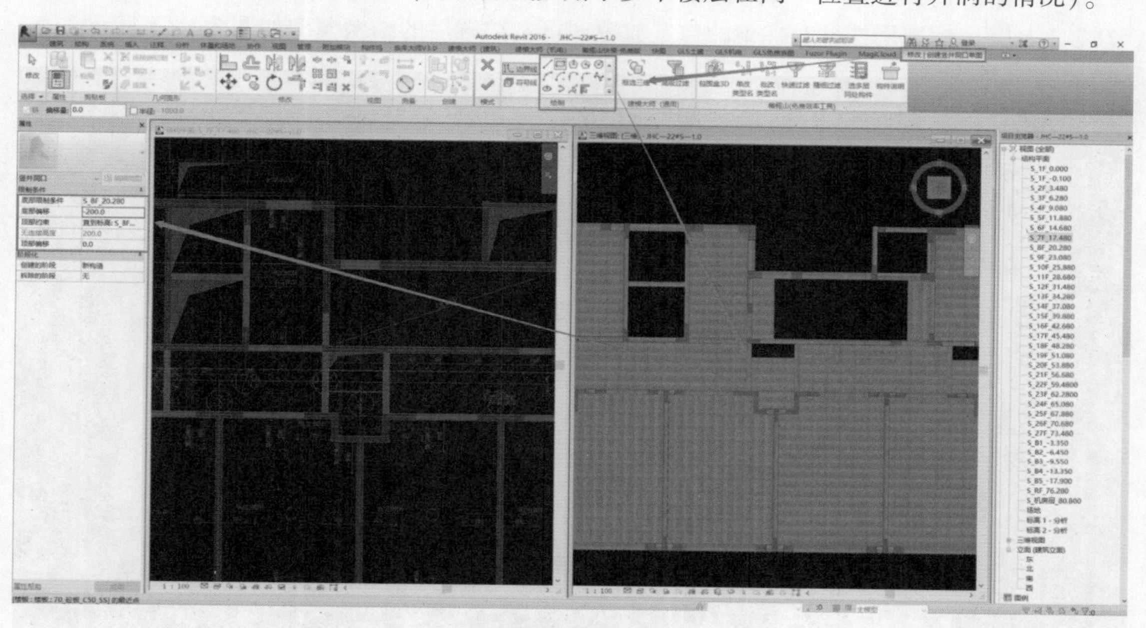

图3-2-59 竖井洞口命令

（6）完成本层楼板的放置，如图3-2-60所示。

图3-2-60 本层结构板创建完成

3.2.6　预制楼梯模型的放置

因项目中楼梯结构部分为预制构件，预制楼梯需根据楼梯详图建立对应的族，然后载入本项目文件中使用，此处不对楼梯结构模型展开叙述。预制楼梯结构构件模型族“YLTB-1”，以及楼梯间用到的L形楼梯梁族和“YL-1”梁族会提供在“模型\第三章\族\结构族”中，读者可直接载入项目文件中，根据楼梯详图——“结施-28 楼梯详图”中标注的“7F”（七层）标准层楼梯及梯梁的位置放置即可，放置后的结构模型如图3-2-61所示。

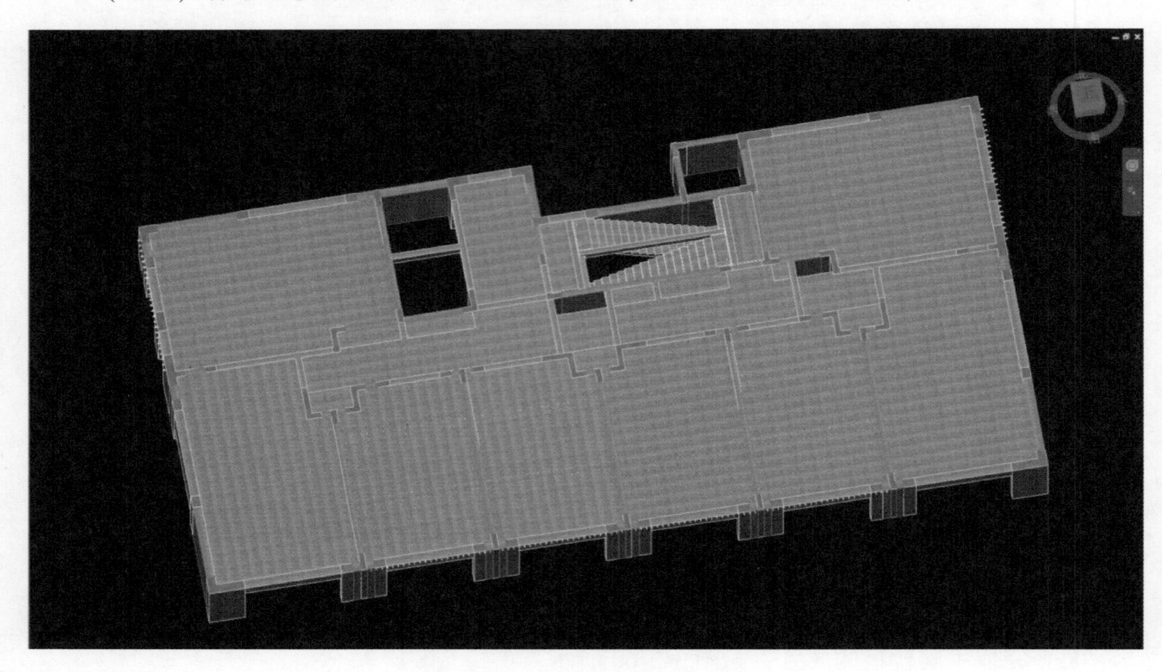

图3-2-61　本层完成整结构模型

3.2.7　标准层楼体模型

采用Revit提供的复制、粘贴功能，将建好的“7F”（七层）建筑和结构模型分别在对应模型文件中进行复制，以创建好的“7F”（七层）结构模型文件举例说明，方法步骤如下：

（1）全选所有创建好的结构模型，单击“剪贴板”中的“复制到剪贴板”命令，如图3-2-62所示，然后单击“粘贴”下拉菜单，选择“与选定标高对齐”的方式进行粘贴，在弹出的“选择标高”对话框中选择“8F-27F”，单击“确定”按钮即可，如图3-2-63、图3-2-64所示。

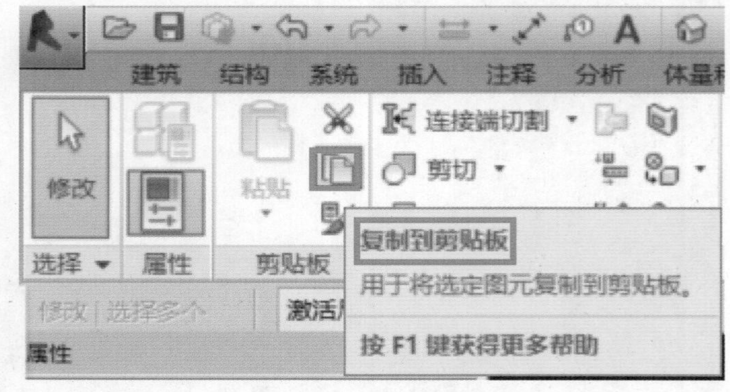

图3-2-62　复制到剪贴板命令

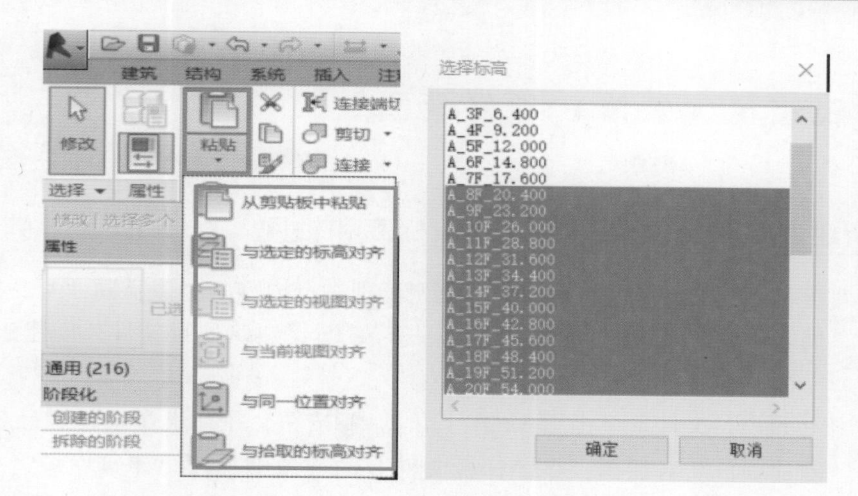

图 3-2-63　粘贴命令　　　　图 3-2-64　选定粘贴的标高

（2）将“7F”（七层）结构部分楼体进行粘贴复制，最终的效果如图 3-2-65 所示。

建筑模型_左前视图　　　　建筑模型_左右后视图

图 3-2-65　标准层建筑楼体模型

3.3　创建建筑（装修）项目模型

3.3.1　新建建筑项目文件，创建建筑标高和轴网

本项目要求对建筑项目模型与结构项目模型分别进行模型的创建，同“3.2.1　新建结构项目文件，创建结构标高和轴网”小节方法一样，新建建筑项目文件，创建建筑文件的标高和轴网。

（1）创建建筑项目文件。单击 Revit 左上角的按钮，在列表中选择“新建→项目”命令，弹出“新建项目”对话框，在“样板文件”的选项中选择“建筑样板”，确认“新建”类型为“项目”，建立建筑模型项目文件，如图 3-3-1 所示。

图 3-3-1　建筑项目文件创建

（2）创建项目文件标高及楼层平面视图。进入任一立面视图，切换至对应立面视图中，此处以“北立面”为例，参考“建施 – 20 1 – 1 剖面图”所给出的各个楼层标高信息，建立建筑项目文件的标高，方法同 3.2.1 小节“（1）新建项目，创建项目标高”相同，其中，标头除“正负零标高”外，均设为“上标头”，名称同“A_7F_17.600”一致，如图 3-3-2 所示。

点击“视图——平面视图-楼层平面”，在弹出的新建楼层平面视图对话框中选中所有标高，新建对应的楼层平面视图，如图 3-3-3 ~ 图 3-3-5 所示。

（3）链接 CAD 文件，创建建筑项目文件轴网。进入“A_7F_17.600”楼层平面视图中，链接建筑平面图——“五层至二十七层平面图”后确保锁定，同 3.2.1 小节中“（2）创建项目轴网”方法相同，创建建筑项目文件的轴网，如图 3-3-6 所示。

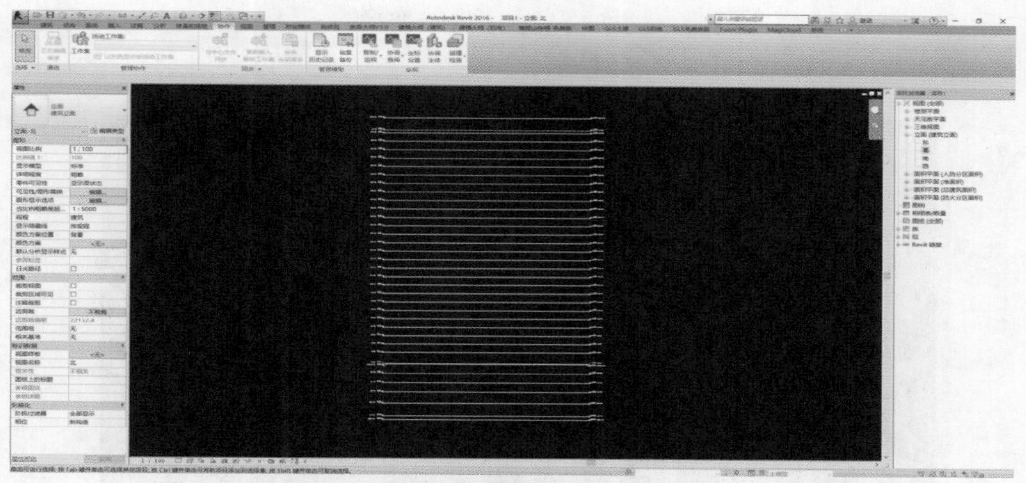

图 3-3-2　建筑项目文件标高创建

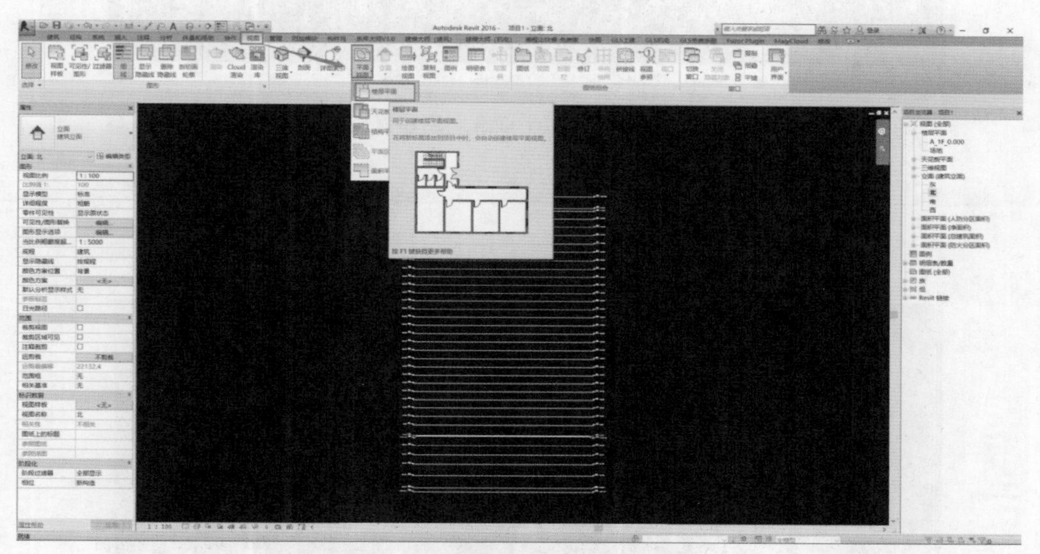

图 3-3-3　创建对应楼层平面视图命令

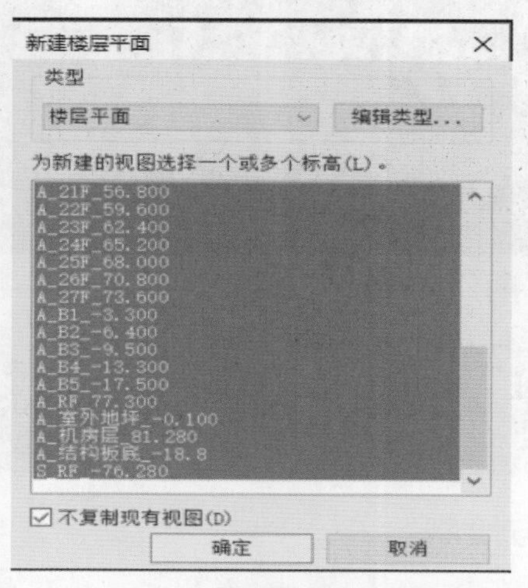

图 3-3-4　选中未创建楼层平面视图的楼层

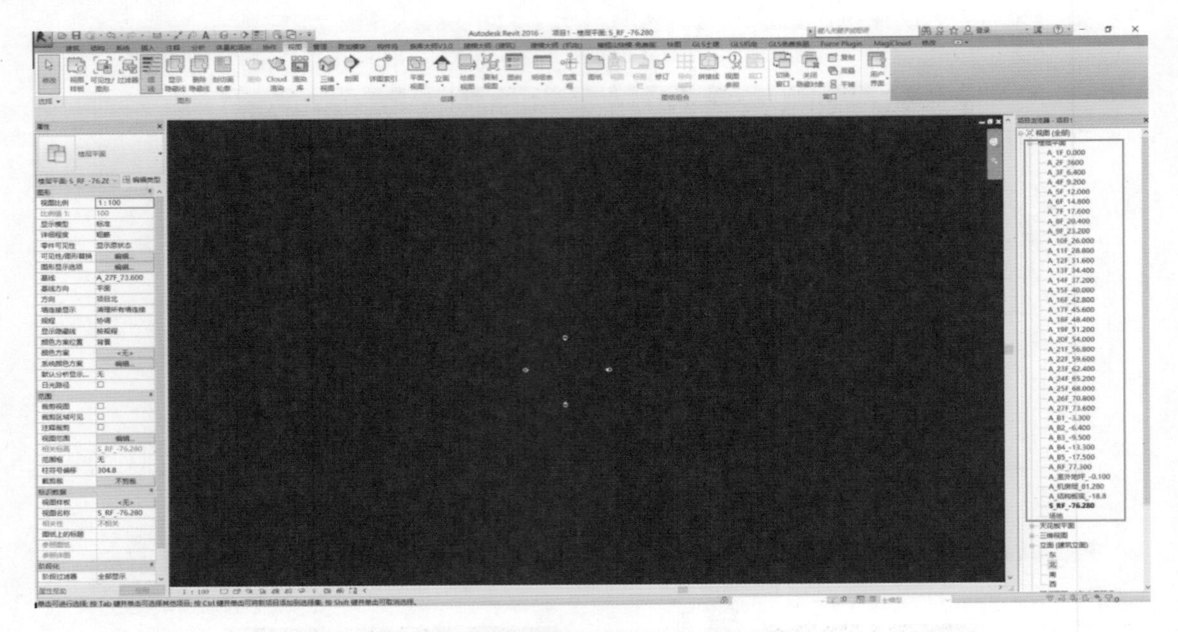

图 3-3-5　楼层平面视图创建完成

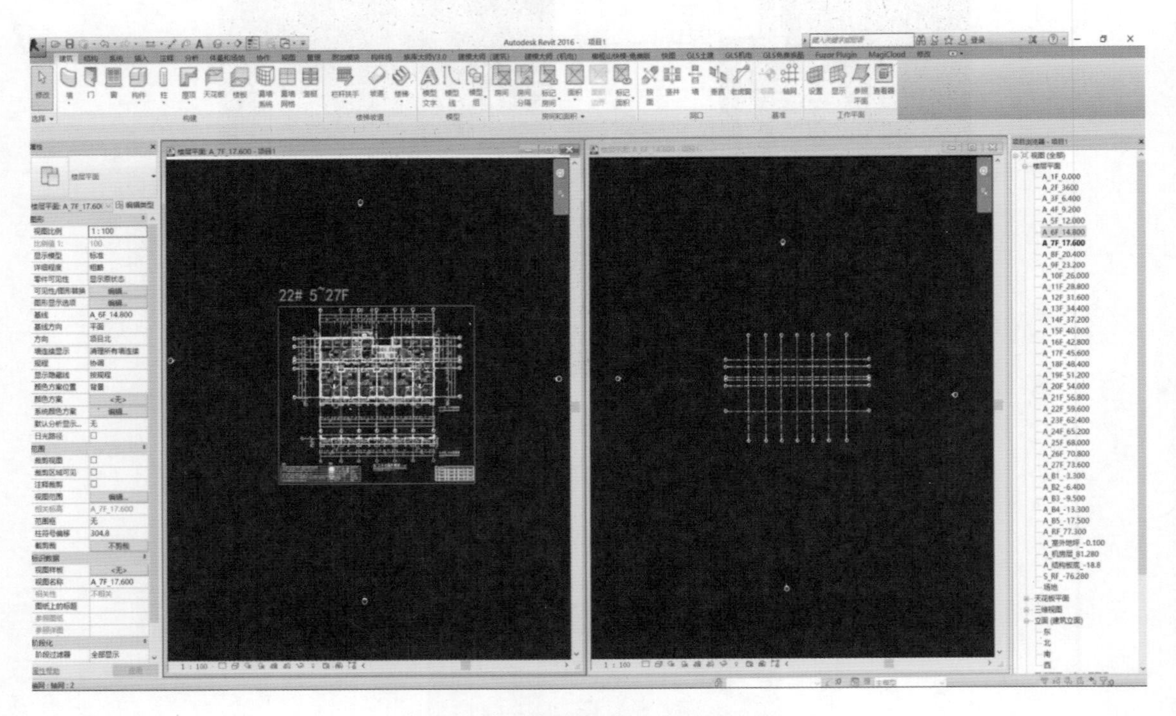

图 3-3-6　创建建筑项目文件轴网

（4）单击“保存”按钮，指定保存位置并命名为“JHC—22#A—1.0”，将项目保存为“.rvt”格式文件，如图 3-3-7 所示。

3.3.2　建筑墙的创建与绘制

在已经建立建筑项目文件的标高和轴网基础上，开始创建建筑模型。

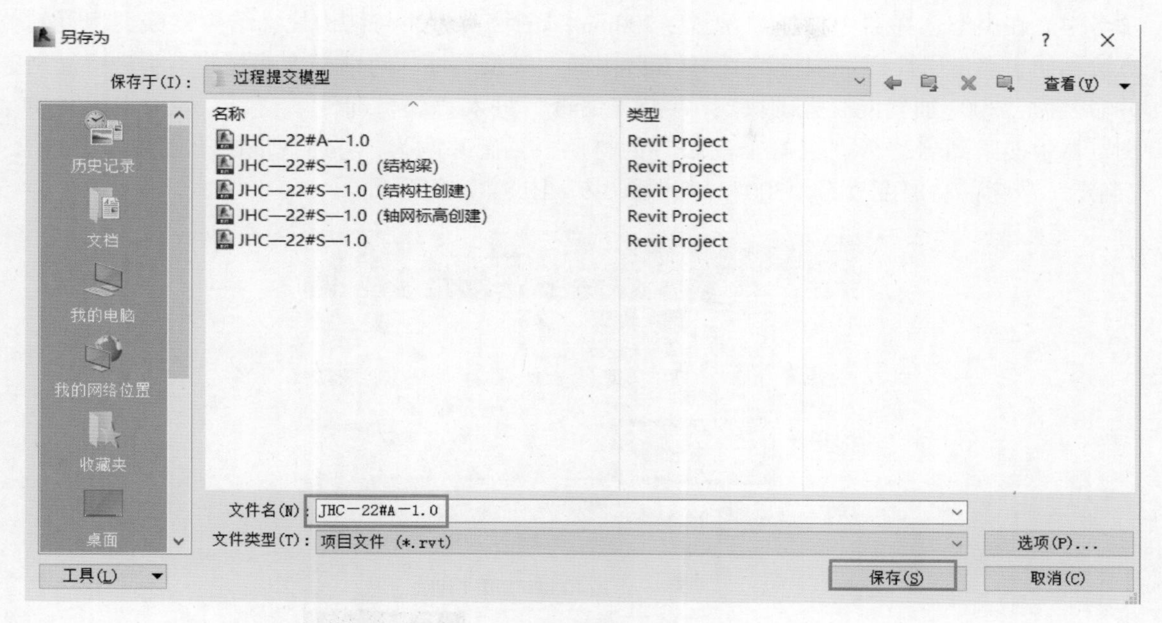

图 3-3-7 保存建筑模型项目文件

（1）在“JHC—22#A—1.0”建筑项目文件中链接 Revit 结构项目模型文件—“JHC—22#S—1.0”，单击“插入—管理链接”命令，在弹出的“管理链接”窗口中点击“添加”，选择对应的结构项目文件“JHC—22#S—1.0”，点击“打开”即可，如图 3-3-8 所示。

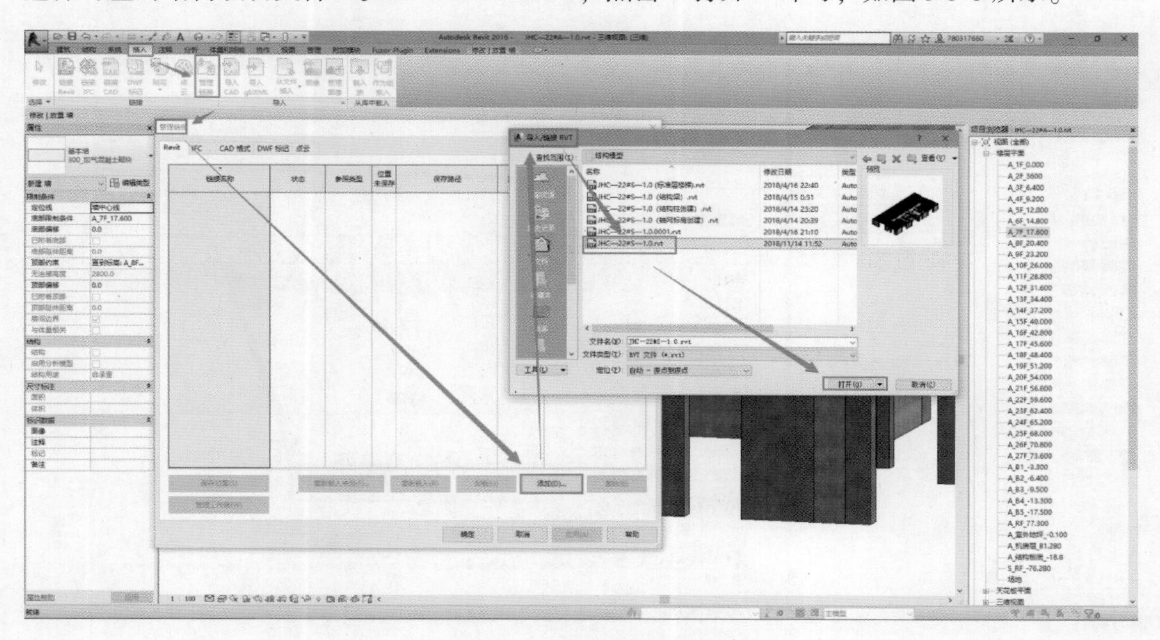

图 3-3-8 链接 Revit 文件

（2）切换至标准层“7F”（七层）结构平面视图“A_7F_17.600”，检查并设置结构平面视图“属性”面板中“规程”为“建筑/协调”。

单击功能区“建筑——墙——建筑墙”命令，自动切换至“修改 | 放置墙”上下文选

项卡中。在类型选择器中选择“常规 - 200mm”的墙类型，与结构柱、结构梁族类型复制方法相同，点击属性栏“编辑类型”，在弹出的“类型属性”对话框中选择此类型进行复制并命名为“300_加气混凝土砌块”；点击“编辑”进入“编辑部件”窗口，在弹出的材质浏览器中搜索到名称为“混凝土砌块”的材质，复制并改为“_加气混凝土砌块”，单击“确定”按钮并将厚度改为“300”，如图 3-3-9 ~ 图 3-3-11 所示。

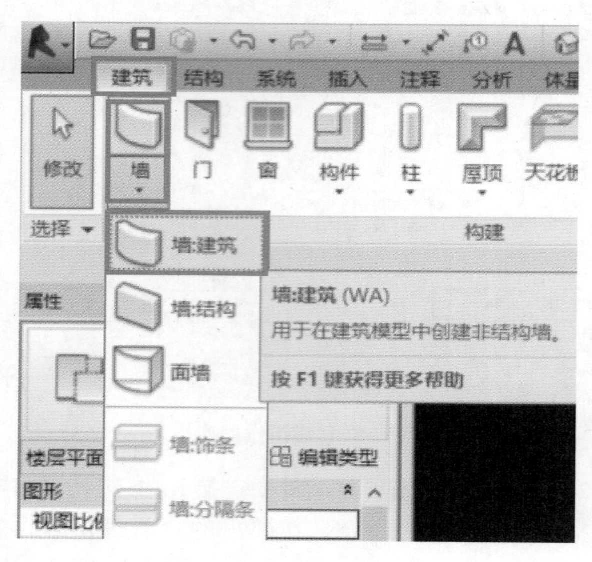

图 3-3-9 建筑墙命令

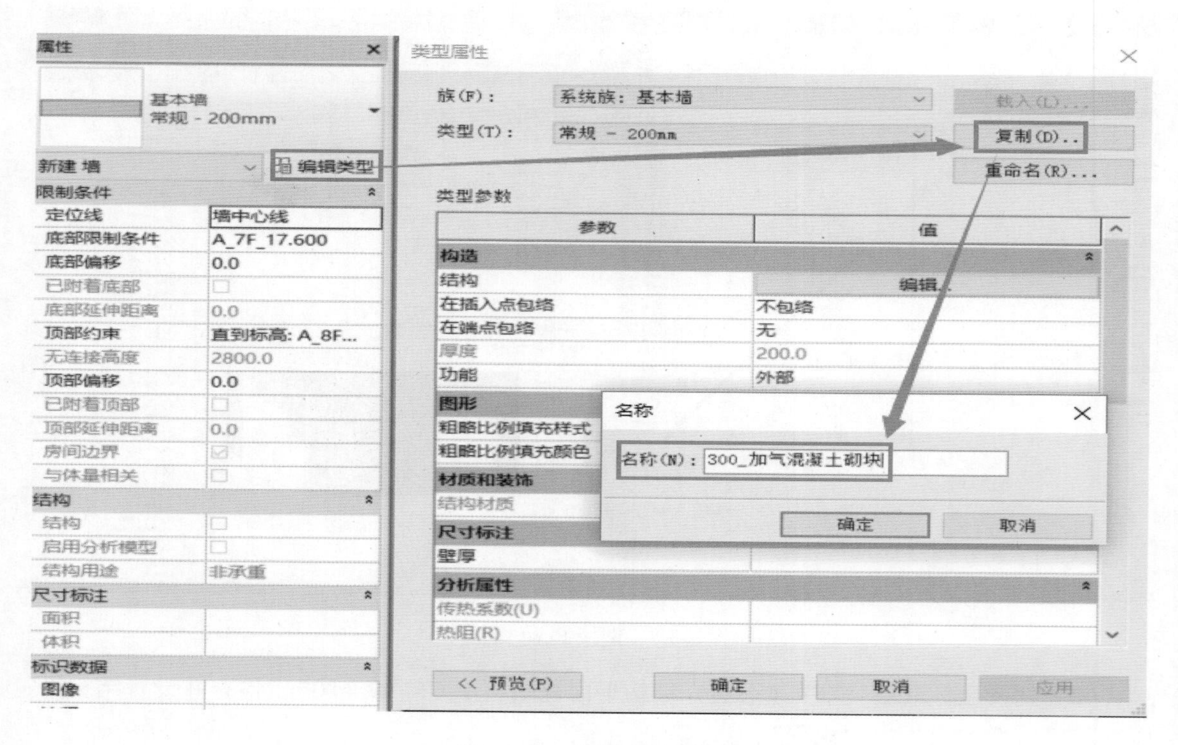

图 3-3-10 建筑墙类型复制

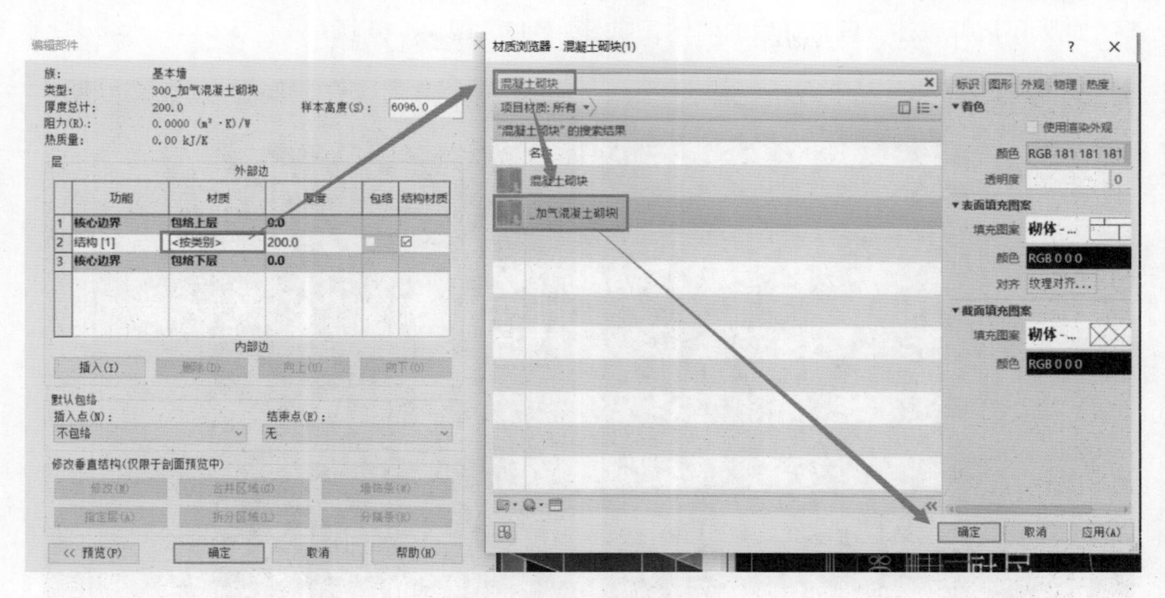

图 3-3-11 材质的添加

（3）选项栏和属性栏如图 3-3-12 所示而设置，"高度：A_8F_20.400""定位线：墙中心线"，不勾选"链"和"半径"，"偏移量"为"0"；"底部限制条件：A_7F_17.600""顶部约束：直到标高：A_8F_20.400"；绘制方式选择合适的方式，此处为"直线"。然后在建筑平面视图中依照 CAD 底图进行墙体的绘制。

（4）如图 3-3-12 所示，需调节墙体的上、下高度。此处有两种方法，一种是选中绘制好后的墙体，分别点击上/下显示出的"小三角"进行移动，移动到梁下紧贴梁后，会有预览虚线可以看到，按 <Esc> 键退出即完成墙体的调整；另一种方法是采用"对齐"命令调

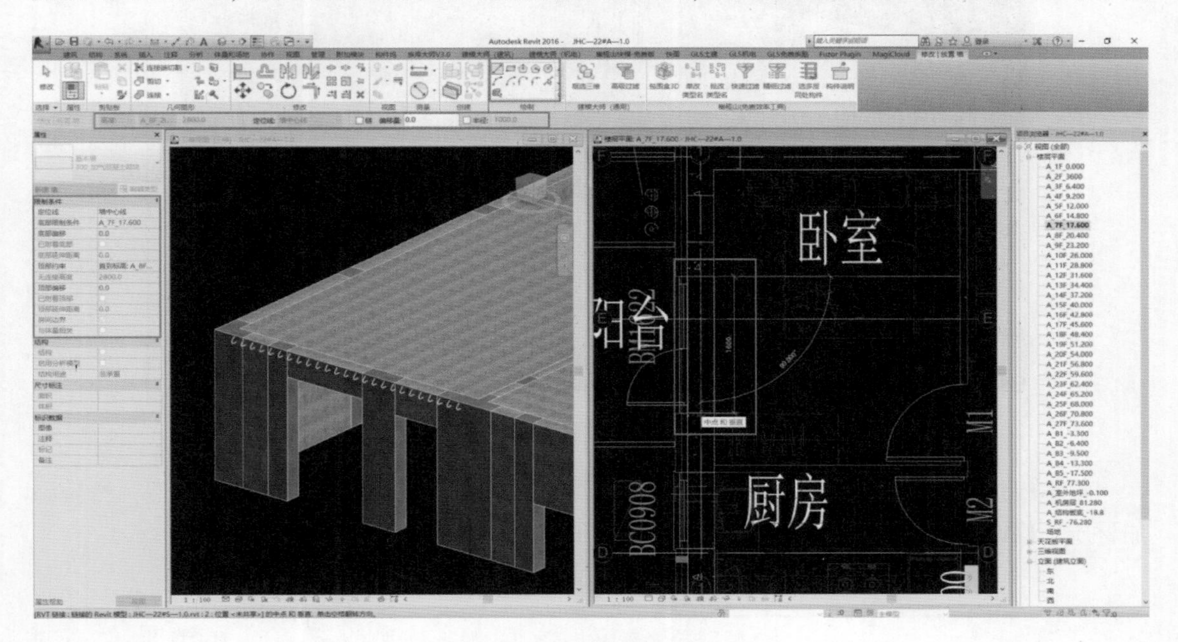

图 3-3-12 选项栏和属性栏设置

整，此处不展开叙述。调整好后的墙体，如图 3-3-13、图 3-3-14 所示。

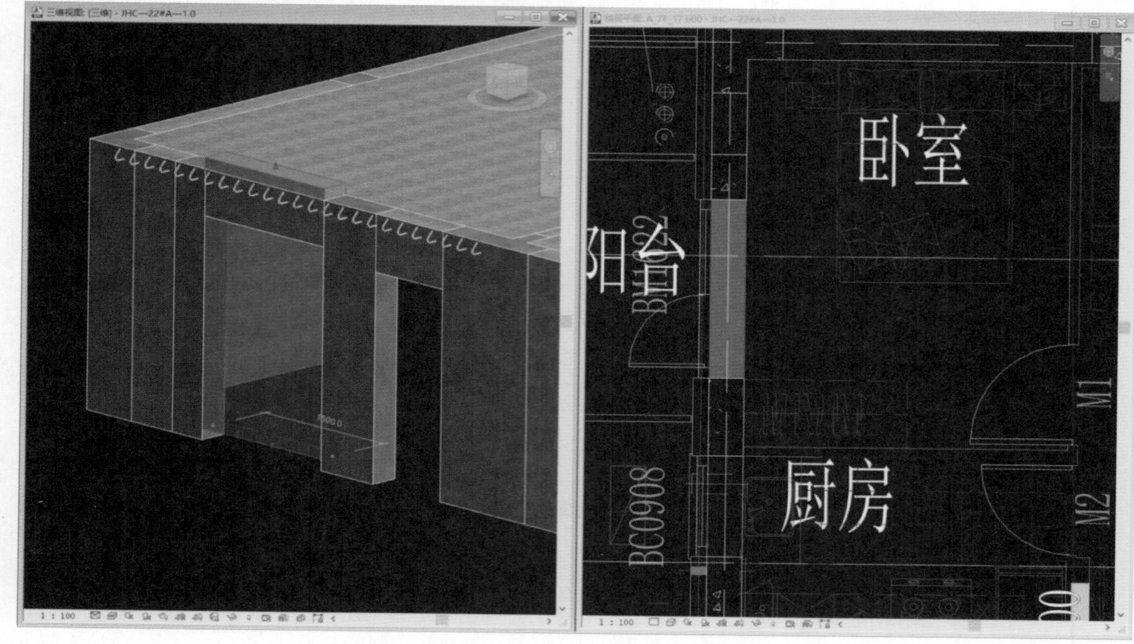

图 3-3-13　调节墙体的高度

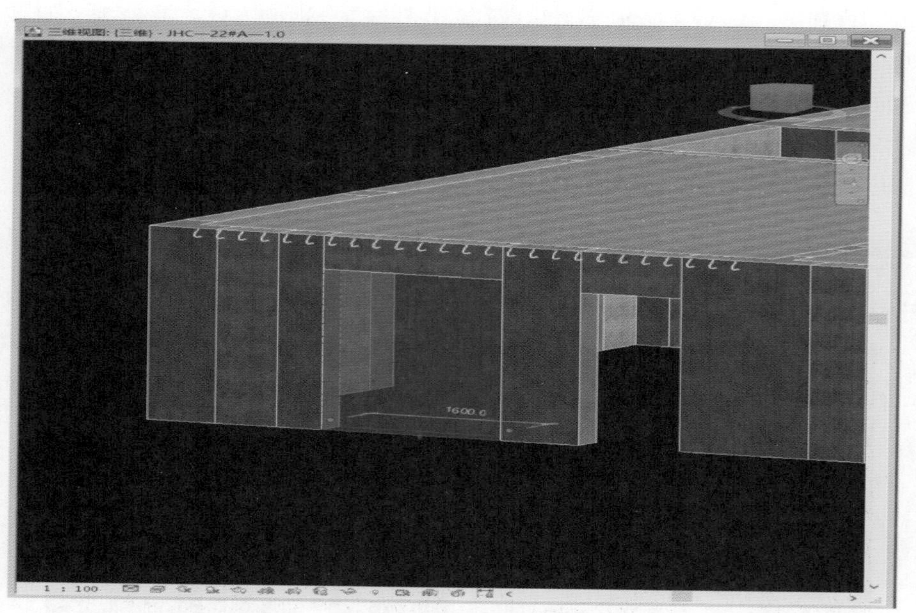

图 3-3-14　墙体绘制完成

将本层加气块混凝土墙、隔墙及外保温墙用同样方法创建出所对应的合适类型，然后添加材质、修改厚度，绘制并调整墙体，最终完成本层墙体的创建，相关参数见表 3-3-1。

表 3-3-1　墙体设置参数

墙体类型	类型名称	厚度	材质选用
外保温墙	155_涂料饰面外保温墙	155	_涂料饰面外保温墙

（续）

墙体类型	类型名称	厚度	材质选用
内隔墙	86_轻钢龙骨涂装板_内隔墙	86	_轻钢龙骨涂装板墙
	200_轻钢龙骨涂装板_内隔墙	200	
加气混凝土砌块墙	300_加气混凝土砌块墙	100	_加气混凝土砌块
	300_加气混凝土砌块墙	200	
	300_加气混凝土砌块墙	300	

相关墙体添加材质操作如图 3-3-15 ~ 图 3-3-17 所示。

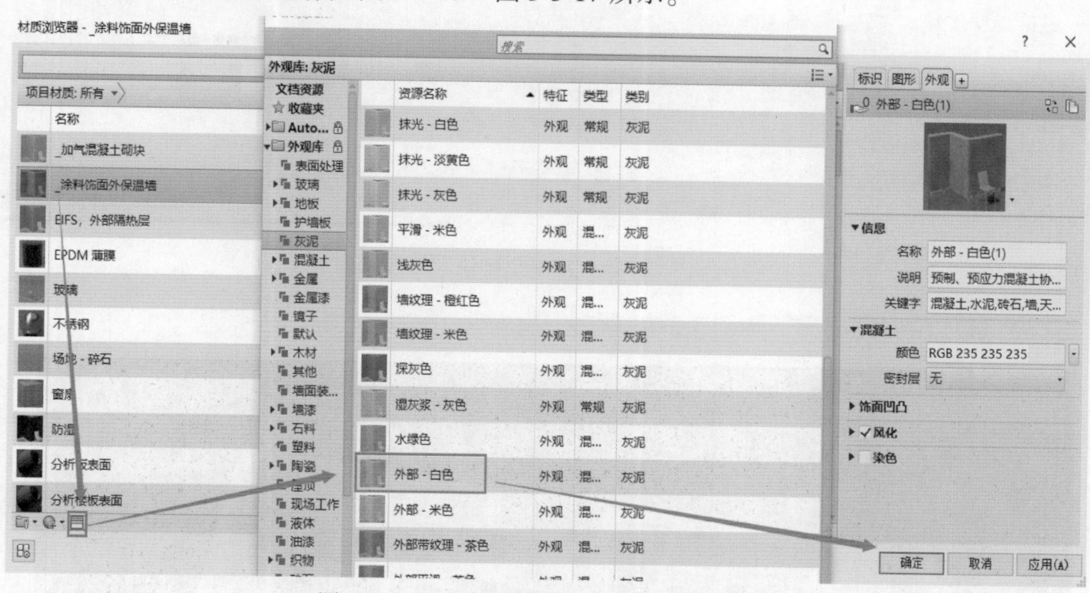

图 3-3-15 “涂料饰面外保温墙”添加材质

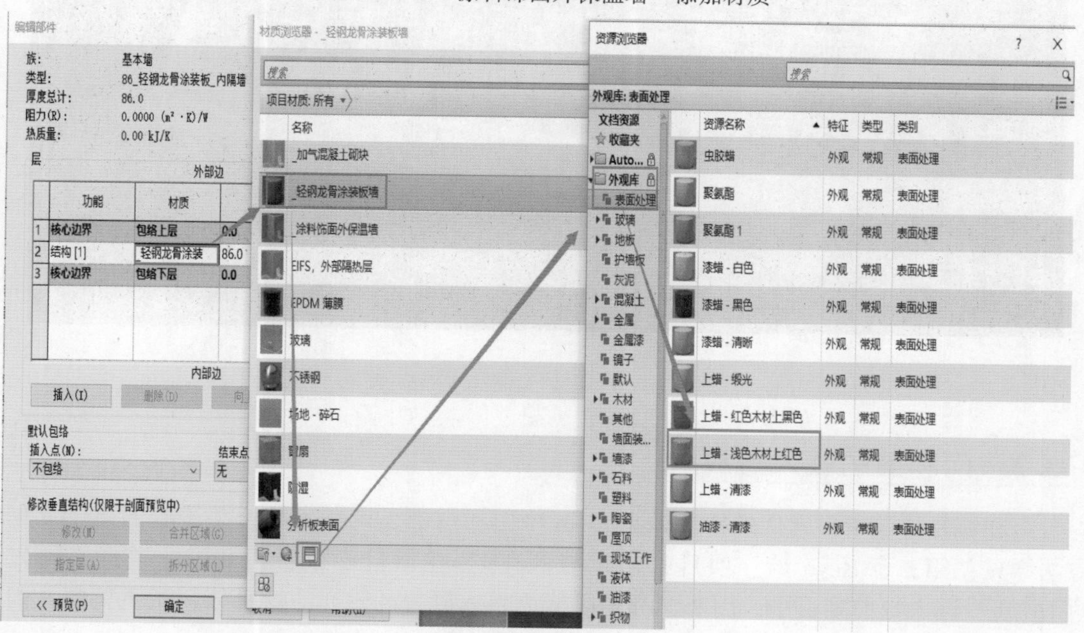

图 3-3-16 “轻钢龙骨涂装板墙”添加材质

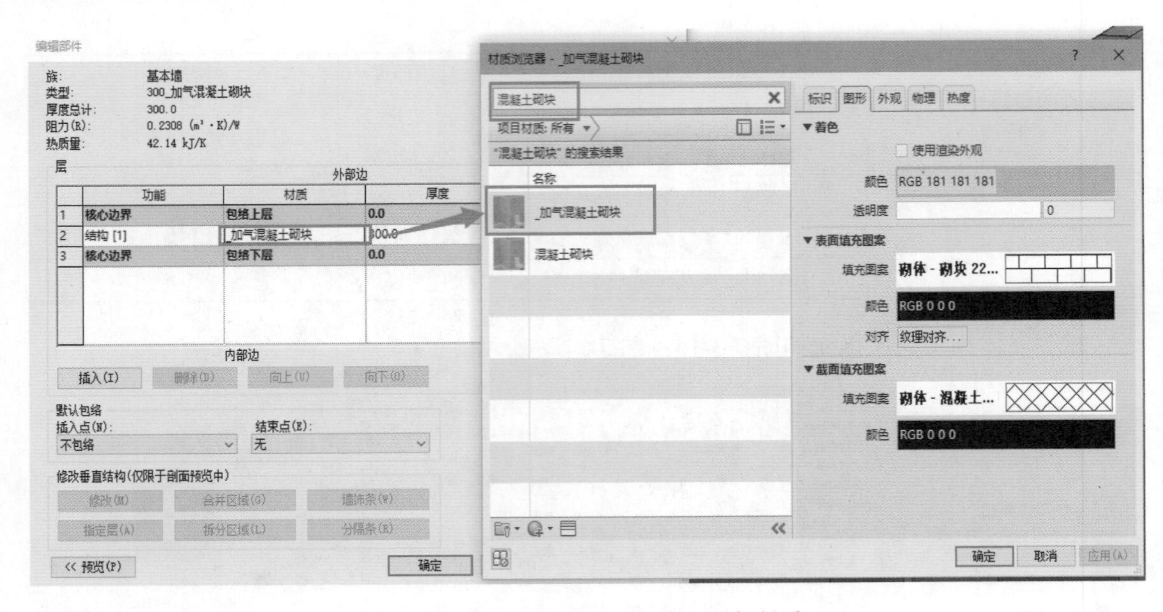

图 3-3-17 “加气混凝土砌块”添加材质

（5）墙体绘制完成后，如图 3-3-18 所示。

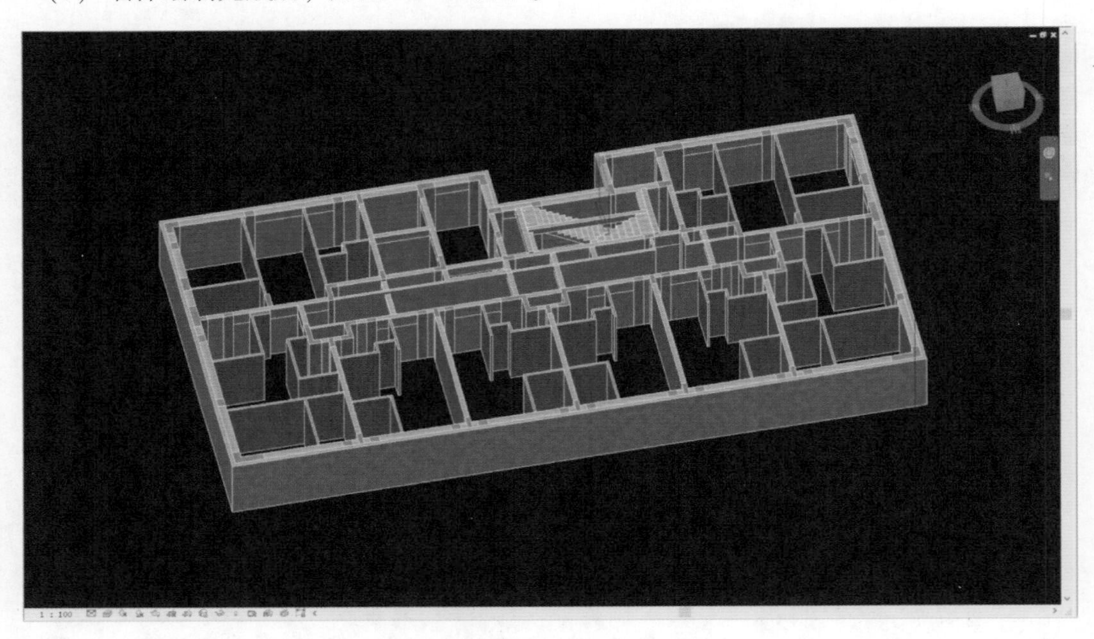

图 3-3-18 墙体绘制完成后模型

3.3.3 门和窗的载入与放置

门和窗是建筑中最常用的构件。在 Revit 中门和窗都是可载入族。关于族的概念和创建方法详见“第二章 Revit 族、项目的创建与保存”。在项目中放置门和窗之前，必须先将“门窗族”载入当前项目中。门和窗都是以墙为主体放置的图元，这种依赖于主体图元而存在的构件称为“基于主体的构件”，且在放置门、窗图元时会自动在墙上形成剪切洞口，不用在墙上再开洞口。本节将使用构件为项目“7F”（七层）标准层创建门窗。

（1）门窗属性和类型。单击功能区“建筑→门”命令，功能区显示“修改 | 放置门”，如图 3-3-19 所示。

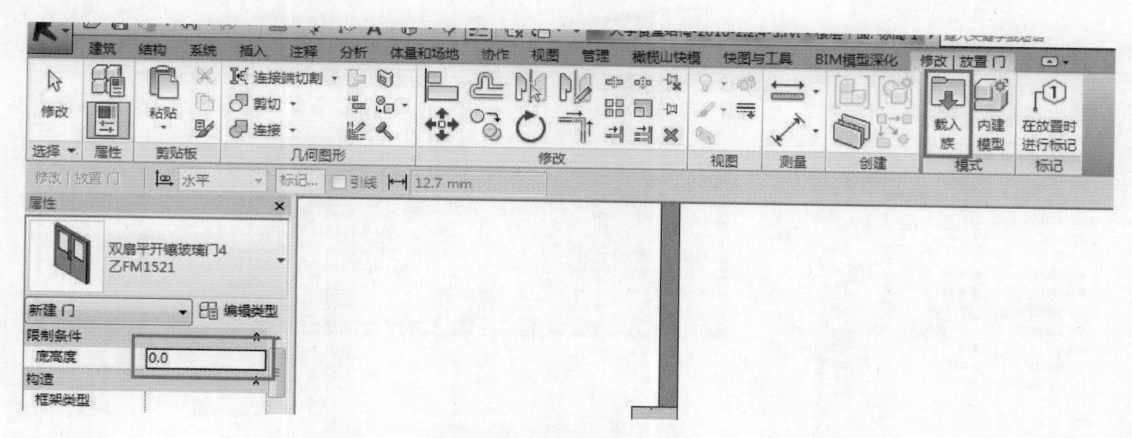

图 3-3-19 修改 | 放置门

提 示

“属性”栏门和窗“底高度”区别：门的“底高度”基本是“0”，而窗的“底高度”是窗台高，所以在创建门窗时候需要注意查看一下“底高度”参数。

单击门“属性”栏中的“编辑类型”，打开门的“类型属性”对话框，如图 3-3-20 所示，其中可以载入族、复制新的类型。类型参数中常用来修改的基本参数是材质和尺寸标注，这些参数可以按照项目的需求进行修改。

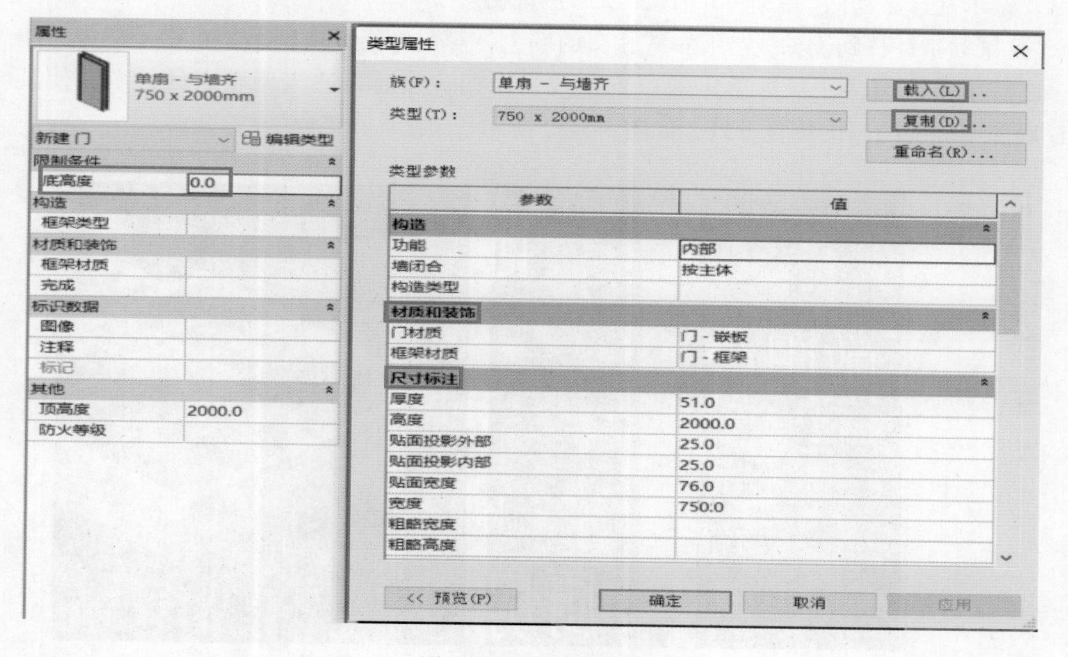

图 3-3-20 门类型属性

（2）载入门窗族。如图 3-3-21 所示方法载入门窗族。

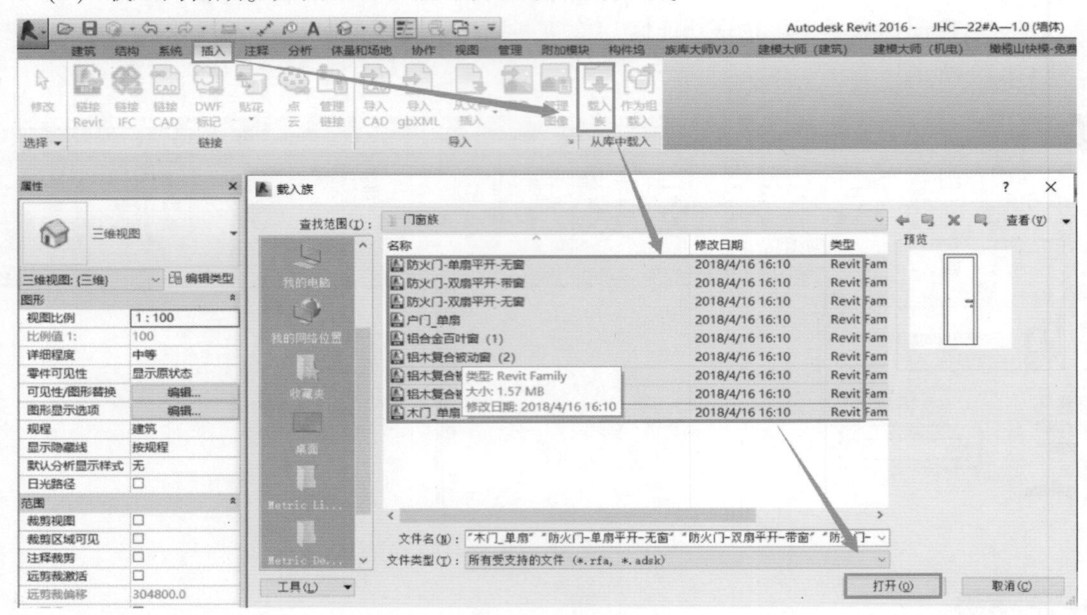

图 3-3-21 载入门窗族

（3）放置门、窗。接上小节模型，或打开“模型\第三章\建筑模型\JHC—22#A—1.0（墙体）”模型，进入“A_7F_17.600”楼层平面图，放置门、窗步骤如下：

1）在功能区单击“建筑→门”命令。

2）在门的“属性”栏下拉列表中选择对应 CAD 底图上标记的门、窗标号的门族，此处以“铝木复合被动门_单扇—BM1622”举例说明。

3）鼠标指针移到①轴线与Ⓔ轴线相交的墙上，等鼠标指针由圆形禁止符号变为“小十字”之后单击该墙，在鼠标单击的位置生成一个门，然后再适当调整它的位置，使其与 CAD 底图中标明的门的位置一致，如图 3-3-22 所示。

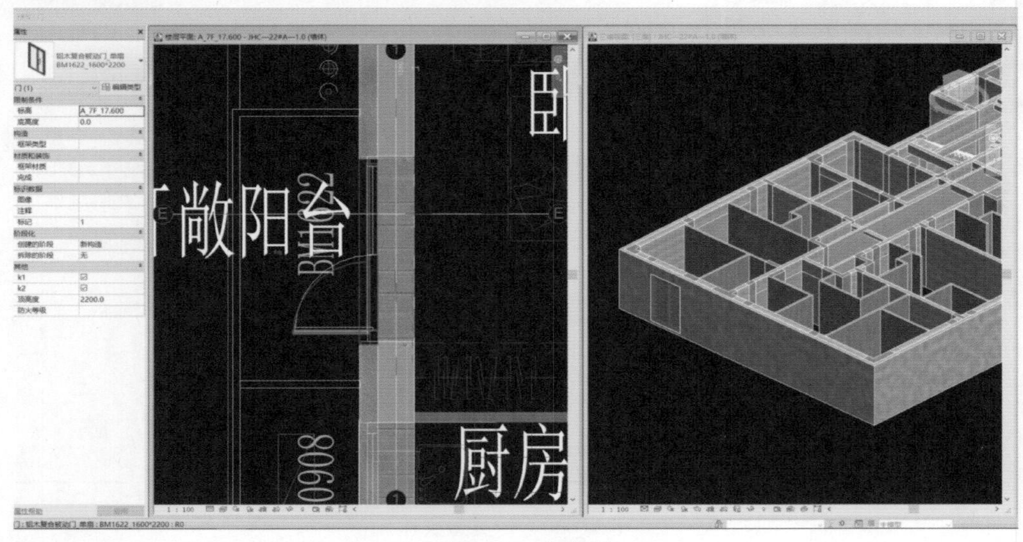

图 3-3-22 放置门

提 示

单击门上蓝色的翻转按钮⇅（或者是 < Spacebar > 键），更改门的方向。

4）因加气混凝土砌块墙外还有保温墙体，所以放置门、窗时，需结合剖面框对相对在内部的加气混凝土砌块墙进行开洞处理，可以使用“建筑→洞口→墙”来开洞，如图3-3-23所示。

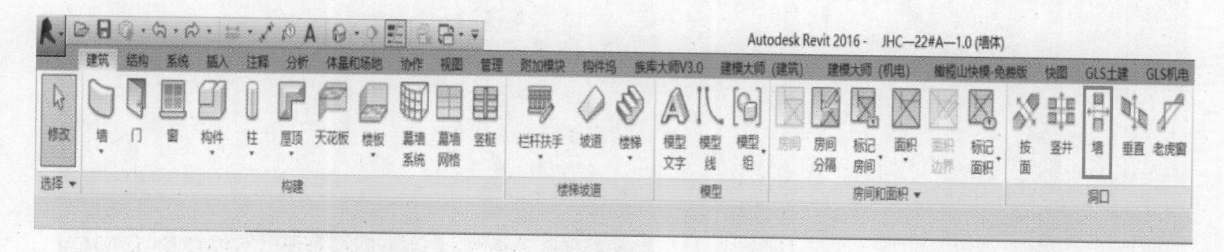

图3-3-23 开洞

此命令下选中墙体，放置洞口的框，然后选中此框，可通过选中其边界上的“小三角”来调节到合适位置，按 < Esc > 键退出即可，效果如图3-3-24～图3-3-26所示。

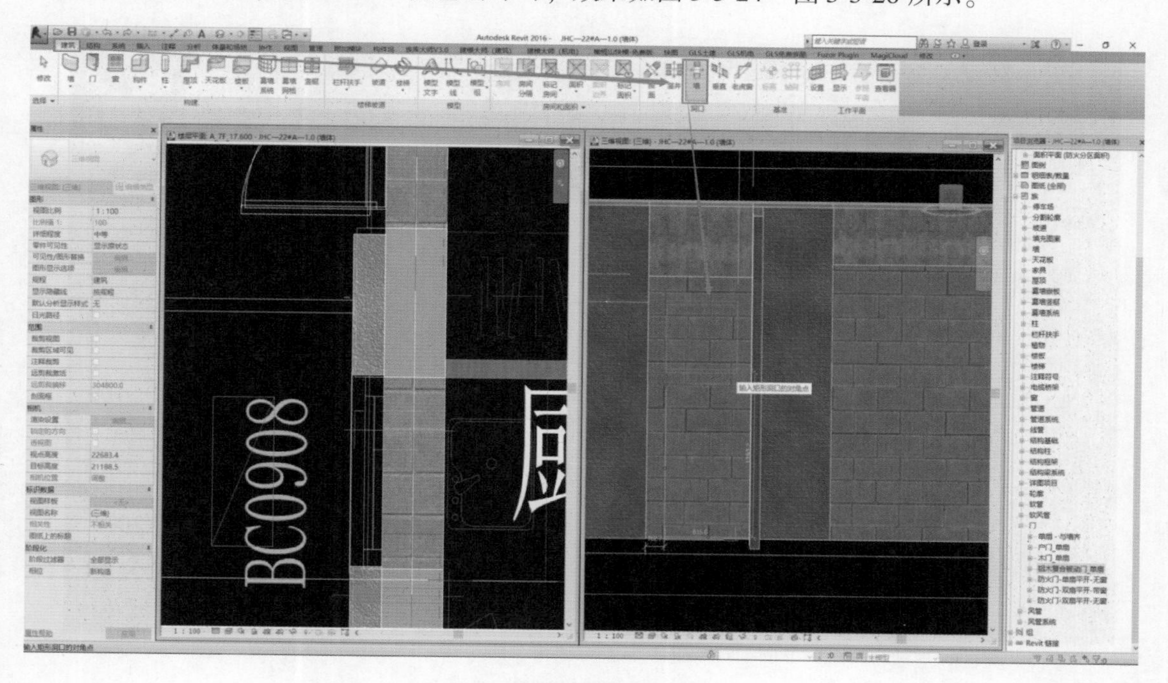

图3-3-24 放置洞口

提 示

放置窗的步骤与上面介绍的门步骤相同，但请注意窗在放置前需将底高度设置为“900”。

5）本层门窗放置完成，如图3-3-27所示。

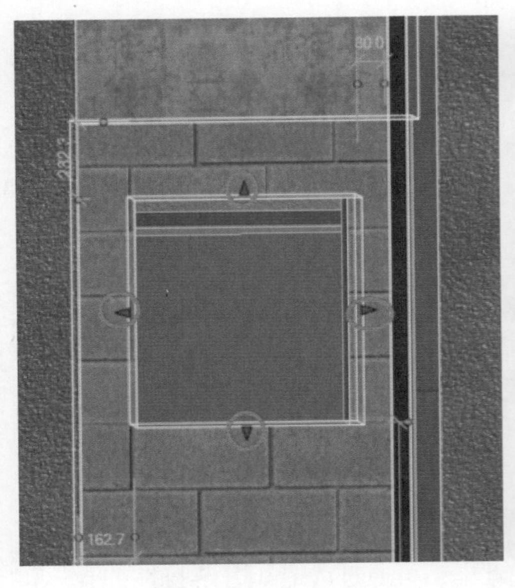

图 3-3-25　洞口调整

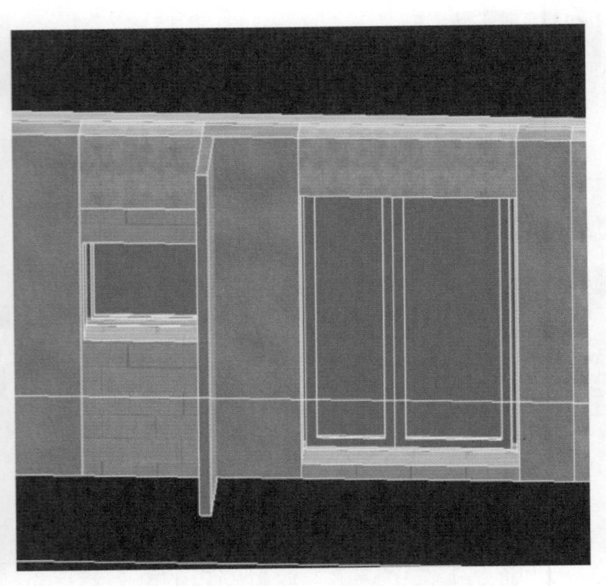

图 3-3-26　洞口剪切完成

图 3-3-27　本层门窗放置完成

3.3.4　楼板的创建与绘制

单击“建筑”选项卡中“楼板→楼板：建筑”，同结构板的创建方法类似，创建合适的楼板类型、设定材质及厚度，调整属性对话框中的限制条件“标高平面、自标高的高度偏移”后，进行楼板边界的绘制，如图 3-3-28 所示。楼板材质选用见表 3-3-2，石塑地板材质添加方法如图 3-3-29 所示。

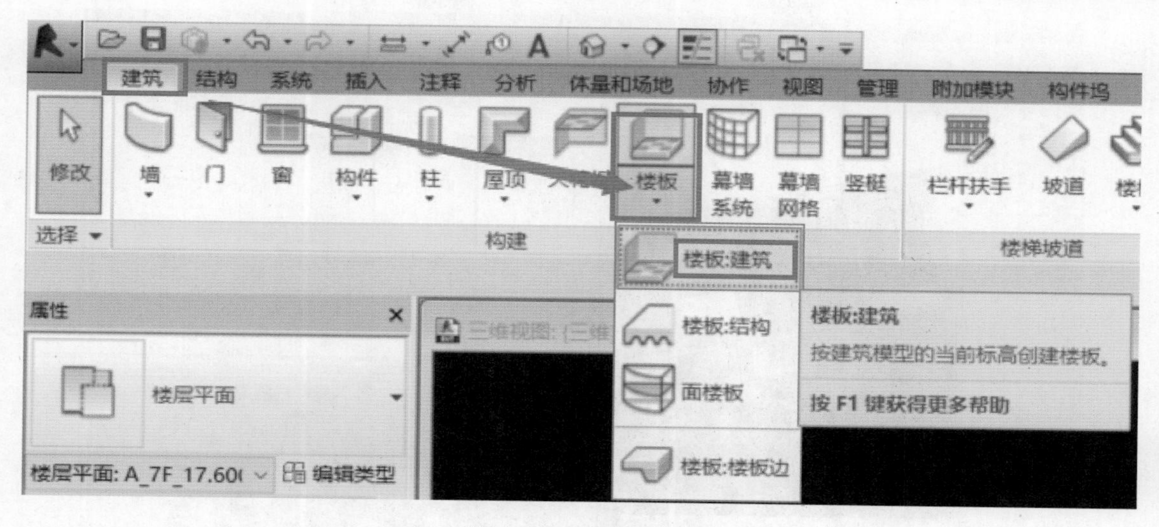

图 3-3-28　建筑板命令

表 3-3-2　楼板材质选用

楼板类型	类型名称	厚度	材质选用
外保温墙	120_石塑地板_AS	120	_石塑地板
	105_地面涂装板_AS	105	_地面涂装板

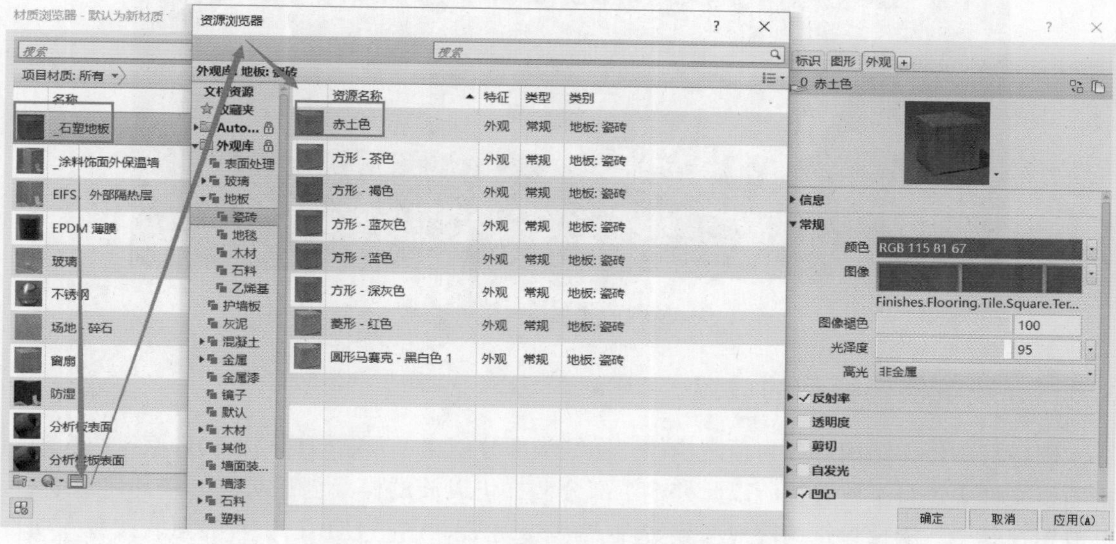

图 3-3-29　“_石塑地板”材质的添加

卫生间、厨房区域使用类型为“105_地面涂装板_AS”的楼板类型，且绘制时，其属性栏中限定条件“自标高的高度偏移”设定为“-15”，如图 3-3-30 所示。

用同样的方法将本层建筑楼板绘制完成，如图 3-3-31 所示。

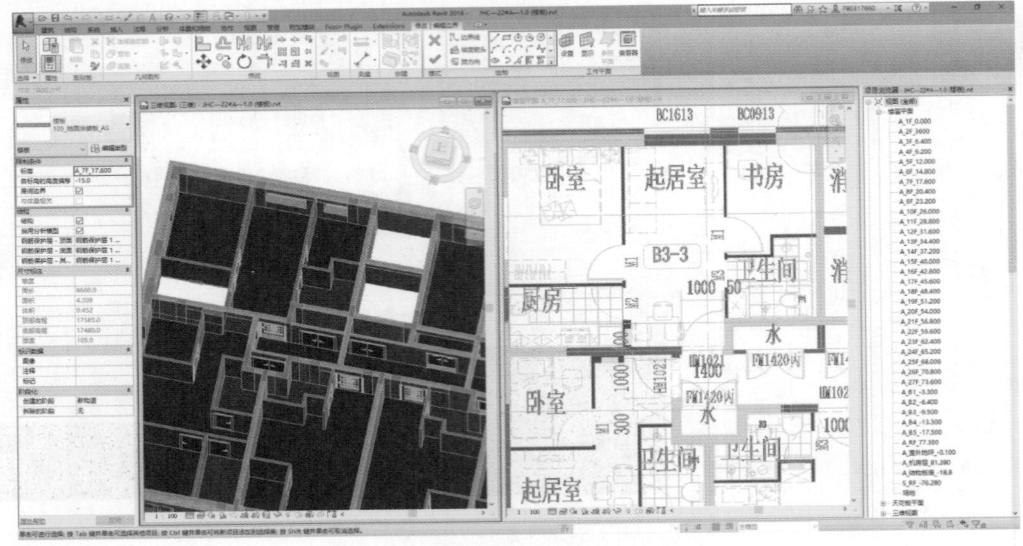

图 3-3-30　卫生间、厨房的偏移量设定

图 3-3-31　建筑楼板绘制完成

3.3.5　建筑楼梯模型的放置

因项目中楼梯结构部分为预制构件，在结构部分创建了预制楼梯结构构件族，载入到结构项目文件中进行了放置，所以此处建筑部分楼梯仍以族的样式创建对应的楼梯建筑模型，并放置在其中。楼梯建筑构件模型族文件“楼梯_水泥_AS_YLTB-1”，读者可直接载入项目文件中，根据楼梯详图——“建施-26　交通核详图（二）”中标注的标准层楼梯位置及尺寸放置，此处不对此构件族的创建展开叙述。放置后的建筑模型如图 3-3-32 所示。

3.3.6　标准层建筑楼体模型

按同“3.2.7　标准层楼体模型”小节同样的方法将“7F”（七层）建筑部分楼体进行粘贴、复制。采用 Revit 提供的复制、粘贴功能，最终的效果如图 3-3-33 所示。

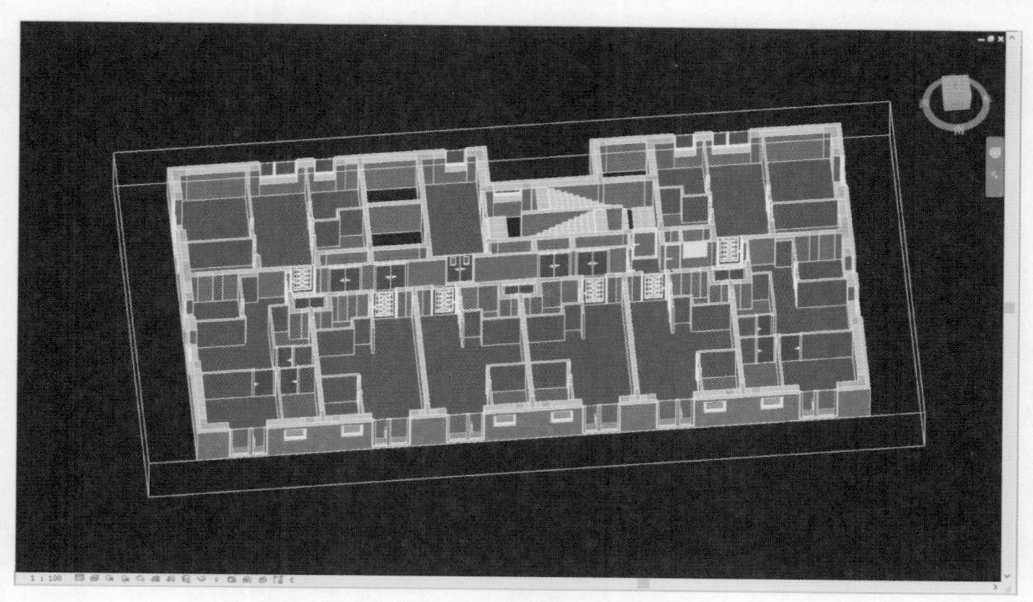

图 3-3-32　放置楼梯后的建筑模型

建筑模型_左前视图　　建筑模型_左右后视图

图 3-3-33　标准层建筑楼体模型

本章纲要

1. 掌握“分离 CAD 图纸”“链接 CAD 图纸”的方法和步骤。
2. 掌握创建标高、轴网，以及创建结构平面视图、楼层平面视图的方法和步骤。
3. 掌握内建模型方式创建模型构件的方法。
4. 熟练掌握创建结构柱、梁、墙、楼板的方法过程。
5. 了解族的载入方法，熟练掌握门窗的放置方法。
6. 了解族类型的添加与新建材质等参数设定的过程与原理。

第4章 机电模型创建

在 Revit 2014 之前，Revit 软件分为“Revit Architecture”“Revit Structure”和“Revit Mep”三个软件，分别给建筑、结构和机电专业的人员使用。从 Revit 2014 开始将三个软件合为一个，建筑、结构和机电专业集成在一个软件内，本章将以 Revit 2016 为依托介绍机电专业的操作与知识。

4.1 机电项目准备事项

4.1.1 机电项目样板

在项目开始之前，需要先了解在创建机电模型时需要用到的项目样板的分类和区别，以 Revit 2016 中文版为例，里边分别包含了机械样板：Mechanical-DefaultCHSCHS. rte、管道（给水排水）样板：Plumbing-DefaultCHSCHS. rte、电气样板：Electrical-DefaultCHSCHS. rte 和系统样板：Systems-DefaultCHSCHS. rte。前三个样板文件分别对应了机电项目中的“风水电”，而系统样板则包括这三个样板中的风管、管道和电缆桥架的族类型。

在 Revit 2016 中默认的起始界面中，“项目”部分是只显示机械样板的，可以通过以下步骤来找到并使用上文所说的四种样板。

打开 Revit 2016，在起始界面的项目下找到新建按钮，单击“新建”，如图 4-1-1 所示。

在弹出的新建项目窗口下单击右侧的“浏览”按钮，如图 4-1-2 所示。

图 4-1-1　新建项目样板

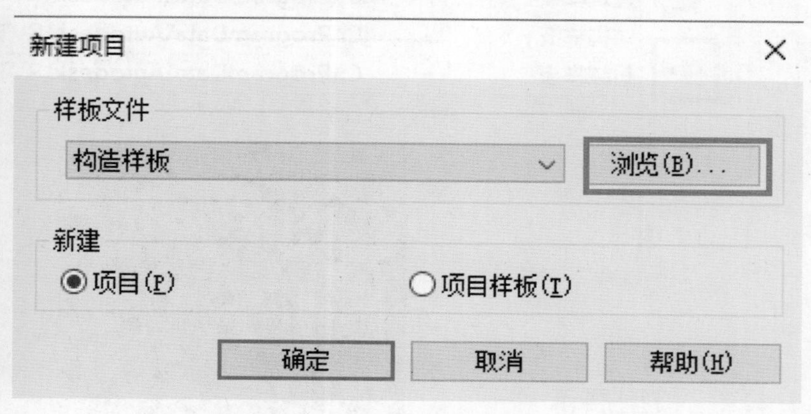

图 4-1-2　浏览项目样板

在弹出的选择样板窗口中可以看到上文说到的四种样板，根据用户即将建立的系统类型选择相应的样板文件，然后单击打开，如图 4-1-3 所示。最后在新建项目窗口下单击“确定”按钮即可。

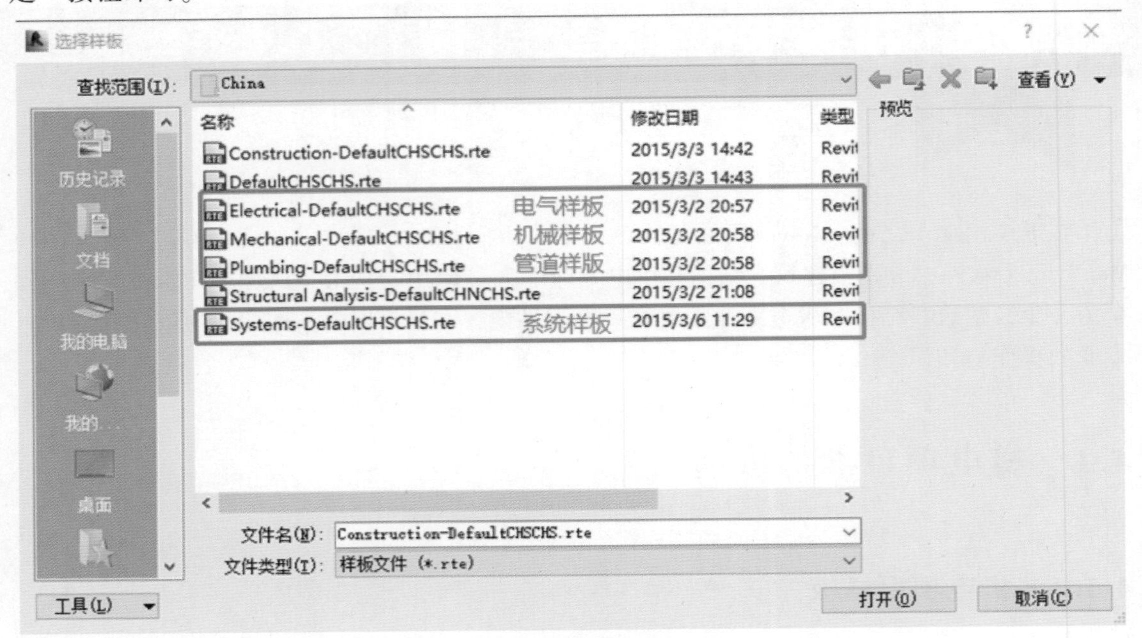

图 4-1-3　选择项目样板

提 示

根据上文讲到的“选项”按钮下的“文件位置”选项，可以轻松地将用户经常要用到的项目样板固定到起始界面，如图 4-1-4 所示。

项目样板文件(T):在“最近使用的文件”页面上会以链接的形式显示前五个项目样板。

名称	路径
构造样板	C:\ProgramData\Autodesk\RVT 2016\Templat...
建筑样板	C:\ProgramData\Autodesk\RVT 2016\Templat...
结构样板	C:\ProgramData\Autodesk\RVT 2016\Templat...
机械样板	C:\ProgramData\Autodesk\RVT 2016\Templat...

图 4-1-4　调整项目样板

4.1.2　模型展示

模型展示如图 4-1-5 ~ 图 4-1-7 所示。

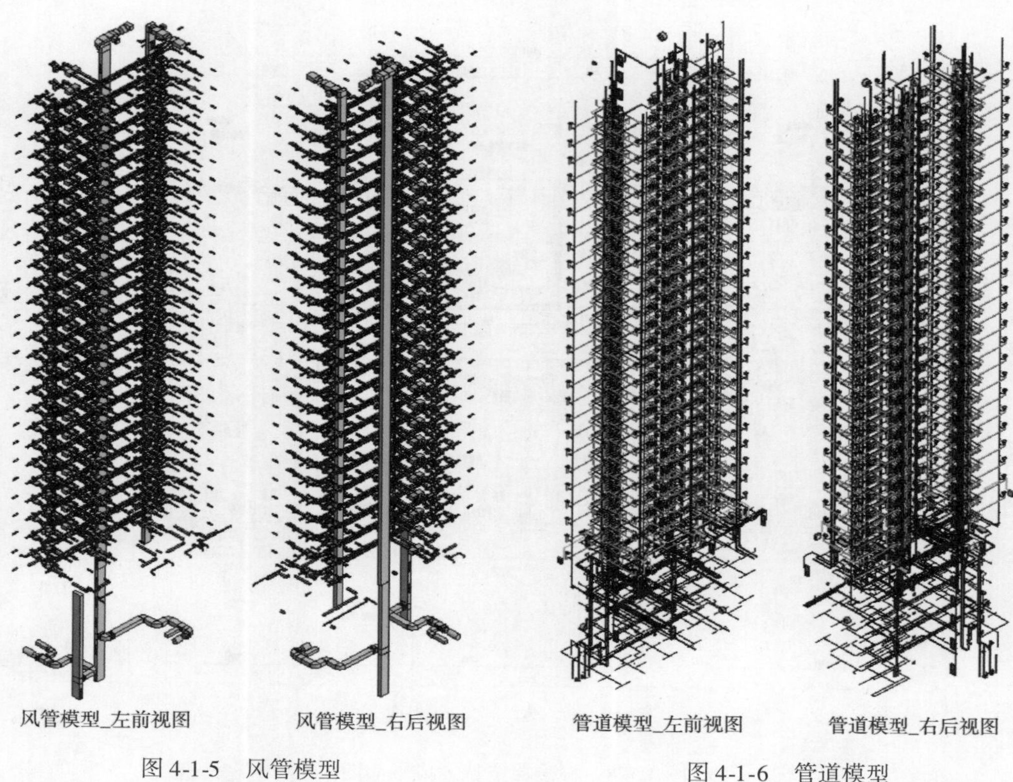

图 4-1-5 风管模型

图 4-1-6 管道模型

电气模型_左前视图

电气模型_右后视图

图 4-1-7 电气模型

4.1.3 项目主要图纸

本项目包括风管、管道和电气三部分内容，因篇幅限制，下面将以标准层为主要依据创建模型。创建模型时，应严格按照图纸的尺寸进行创建。相关图纸见随书赠送文件。

（1）暖通专业主要施工图。本项目中，暖通部分主要以空调通风为主，在 Revit 中创建模型时，需要根据各结构构件对应的图纸尺寸创建精确的构件模型。标准层通风部分主要图纸如图 4-1-8 及图 4-1-9 所示。

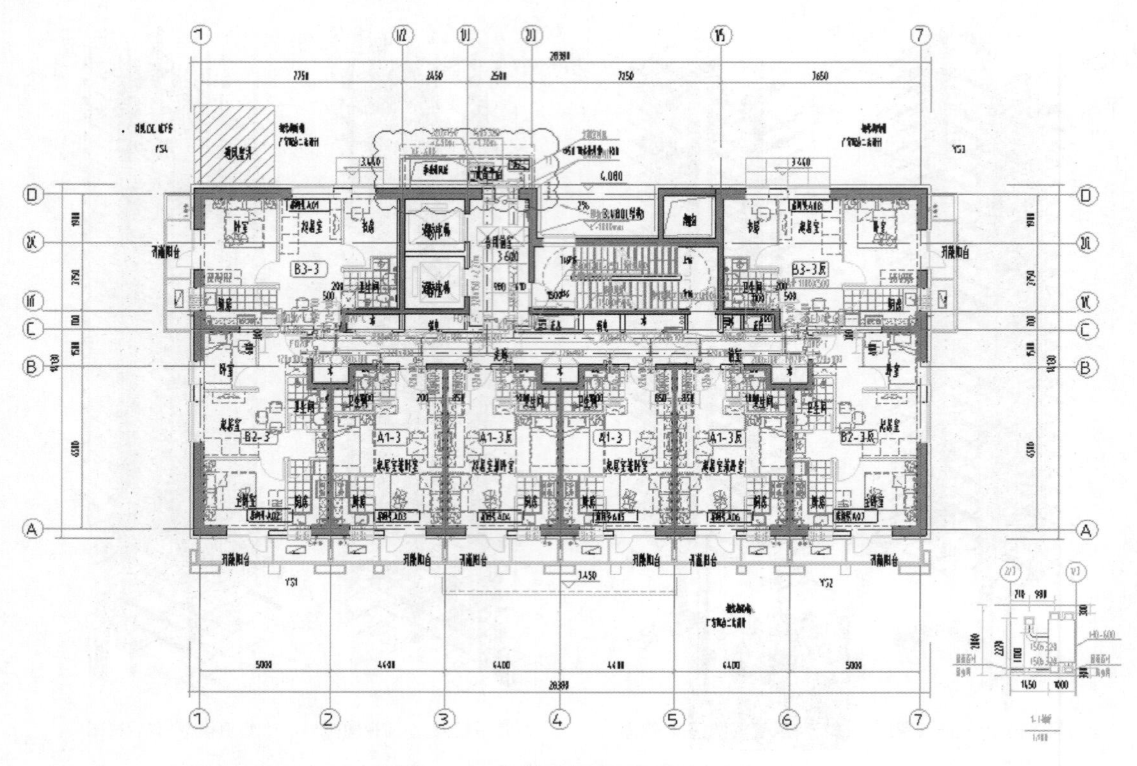

图 4-1-8　标准层空调通风平面图

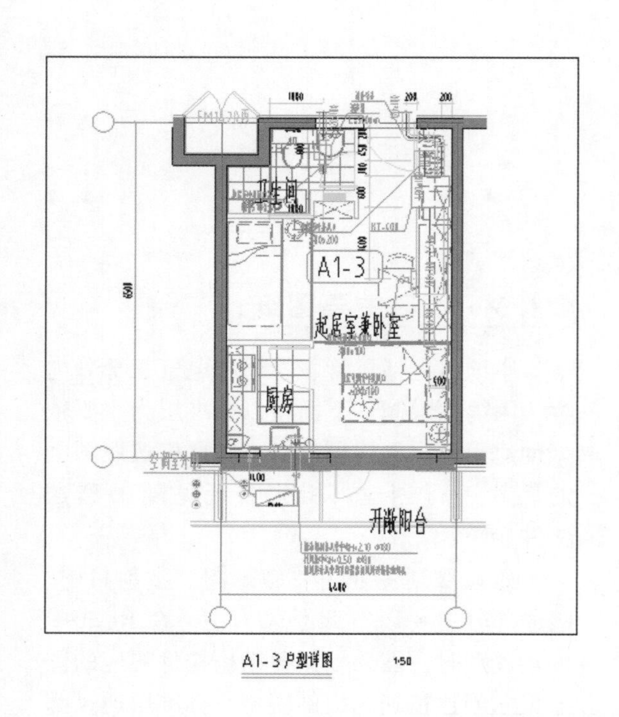

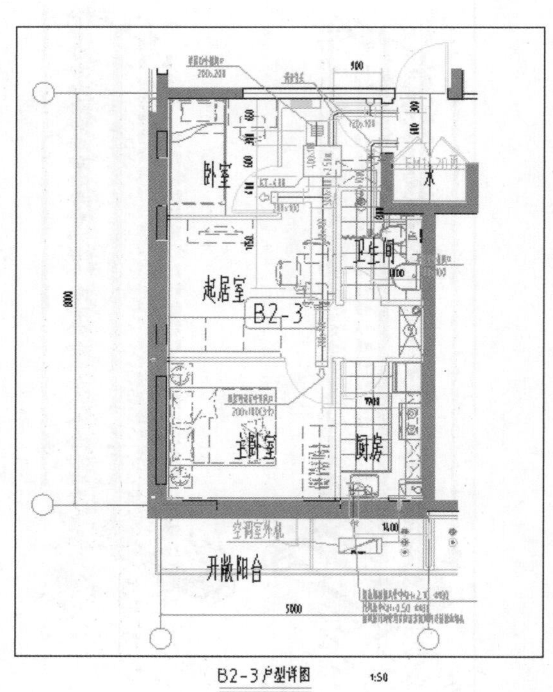

图 4-1-9　各户型通风详图

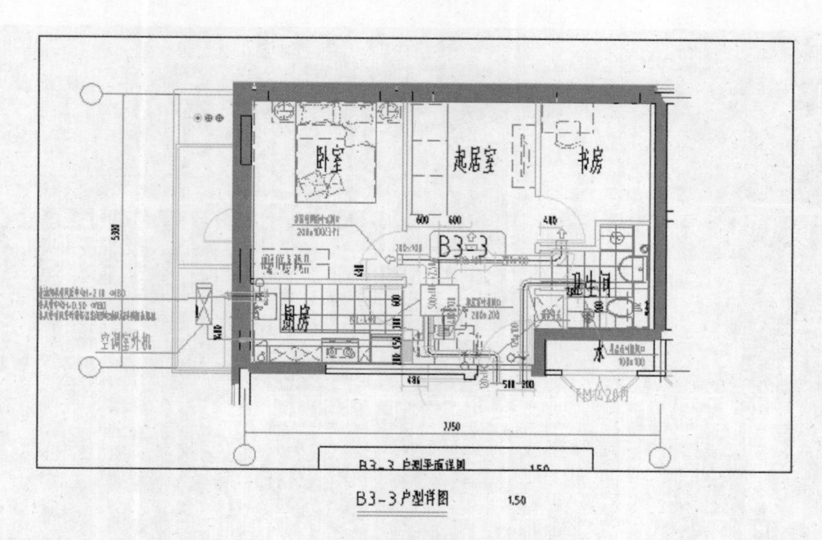

图 4-1-9 各户型通风详图（续）

（2）管道专业主要施工图。本项目中，管道部分主要包含给水排水和消防，在 Revit 中创建模型时，需要根据各管道构件对应的图纸尺寸创建精确的管道模型。标准层结构部分主要图纸如图 4-1-10 ~ 图 4-1-12 所示。

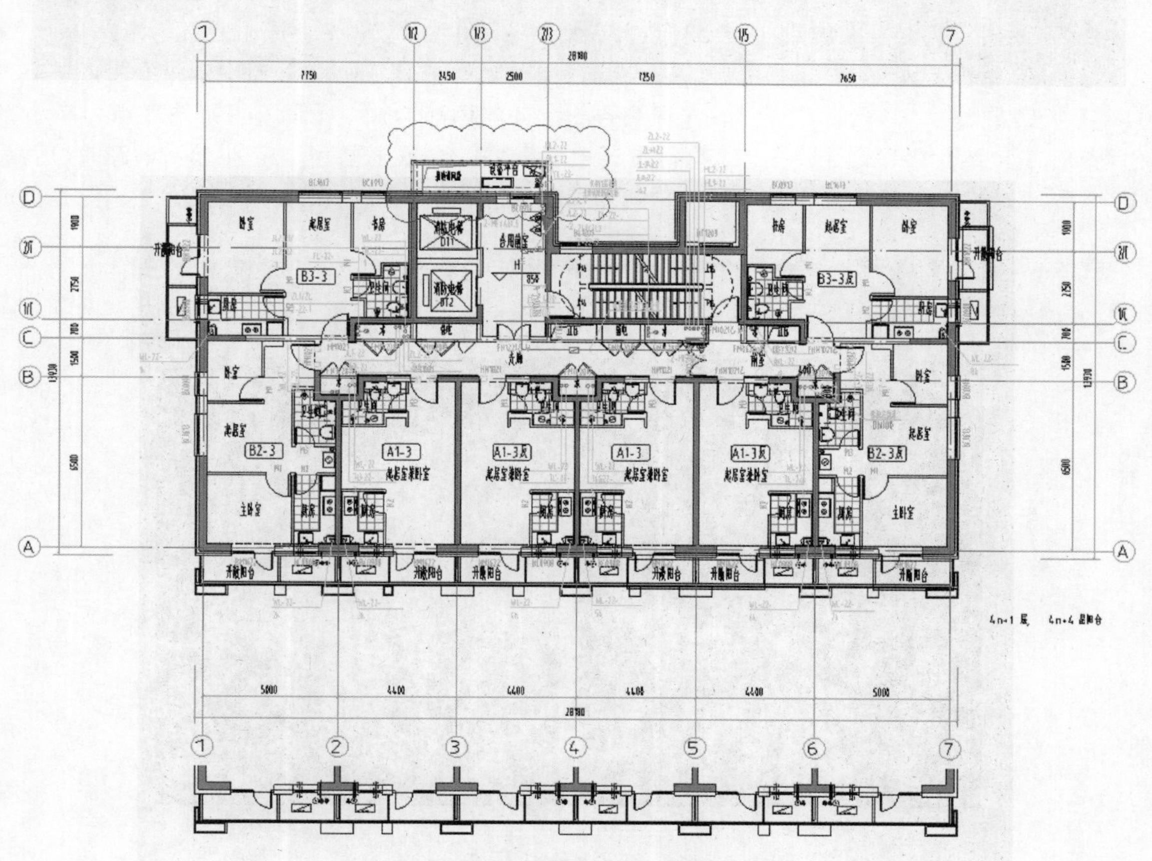

图 4-1-10 标准层给水排水、消防平面图

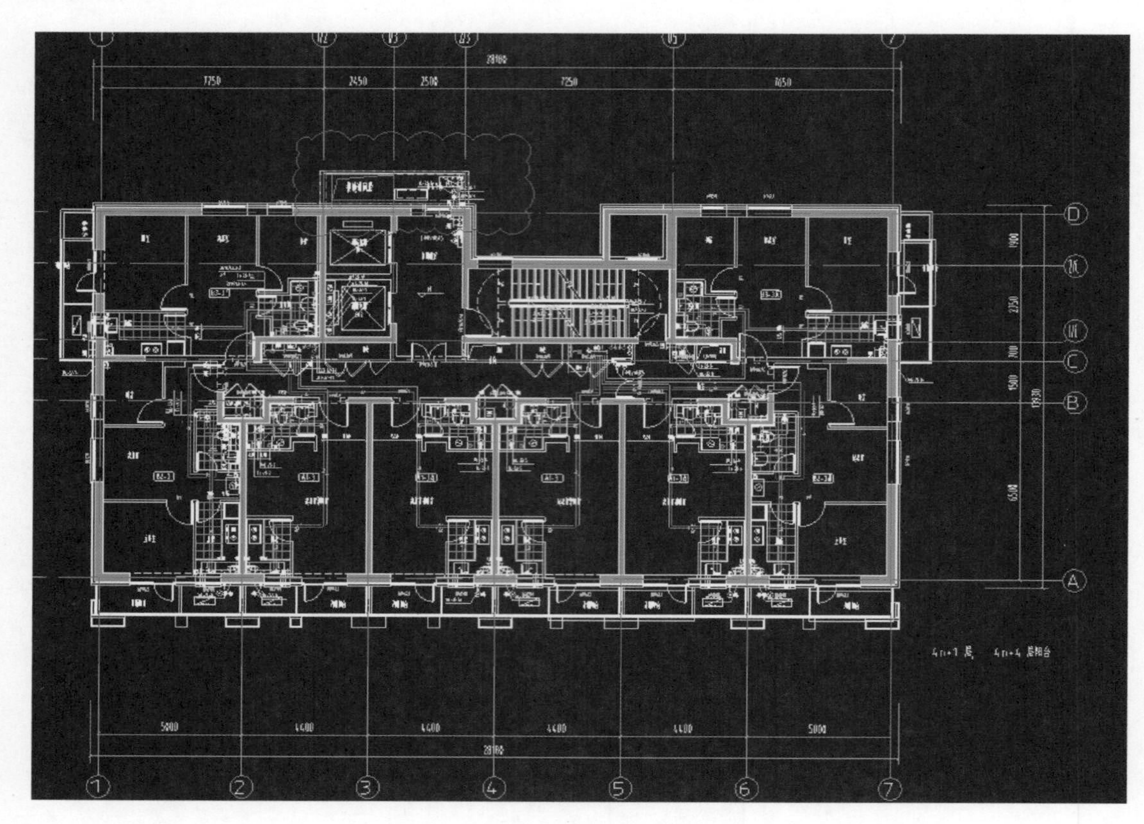

图 4-1-11　标准层给水排水详图

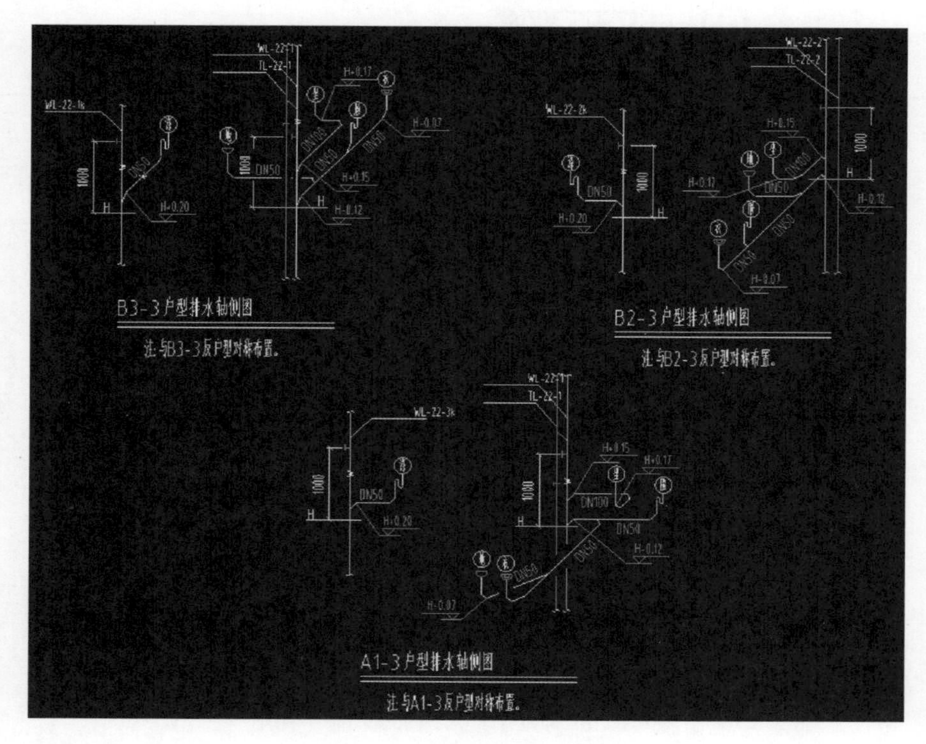

图 4-1-12　各户型排水轴测图

（3）电气专业主要施工图。本项目中，电气部分主要包含强电桥架和弱电桥架，在 Revit 中创建电气模型以绘制电缆桥架为主。本项目中电缆桥架主要集中在地下五层和机房层，地下五层桥架部分主要图纸如图 4-1-13 ~ 图 4-1-15 所示。

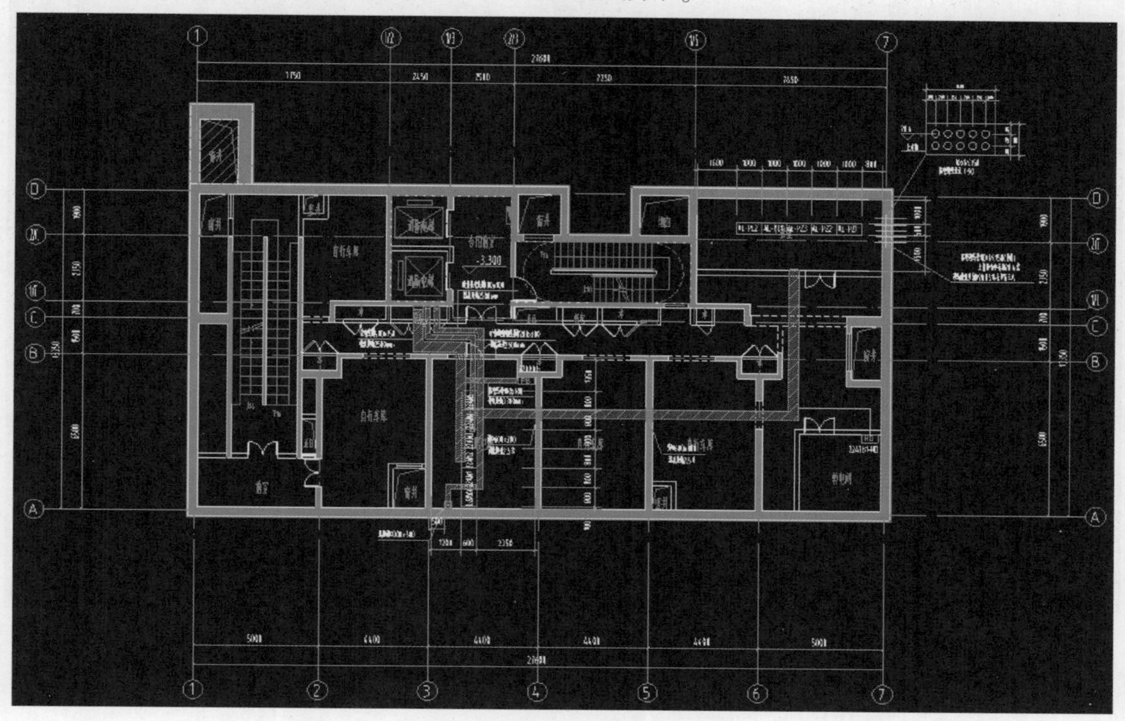

图 4-1-13　地下一层强电平面图

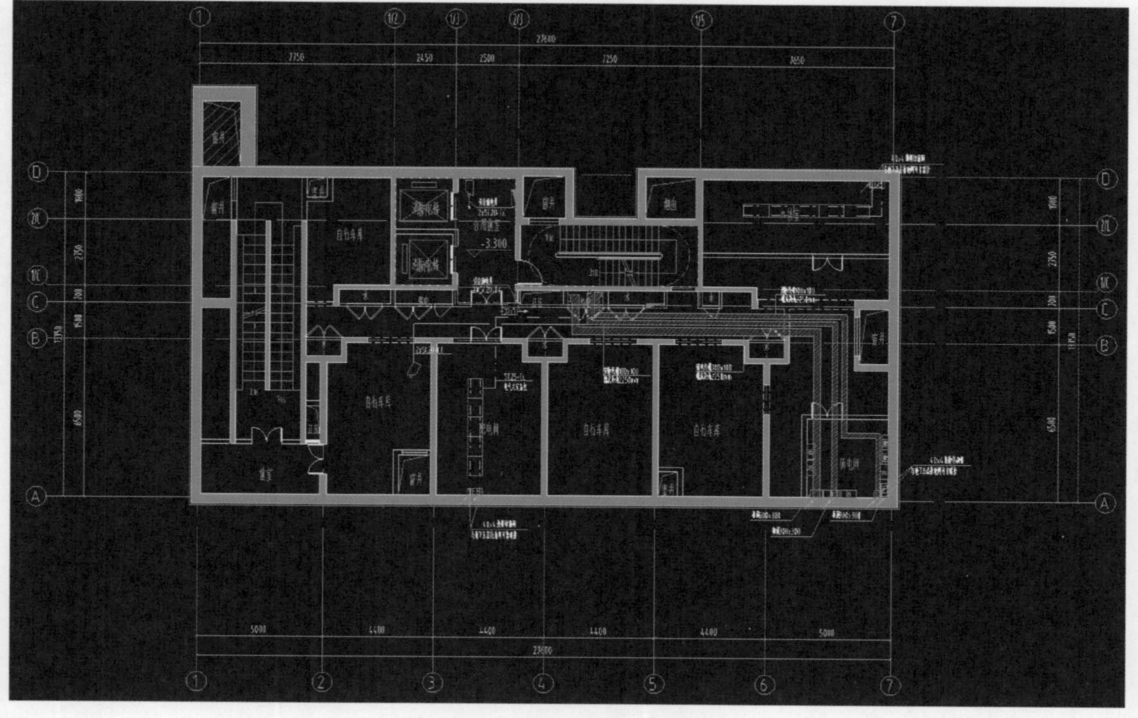

图 4-1-14　地下一层弱电平面图

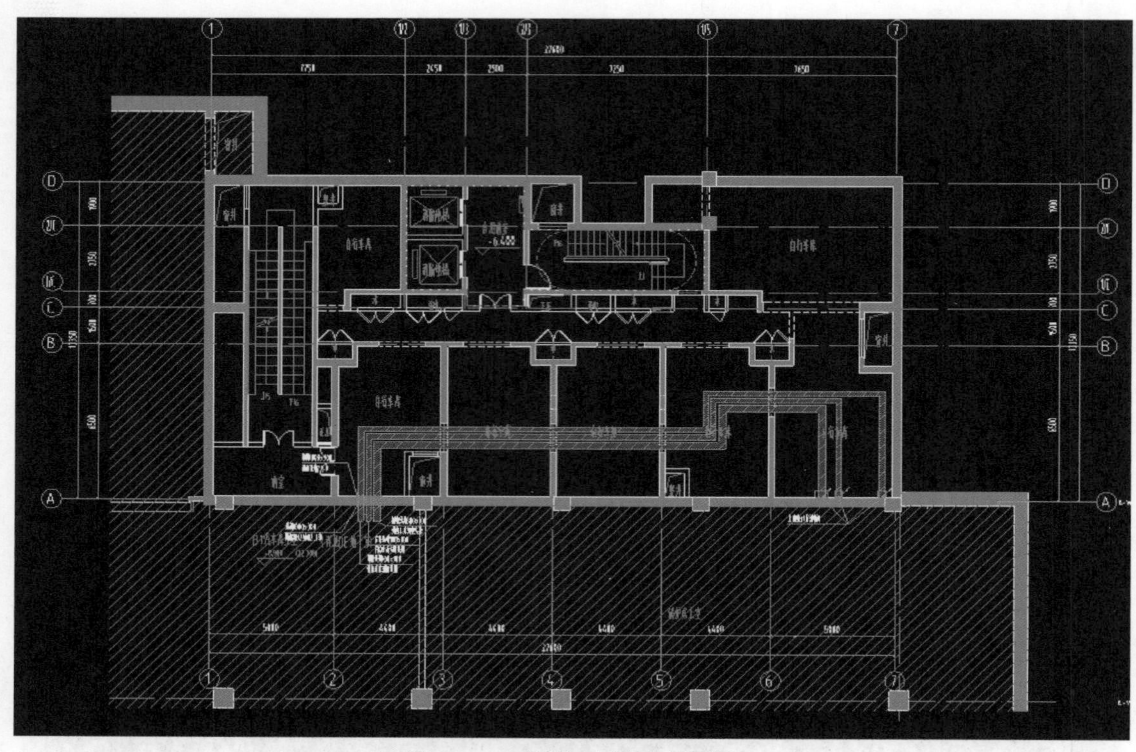

图 4-1-15　地下二层弱电平面图

4. 1. 4　标高和轴网的复制

前文已经详细介绍了标高和轴网的创建，在实际项目中如果已经有建立好的标高和轴网，用户就可以通过链接对应文件来复制其中的标高和轴网，避免重复工作。

1. 复制标高

1）打开 Revit 文件，用机械样板新建一个项目文件，将已有的建筑模型 JHC-22#A-1. 0 (墙体). rvt 链接到本项目文件中，并将四个立面符号移动到模型范围的外侧，如图 4-1-16 和图 4-1-17 所示。

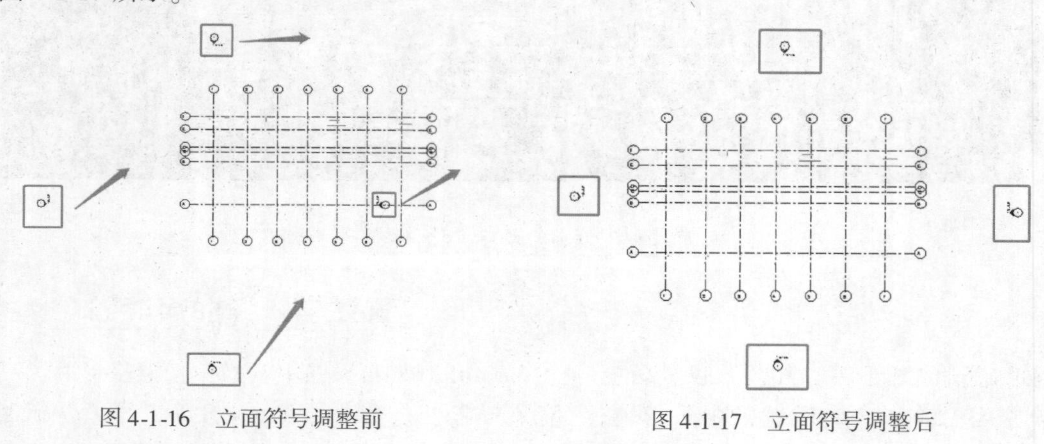

图 4-1-16　立面符号调整前　　图 4-1-17　立面符号调整后

2）打开任意立面可以看到当前项目样板中自带的“标高 1”和“标高 2”，以及链接文件中的所有标高。先按住 <Ctrl> 键，后分别单击选择当前样板中自带的“标高 1”和“标高 2”，删除这两条标高，系统警告如图 4-1-18 所示，单击“确定”按钮。

3）依次单击“协作（选项卡）→复制/监视→选择链接”，选择绘图区域中立面图内显示的链接文件，如图 4-1-19 和图 4-1-20 所示。

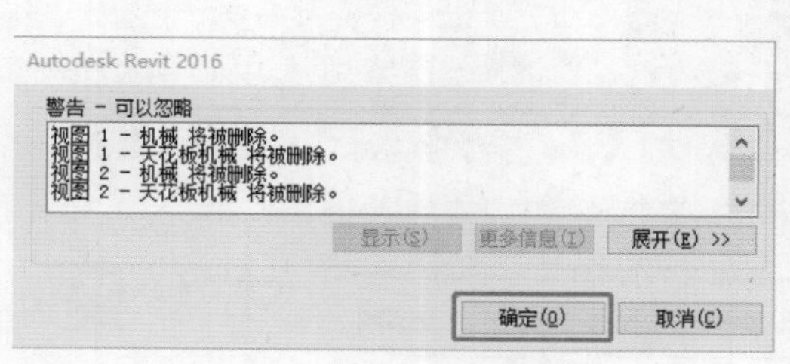

图 4-1-18　删除系统标高

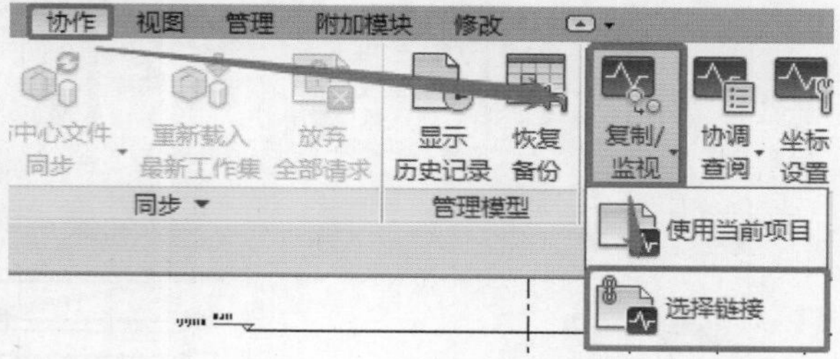

图 4-1-19　复制/监视功能

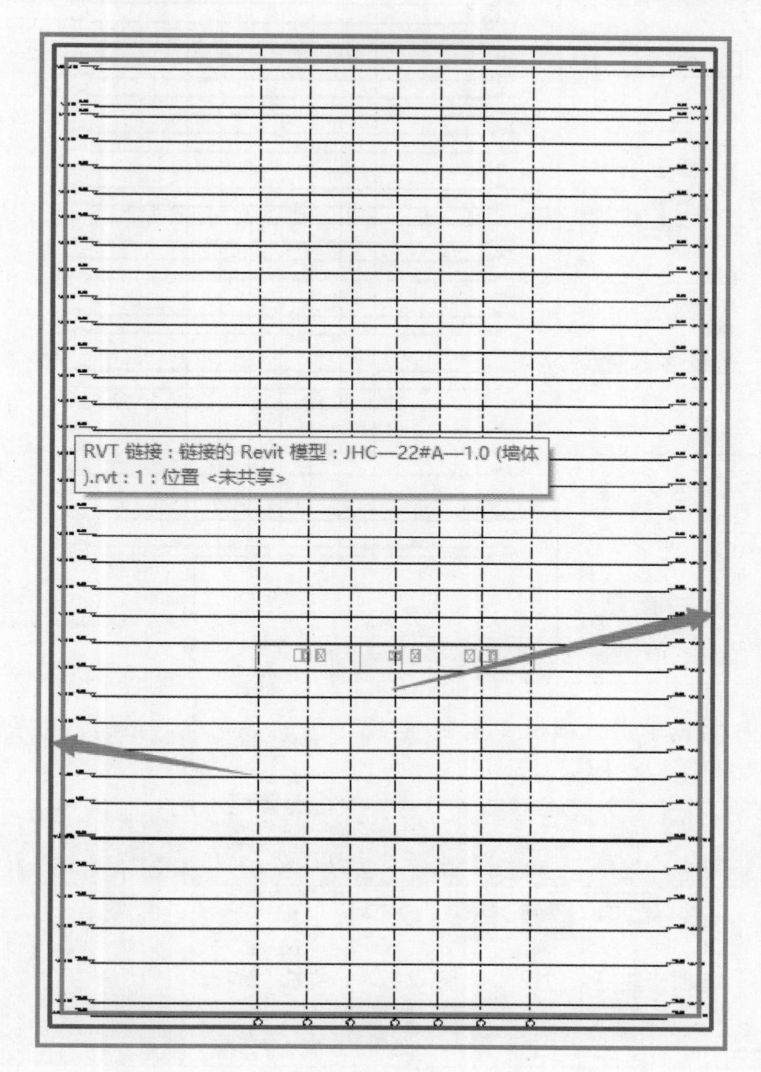

图 4-1-20　选择当前链接

4）单击“复制/监视”选项卡下的“复制”按钮，勾选选项栏“复制/监视”下的“多个”，然后在绘图区域框选要复制的标高，如图 4-1-21 所示。

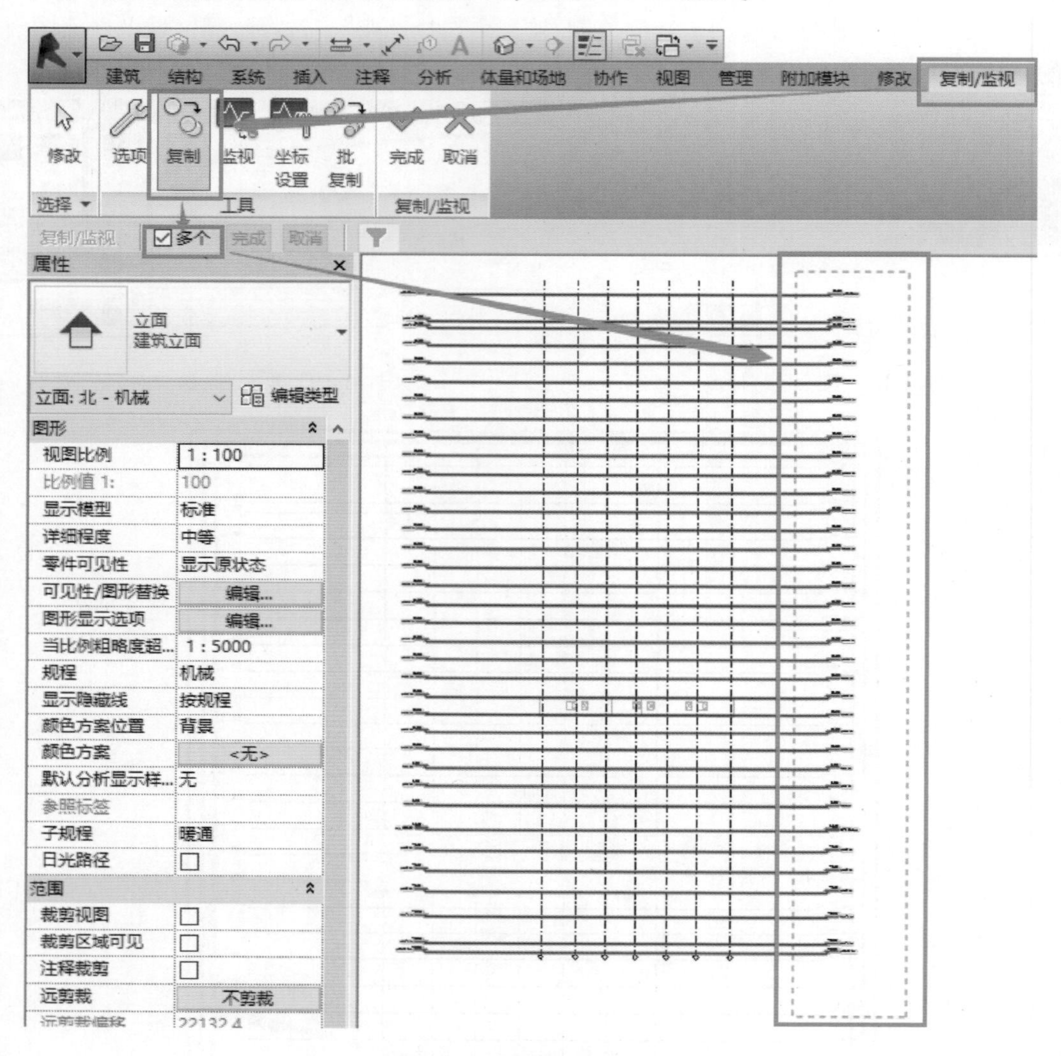

图 4-1-21　复制多个标高

5）全部选择后先单击选项栏“复制/监视”里的“完成”按钮，再单击选项卡下的“完成”按钮，如图 4-1-22 所示。

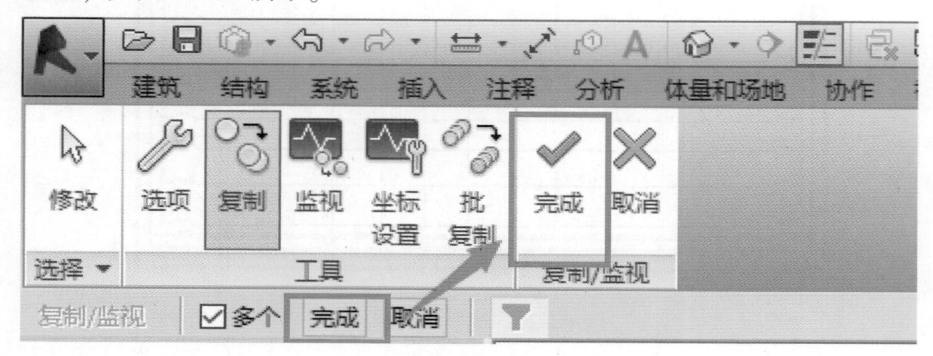

图 4-1-22　完成复制

6）完成复制后需要修改标高样式，单击任一标高，选择左侧属性栏中的“编辑类型”，将标高的标头都设置为“上标高标头”，并将复制好的标高锁定，如图 4-1-23 所示。

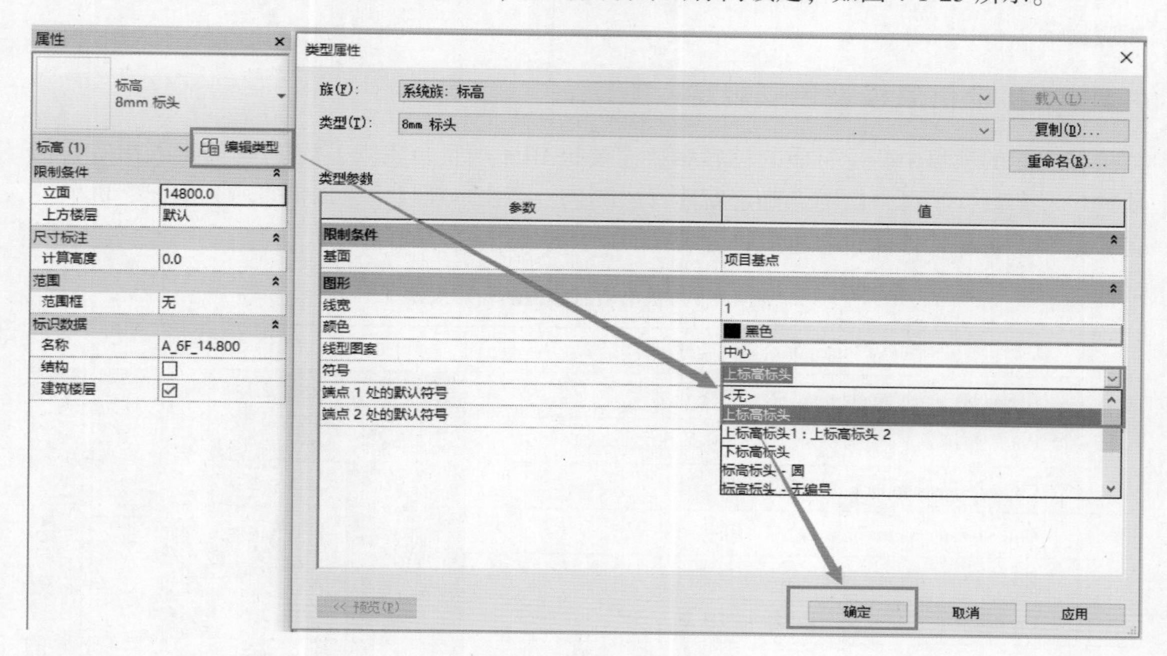

图 4-1-23　修改标头

7）最后依次单击“视图（选项卡）→平面视图→楼层平面”，在弹出的“新建楼层平面”对话框中，先确定最下方的“不复制现有视图”前面已经勾选，然后按住 < Shift > 键分别选择排列在最上边和最下边的标高，创建对应的楼层平面，如图 4-1-24 所示。

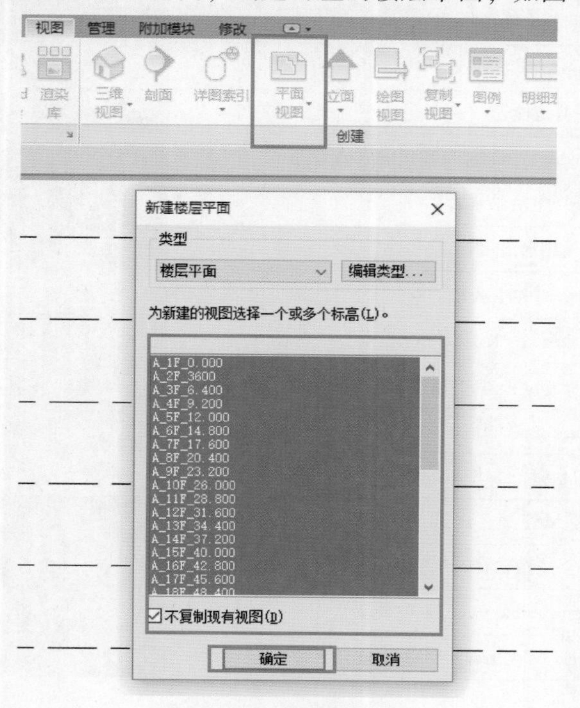

图 4-1-24　复制楼层平面

8）复制轴网的操作和上述操作相同，需要注意的是通过“复制/监视”功能创建的标高和轴网会因为链接模型中标高和轴网发生变化而变化，当链接模型发生变化时系统会发出相应提示。

4.1.5 机电信息模型色彩规定

在实际的项目中新建材质的色彩参数需要报 BIM 项目负责人，由 BIM 负责人指定新材质的色彩参数，不可自己随意确定新建材质颜色，而在本项目中将以下表所列为准，机电设备、系统设备等构件的色彩也应符合表 4-1-1 中的规定。

表 4-1-1 机电信息模型的色彩规定

Name of Pipe 系统管道名称	RGB 三原色
Cold，hot water supply pipe 冷、热水供水管	255，153，000
Cold，hot water return pipe 冷、热水回水管	155，093，000
Chilled water supply pipe 冷冻水供水管	000，255，255
Chilled water return pipe 冷冻水回水管	000，155，155
Cooling water supply pipe 冷却水供水管	000，100，100
Cooling water return pipe 冷却水回水管	159，180，255
Heating water supply pipe 热水供水管	255，000，255
Heating water return pipe 热水回水管	255，085，255
Condensing water pipe 冷凝水管	000，000，255
Refrigerant pipe 冷媒管	102，000，255
AC refill pipe 空调补水管	000，153，053
Expandable water pipe 膨胀水管	051，153，153
Fire hydrant pipe 消防栓管	255，000，000
Automatic fire sprinkler system 自动喷淋灭火系统	000，153，255
Domestic water pipe 生活给水管	000，255，000
Heating water pipe 热水给水管	128，000，000
Waste water – gravity 污水-重力	128，128，64
Waste water – pressure 污水-压力	000，128，128
Gravity – waste water pipe 重力-污水管	153，051，051
Pressure – waste water pipe 压力-污水管	102，153，255
Rainwater pipe 雨水管	255，255，000
Ventilation pipe 通风管	051，000，051
Flexible water pipe 挠性软管	000，128，128
High-Voltage electrical cable tray 强电桥架	255，000，255
Low-Voltage electrical cable tray 弱电桥架	000，255，255

（续）

Name of Pipe 系统管道名称	RGB 三原色
Fire services cable tray 消防桥架	255，000，255
Exhaust Smoke 排烟	128，128，000
Kitchen Exhaust Smoke 厨房排烟	153，051，051
Exhaust Air 排气	255，153，000
Fresh Air 新风	000，255，000
AC Supply Air 空调送风	102，153，255
AC Return Air 空调回风	255，153，255
Positive pressure Air Supply System 正压送风系统	000，000，255
Air Intake 送风	000，153，255
Air refill 补风	000，153，255

4.1.6 系统及过滤器的创建

在机电模型创建前期，需要建立机电的各个系统，建立的方式是通过在项目浏览器中添加管道系统、电气系统、风管系统以及分别添加过滤器。本小节将会对系统的建立进行介绍，以便掌握系统的建立方法以及过滤器的使用。

（1）以管道系统为例，系统的建立流程如下：

1）打开新建项目，在项目浏览器中找到“族”，点击“+”，再将“管道系统”展开，看到的是一系列 Revit 系统自带的系统。需要通过复制 Revit 系统自带的系统类型，创建新的管道系统类型，这样不仅能使用 Revit 系统自带的系统分类，并且在修改副本时，并不影响原始 Revit 系统实例。

2）点击鼠标右键→“复制”，在系统副本处再次点击鼠标右键，重命名，在项目浏览器中重新定义新建系统名称，则新建系统完成，如图 4-1-25 所示。

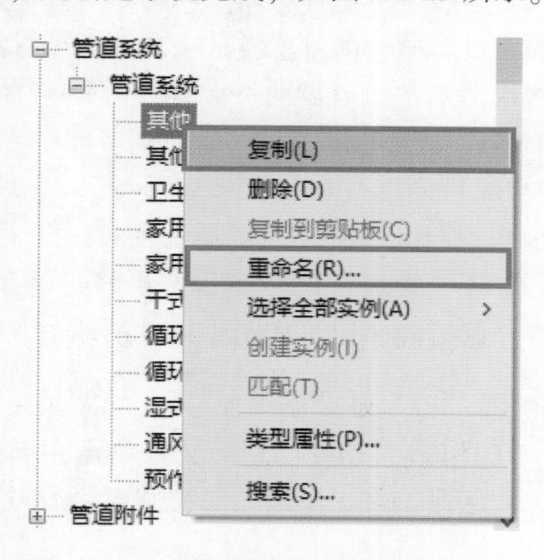

图 4-1-25　系统的建立 – 复制及重命名

3）直接双击新建管道系统，在弹出的类型属性对话框中对系统类型的材质、系统缩写以及该系统的图形表示形式进行定义，如图 4-1-26 所示。

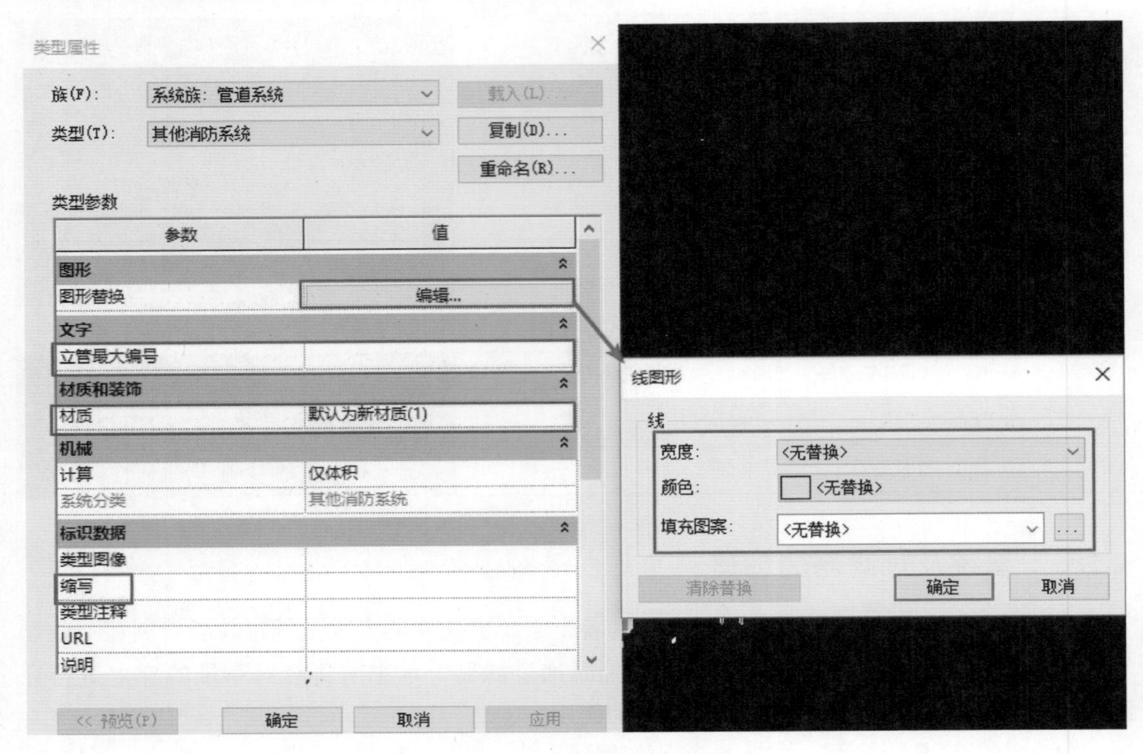

图 4-1-26　系统的建立-类型属性

提 示

关于线图形的设置包含宽度、颜色、填充图案，并且在管道系统中对于线性和颜色的设置在所有视图的图元有效，尤其是颜色的替换，应便于与其他系统相区别。

（2）过滤器的建立。通过建立过滤器，能够根据需要将图元进行逻辑分类，以方便操作。例如在管道系统中存在给水与排水两种用途不同的系统管道，在布置管道的时候相互交错会影响判断，那么就需要通过隐藏一部分或者某一系统类型管道，而过滤器的设置可以将用户从众多类型的图元中解救出来，通过过滤器设置（管道、管件、附件、弯头等），精确识别，提高效率。方法如下：

1）依次单击“视图→可见性图形（快捷键＜VV＞）”，选择“过滤器”一栏，如图 4-1-27 所示。点击下方的“编辑/新建”，弹出过滤器设置对话框。

2）在过滤器类别中，勾选“管道常设”类别，再将过滤条件进行定义，管道系统常设：管道、管件、管道附件、管道隔热层，如图 4-1-28 所示。

3）风管系统：分为送风\ 回风\ 排风，过滤器类别常包含风管\ 风管内衬\ 风管管件\ 风管附件\ 风管隔热层，如图 4-1-29 所示。

4）同理，桥架过滤器的常设方式如图 4-1-30 所示。

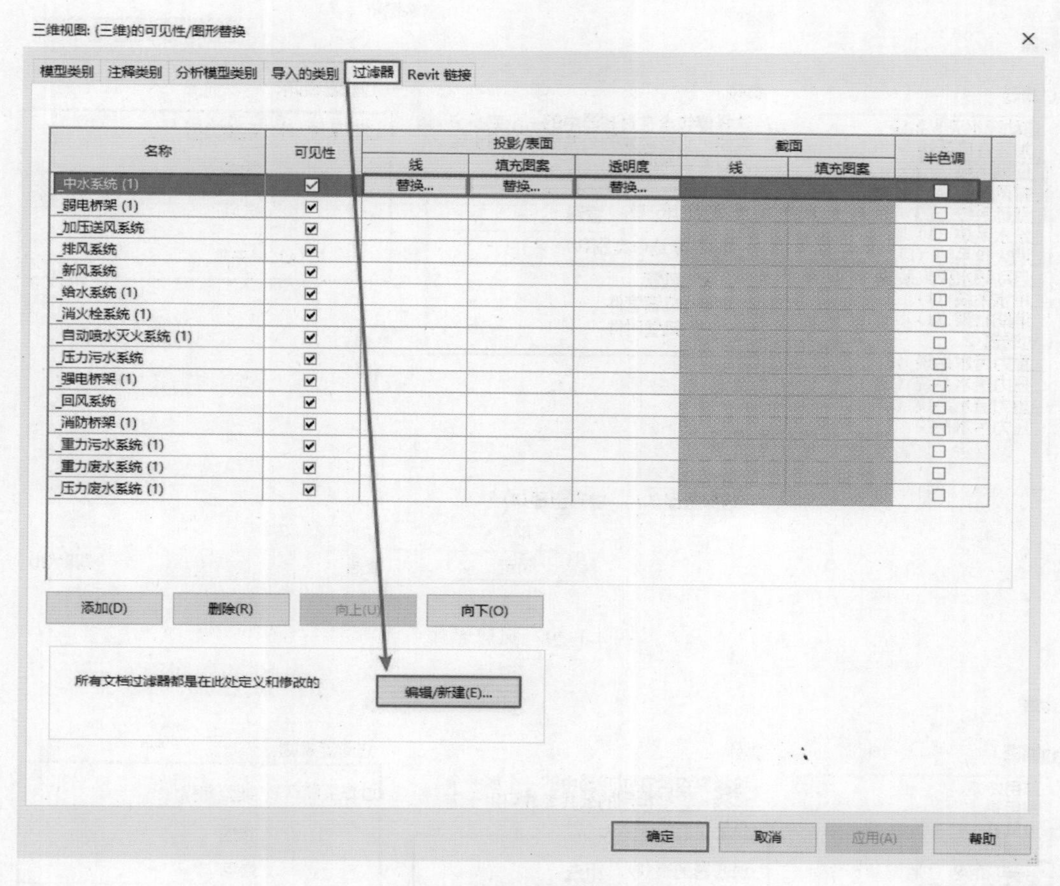

图 4-1-27 过滤器设置对话框

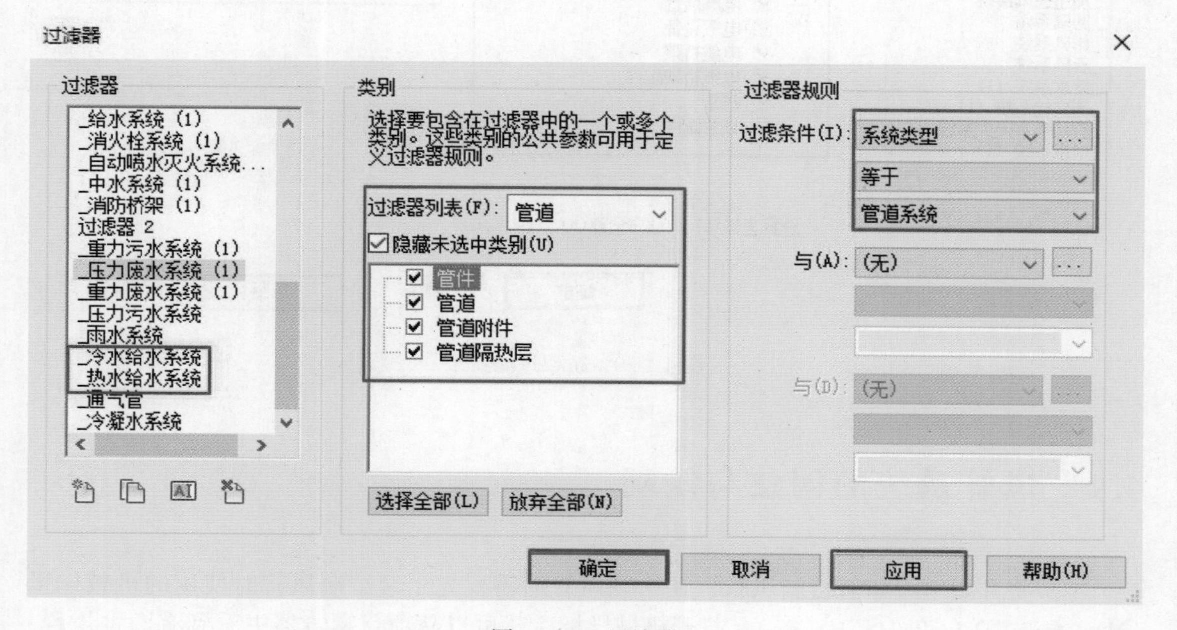

图 4-1-28 过滤器

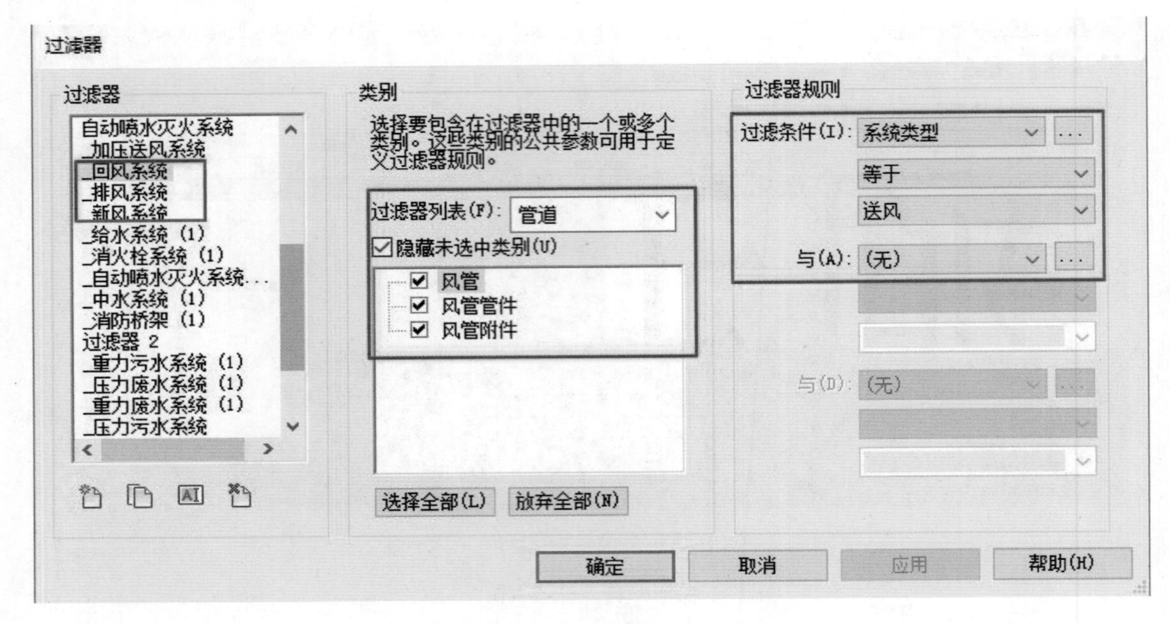

图 4-1-29　风管系统

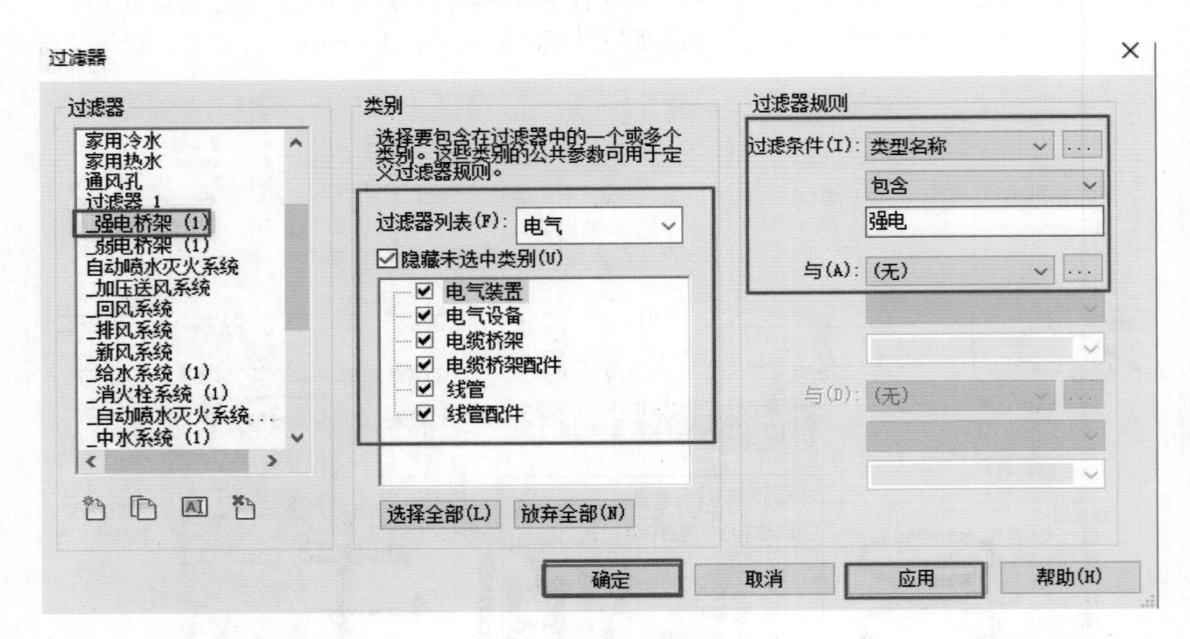

图 4-1-30　桥架过滤器

4.2　风管系统的创建与绘制

本节将开始学习如何绘制风管，在绘制风管前需要先了解绘制风管时使用的机械样板(Mechanical-DefaultCHSCHS. rte)。打开机械样板后就可以从项目浏览器中看到有两种规程，分别是卫浴和机械，如图 4-2-1 所示。

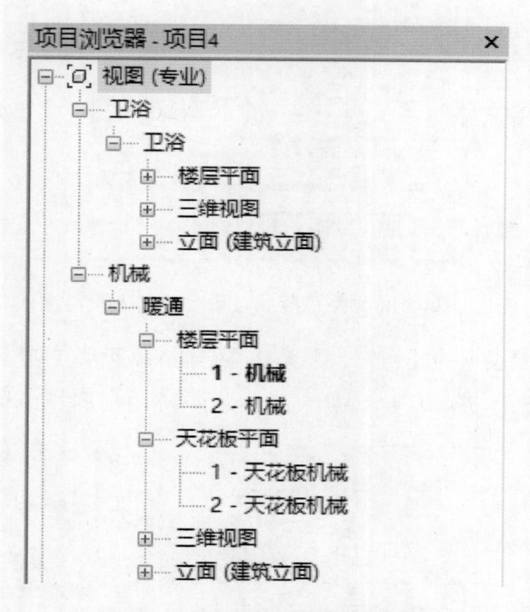

图 4-2-1 机械样板项目浏览器

4.2.1 风管系统的创建

1. 创建风管系统

Revit 2016 自带的机械样板中预定义了三种风管系统：回风、排风、送风。在实际项目中需要根据实际工程的需要通过复制现有系统类型创建新类型，复制步骤如下：

（1）在绘图区域右侧的项目浏览器中找到“族”，如图 4-2-2 所示。

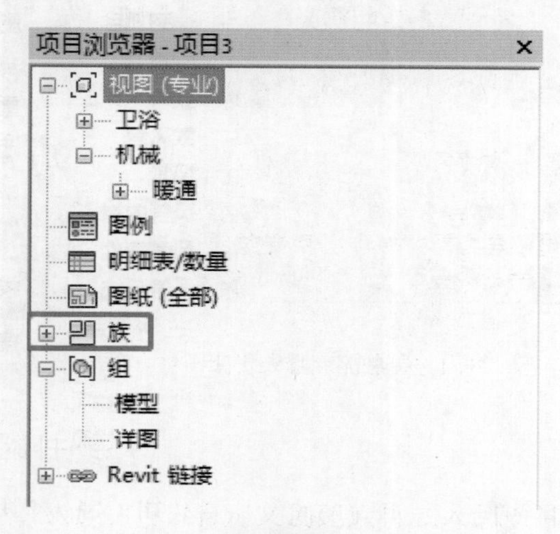

图 4-2-2 项目浏览器——“族”

（2）单击“族”前方的“+”，在分类中找到“风管系统”并单击前方的“+”，重复操作直到看到三个默认系统分类，如图 4-2-3 所示。

（3）用鼠标右键单击“回风”系统，在弹出的菜单中单击“类型属性”按钮，如图 4-2-4 所示。

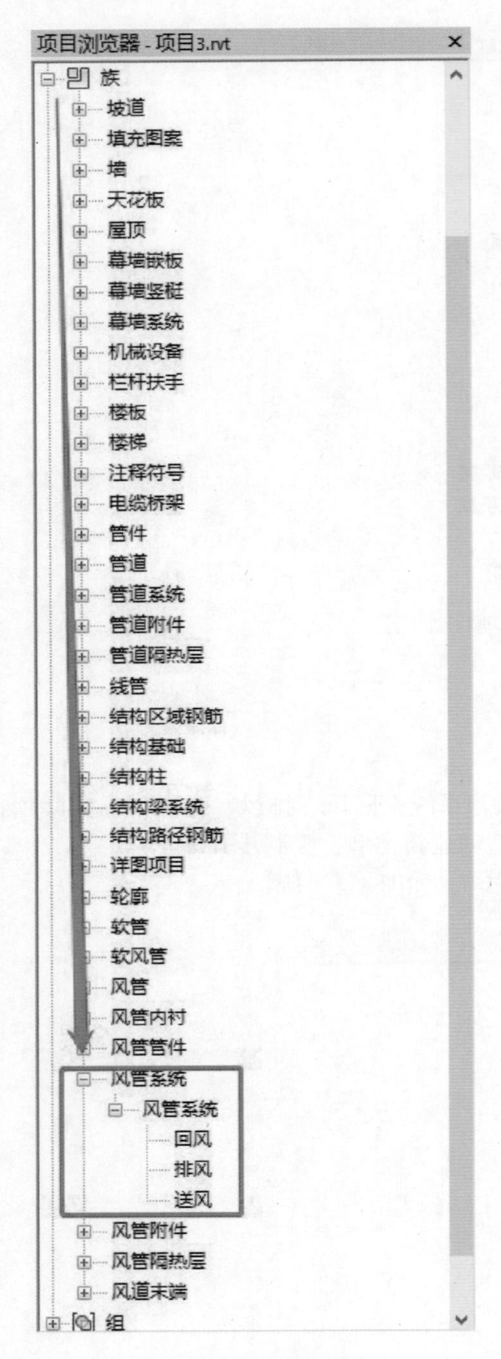

图 4-2-3　风管系统

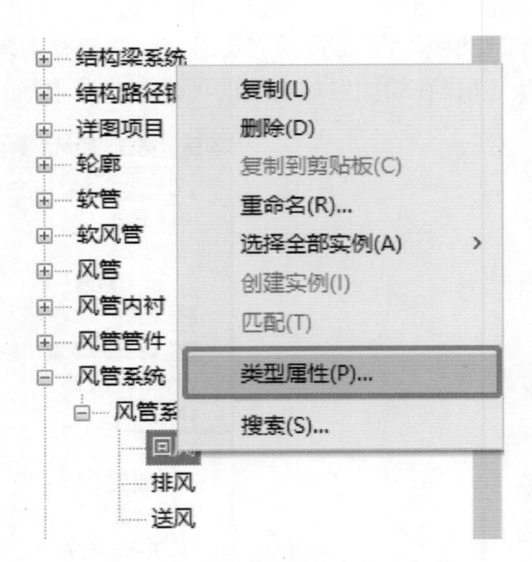

图 4-2-4　风管系统类型属性

（4）在弹出的“类型属性”面板中单击类型右侧的“复制”按钮，在“名称”面板中输入新的类型名称，例如“lx 回风”，然后单击“确定”按钮，如图 4-2-5 所示。

（5）单击“类型属性”面板中图形替换后的“编辑”，在弹出的“线图形”面板中单击“颜色”后的选项，对该系统的颜色进行设置，可参考机电信息模型色彩规定进行设置，如图 4-2-6 所示。

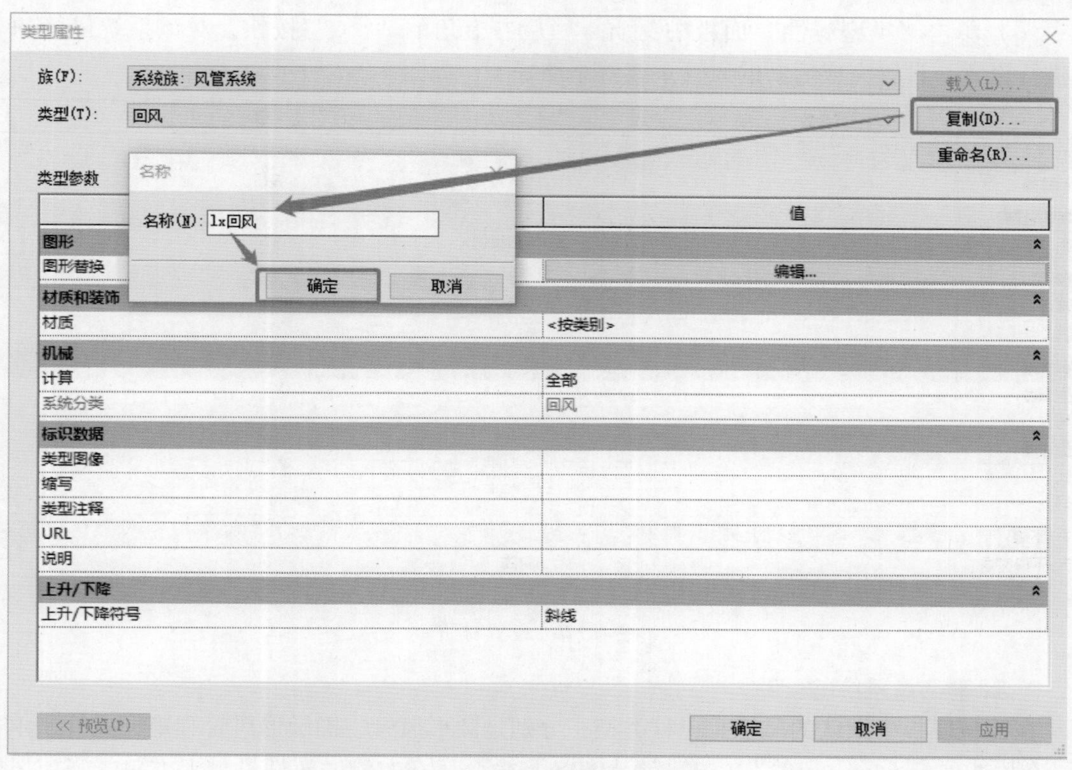

图 4-2-5 系统类型的复制与命名

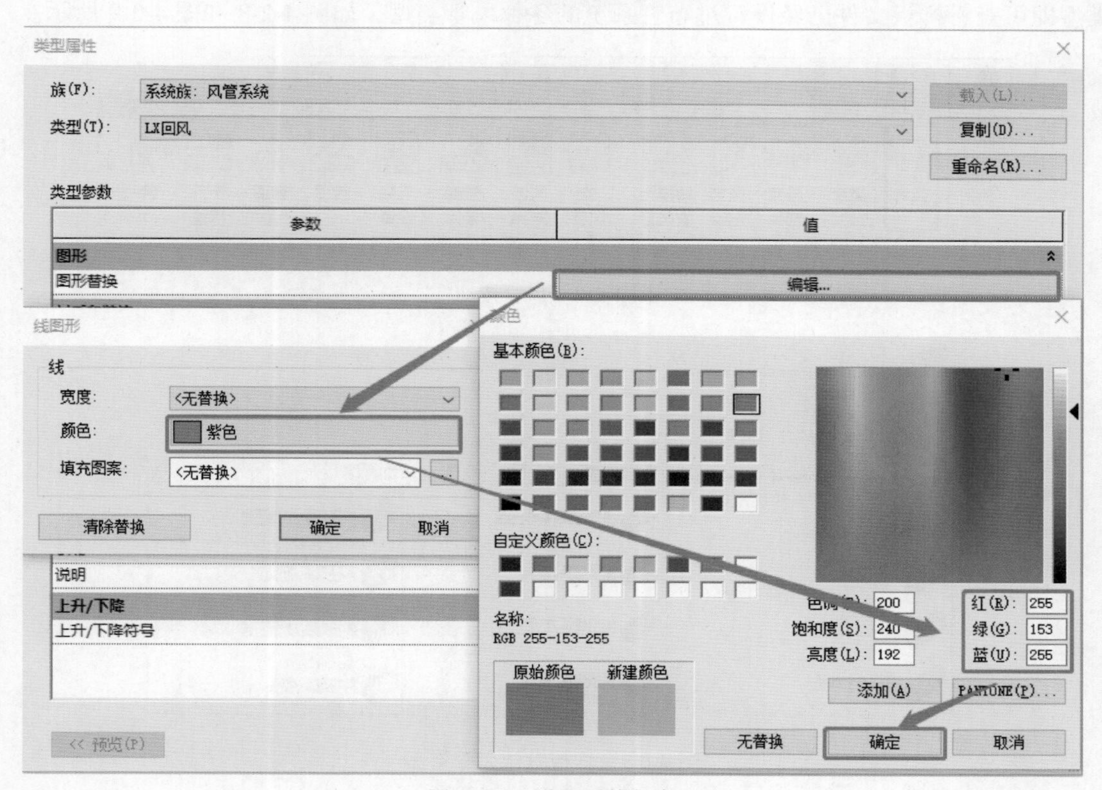

图 4-2-6 设置系统颜色

（6）单击“类型属性”面板中材质一栏后右上角的“...”按钮，对该系统风管的材质进行设置，设置完成后新的风管系统就添加好了，如图 4-2-7 所示。

参数	值
图形	
图形替换	编辑...
材质和装饰	
材质	<按类别>
机械	
计算	全部
系统分类	回风
标识数据	
类型图像	
编号	
类型注释	
URL	
说明	
上升/下降	
上升/下降符号	斜线

图 4-2-7　设置材质

2. 风管布管系统的配置

在机械样板中默认的风管有三种类型，分别是圆形风管、椭圆形风管和矩形风管。单击“系统”选项卡下的“风管”（快捷键 < DT >）命令，在左侧的属性栏最上方单击当前风管类型即可查看样板文件已经设置过布管系统的各种风管类型，如图 4-2-8 和图 4-2-9 所示。

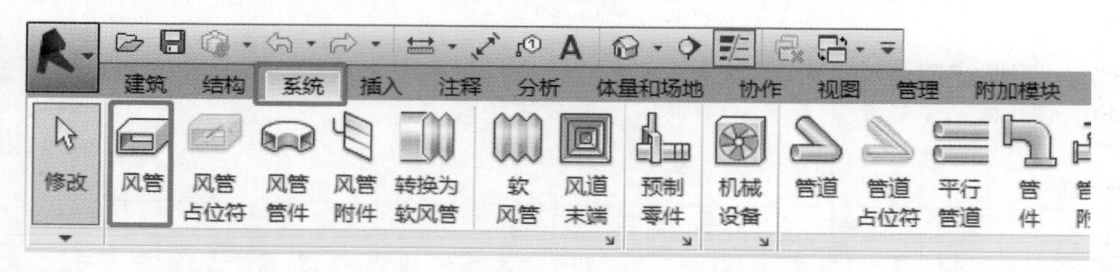

图 4-2-8　风管按钮

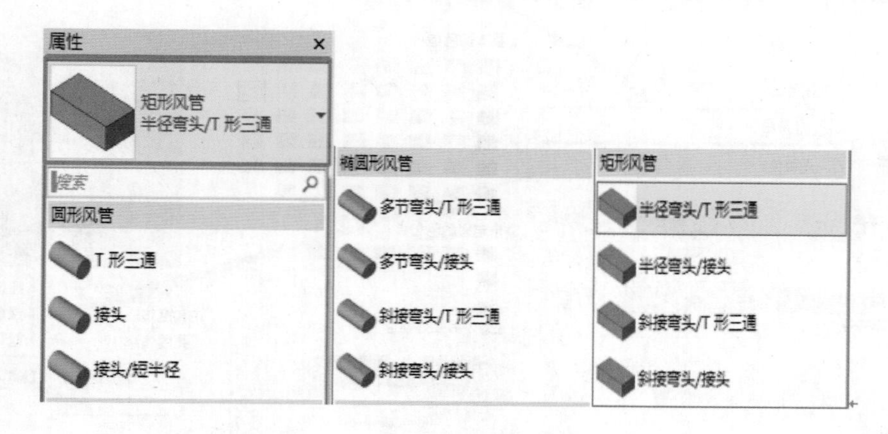

图 4-2-9　样板默认风管类型

以矩形风管中的四类为例，主要区别是弯头和三通连接件的管件不同，如图4-2-10所示。

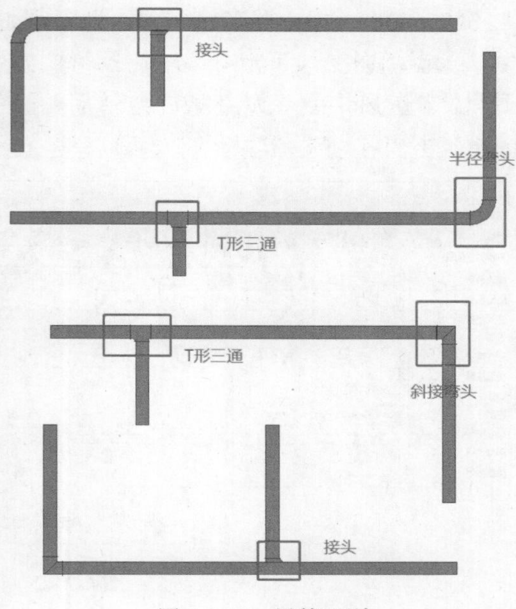

图4-2-10 风管区别

在项目中开始绘制风管前，应当为将放置的风管类型指定布管系统配置以匹配实际的项目，具体步骤如下：

（1）首先根据项目中风管的外形选择一个类型的风管。这里选择矩形风管下的任一种类，然后单击“编辑类型”，在弹出的类型属性面板中单击“复制”，新建一个风管类型并命名为“lx矩形风管”，如图4-2-11所示。

（2）单击“布管系统配置”右边的“编辑”按钮，在弹出的“布管系统配置”面板中对该类型的风管构件进行设置，在Revit 2016中风管的管件主要分为以下六类：弯头、连接（三通）、四通、过渡件、接头、偏移，如图4-2-12所示。

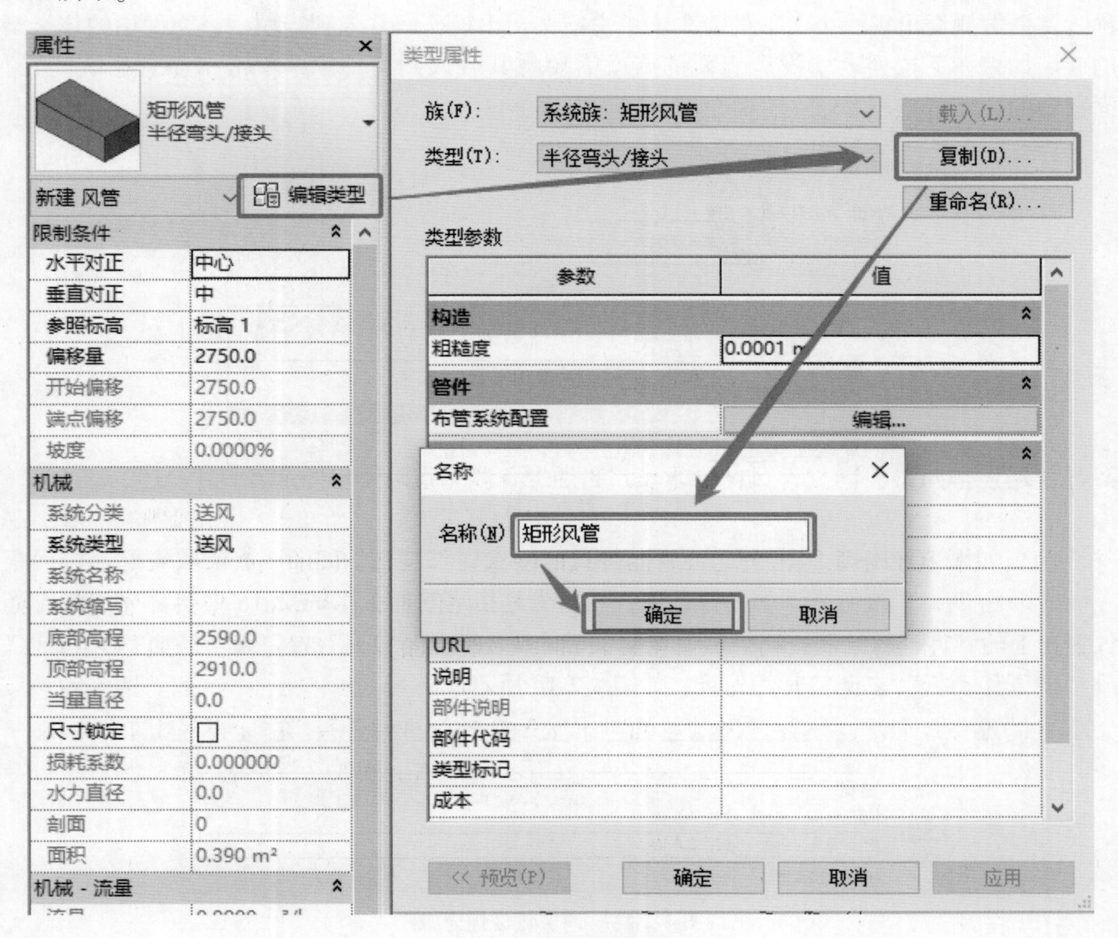

图4-2-11 新建风管类型

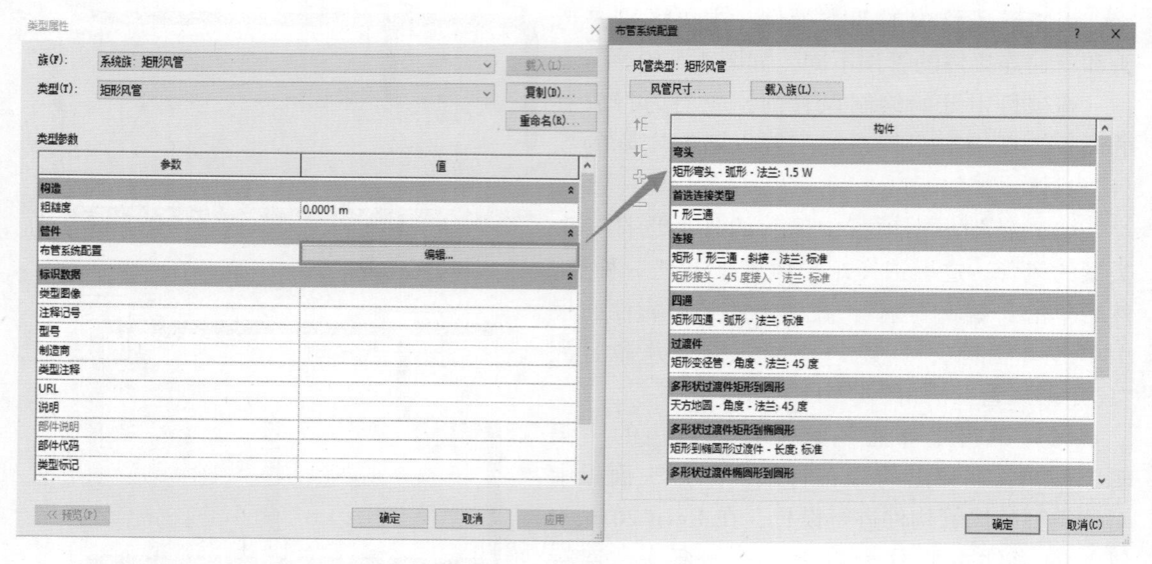

图 4-2-12　风管布管系统配置

（3）构件列表中显示的是当前风管系统使用的构件类型，单击想要修改类型的构件名称，其最右侧会出现一个向下的箭头，单击箭头会出现已经载入到当前项目文件中的该类型的族。如果在下拉列表中没有想要的族就需要将其载入到文件中，单击“布管系统配置”面板中的“载入族（L）...”命令即可，如图 4-2-13 所示。

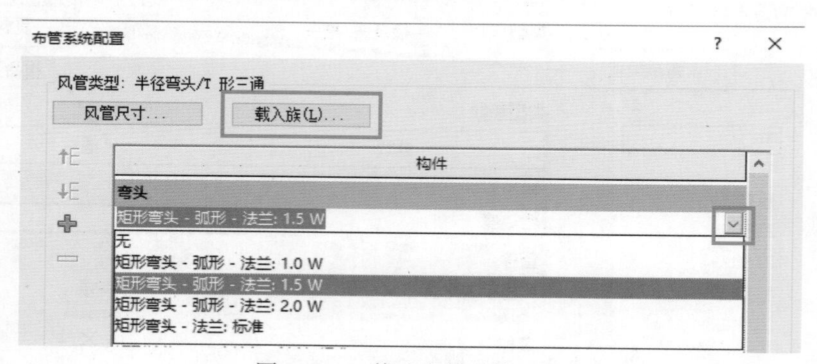

图 4-2-13　修改布管系统配置

（4）如果一种连接类型需要有多种规格管件来选择时可以单击“布管系统配置”面板左侧的绿色“ + ”按钮来添加一行选项，然后为其指定管件，Revit 2016 中会优先选择排列位置在上的管件进行绘制，如果需要调整关键的优先级可以使用“ + ”上的“向上移动行”或“向下移动行”来调整其优先级，如图 4-2-14 所示。

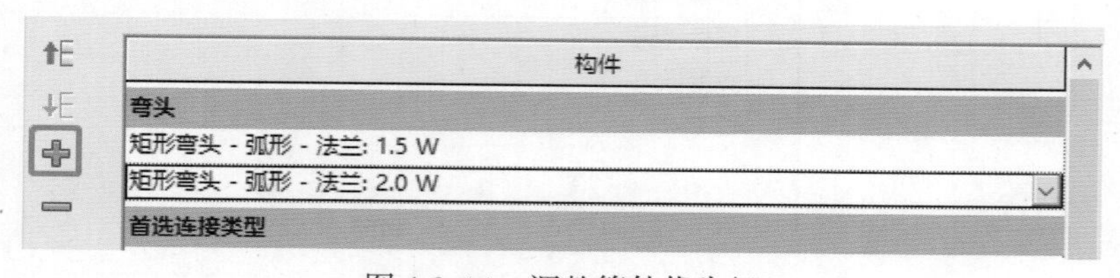

图 4-2-14　调整管件优先级

（5）对全部类型管件设置完成后分别依次单击“布管系统配置”面板下的“确定”和“类型属性”面板下的“确定”即可将相应设置保存到新的管件类型中。

3. 风管的机械设置

（1）在“布管系统配置”面板“载入族（L）...”按钮左边有一个“风管尺寸”按钮，单击这个按钮即可进入风管的机械设置界面，同样在“管理”选项卡，单击“MEP 设置”→“机械设置”（快捷键 <MS>），如图 4-2-15 所示。

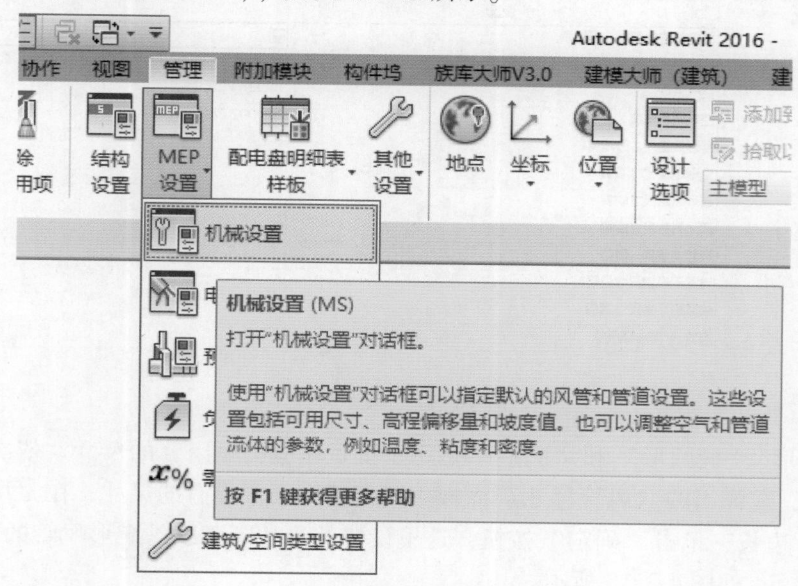

图 4-2-15　机械设置

（2）弹出的“机械设置”对话框可以指定默认的风管和管道设置。这些设置包括可使用尺寸、高程偏移量和坡度值，也可以调整空气和管道流体的参数，例如温度、黏度和密度等。在“机械设置”对话框中，可以看到一共分有三大类，分别是“隐藏线”“风管设置”“管道设置”，其中“隐藏线”是对电气项目中隐藏线的样式进行设置的。“绘制 MEP 隐藏线”用于设置是否按为隐藏线所指定的线样式和间隙来绘制电缆桥架和线管；“线样式”用于设置桥架段交叉点处隐藏段的线样式；“内部间隙”用于设置交叉段内显示的线的间隙；“外部间隙”用于设置交叉段外部显示的线的间隙；“单线”是用于指定段交叉位置处单隐藏线的间隙，如图 4-2-16 所示。

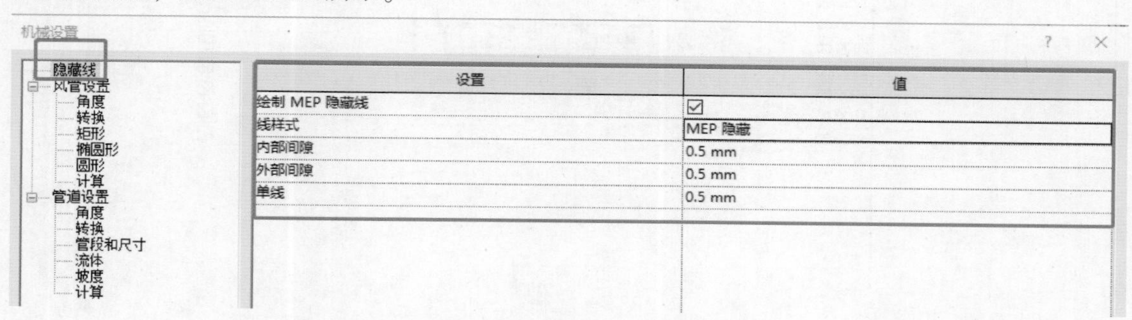

图 4-2-16　机械设置——隐藏线

（3）单击“风管设置”，左侧窗口将显示所有风管系统共用的一组参数，用于设置各种风管类型、尺寸和设置，如图 4-2-17 所示。“风管设置”下级中的“角度”用于添加或修改风管时将使用的管件角度；“转换”用于设置各个系统分类中干管和支管的风管类型和偏移，支管设置中还有软风管的类型和最大长度设置。

机械设置

隐藏线
风管设置
角度
转换
矩形
椭圆形
圆形
计算
管道设置
角度
转换
管段和尺寸
流体
坡度
计算

设置	值
为单线管件使用注释比例	☑
风管管件注释尺寸	3.0 mm
空气密度	1.2026 kg/m³
空气动态粘度	0.00002 Pa-s
矩形风管尺寸分隔符	x
矩形风管尺寸后缀	
圆形风管尺寸前缀	
圆形风管尺寸后缀	ø
风管连接件分隔符	-
椭圆形风管尺寸分隔符	/
椭圆形风管尺寸后缀	
风管升/降注释尺寸	3.0 mm

图 4-2-17 风管设置

（4）“矩形”“椭圆形”和“圆形”是用于设置相应类型风管的尺寸。依次单击“矩形→新建尺寸”，在弹出的“风管尺寸”面板中可创建列表中没有的尺寸，在“风管尺寸”面板中输入风管边长，单击“确定”按钮，这里设置的尺寸既可以是矩形风管的“高度”，也可以是“宽度”，如图 4-2-18 所示。

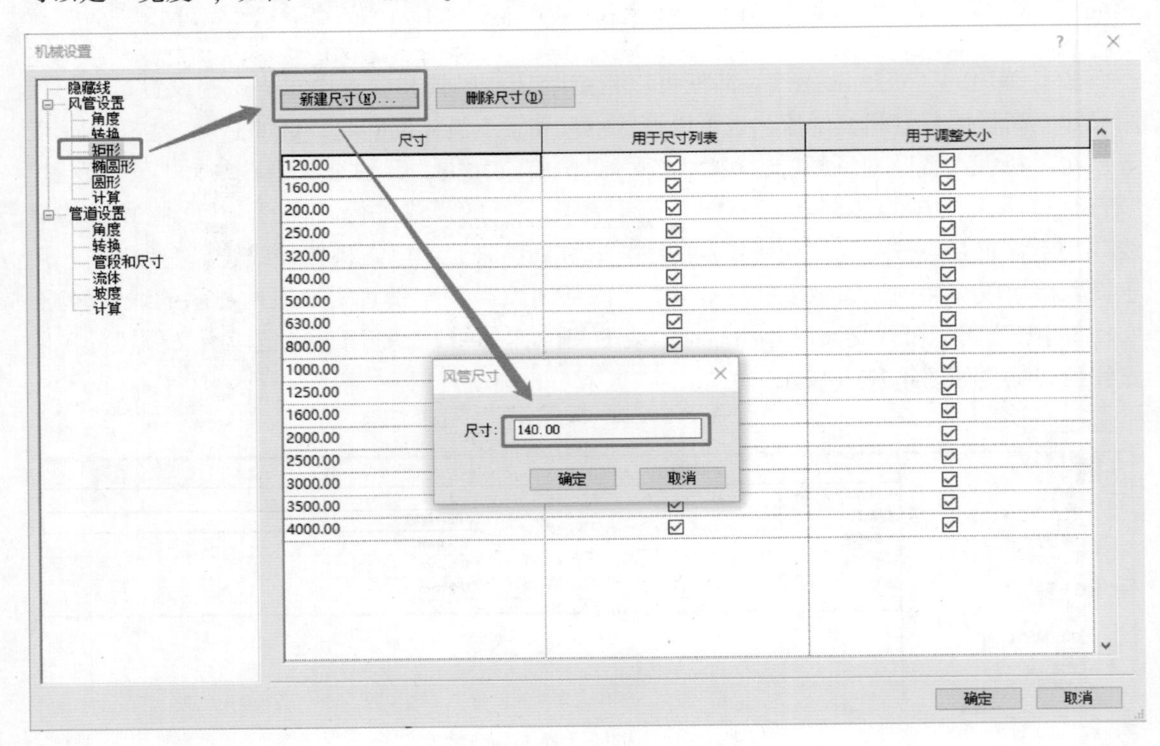

图 4-2-18 添加风管尺寸

（5）实际项目中可以选择不需要的尺寸，单击“删除尺寸（D）”。在弹出的“删除设置”面板中单击“是”，如图4-2-19所示。

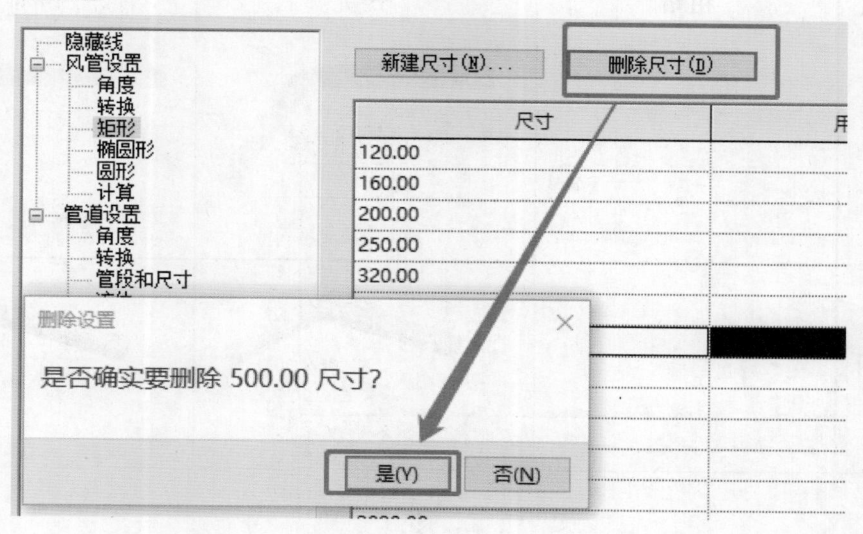

图4-2-19 删除尺寸

（6）重复以上步骤直至设置完所有需要使用到的尺寸。如果选择“风管设置”下的其他类型即可对其他参数进行编辑。其中，“用于尺寸列表”选项是指勾选其后该尺寸会出现在风管的尺寸下拉列表中可供选择，而未勾选只能通过输入该尺寸进行设置“高度”和“宽度”；“用于调整大小”选项未勾选时该尺寸将不能用于调整大小的算法。

4. 风管的显示

（1）细线。“视图”选项卡中的“细线（快捷键<TL>）”按钮会影响所有视图中图元轮廓线的表现情况，但不影响打印或打印预览，激活与未激活该功能如图4-2-20所示。

图4-2-20 激活“细线”与未激活“细线”

（2）详细程度和视觉样式。在整个绘图区域的左下角视图控制栏中单击“详细程度”，弹出列表显示可以选择“粗略”“中等”或“精细”三种不同的详细程度，如图4-2-21所示。

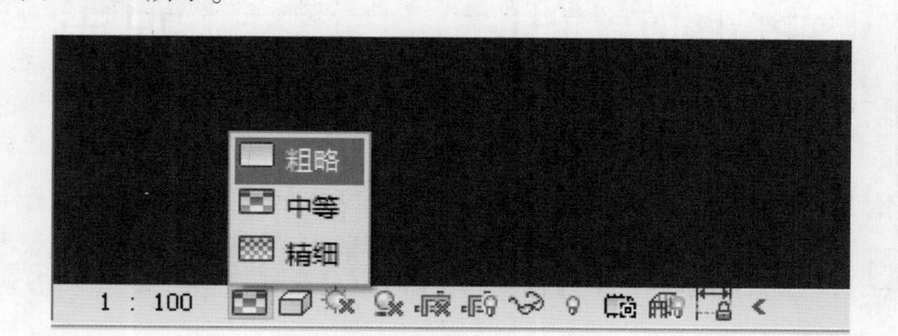

图4-2-21 详细程度

通过选择不同的详细程度，可以直观地发现风管及其管件在三维和二维（平面）视图中的不同显示情况，如图 4-2-22 所示

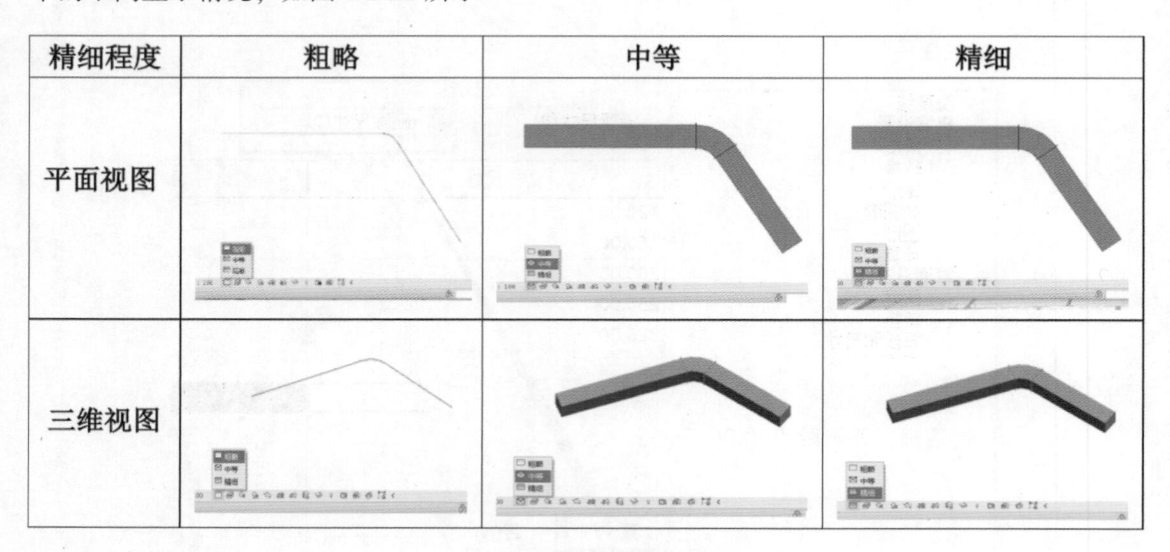

图 4-2-22　精细程度对比

4.2.2　风管模型的创建

1. 风管的绘制

将处理好的图纸链接到复制好标高、轴网的文件中，确保图纸与轴网对齐后锁定图纸就可以开始风管模型的绘制。

（1）在项目浏览器中依次双击“视图（专业）→机械→暖通”中的“7F”（七层），将视图平面切换到对应平面。单击“系统”选项卡下的“HVAC”面板中的“风管（快捷键 <DT>）”按钮，在属性栏中选择已经配置好的风管类型，如图 4-2-23 所示。

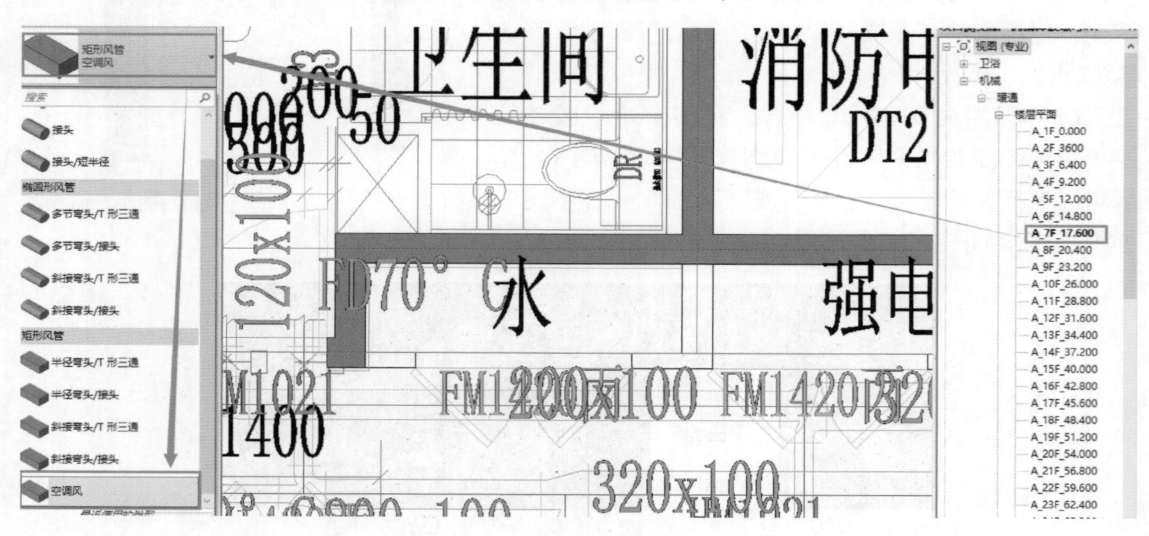

图 4-2-23　选择风管类型

（2）设置风管系统。在属性栏中“机械”类别下，为风管设置对应的“系统类型”，此处为“lx 排风”，如图 4-2-24 所示。

机械	
系统分类	排风
系统类型	lx排风
系统名称	lx回风
系统缩写	lx排风
底部高程	回风
顶部高程	排风
当量直径	送风
尺寸锁定	□
损耗系数	0.000000
水力直径	0.0
剖面	0
面积	0.390 m²
机械 - 流量	

图 4-2-24　修改系统类型

（3）根据图纸上表明的风管尺寸在“修改 | 放置风管”选项卡下的“宽度”和“高度”下拉列表中选择要用的尺寸选择“风管尺寸”，如图 4-2-25 所示。

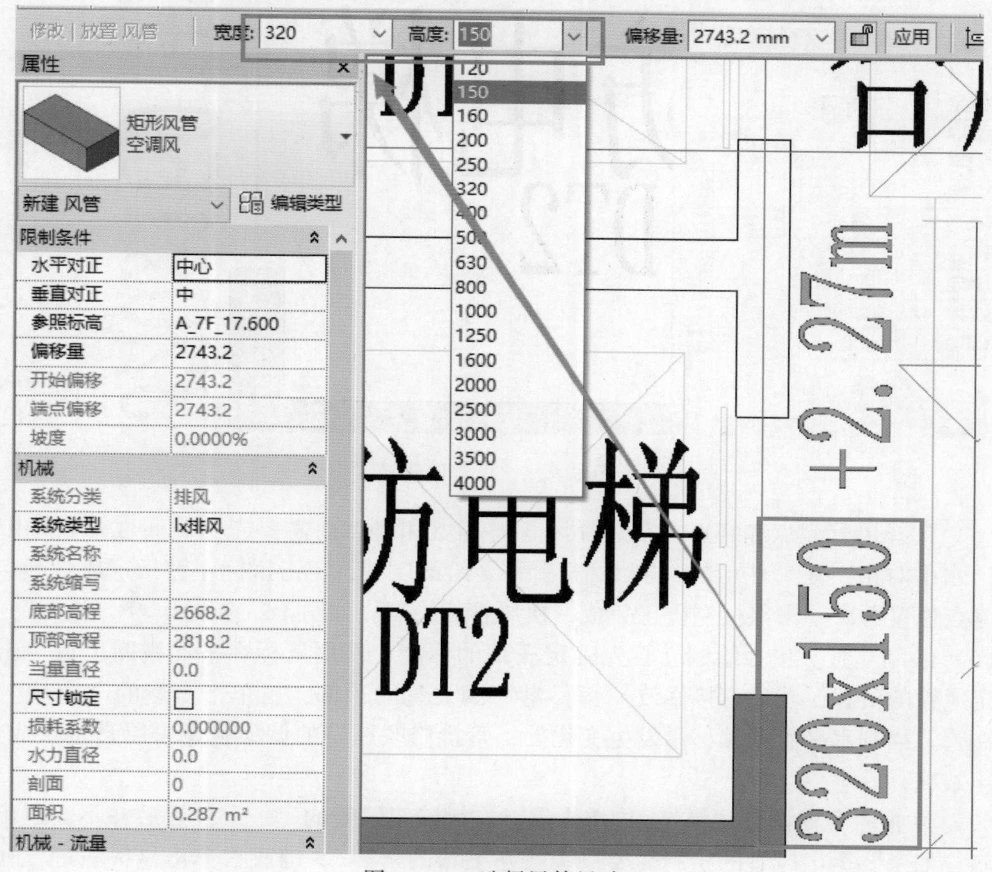

图 4-2-25　选择风管尺寸

（4）设置风管偏移量。设置风管的偏移量之前首先要明白属性列表中限制条件内的“垂直对正”“参照标高”和“偏移量”之间的关系，“垂直对正”是指设置当风管在竖直方向上发生高度变化时以风管的“中心”“顶”或“底”为参照且风管的对齐方式也以“中心”“顶”或“底”为准；“参照标高”是指“偏移量”是以这个标高为参照进行偏移的，“偏移量”的值应等于“参照标高”到该风管的“垂直对正”的参照之间的距离的值，如图 4-2-26 所示。

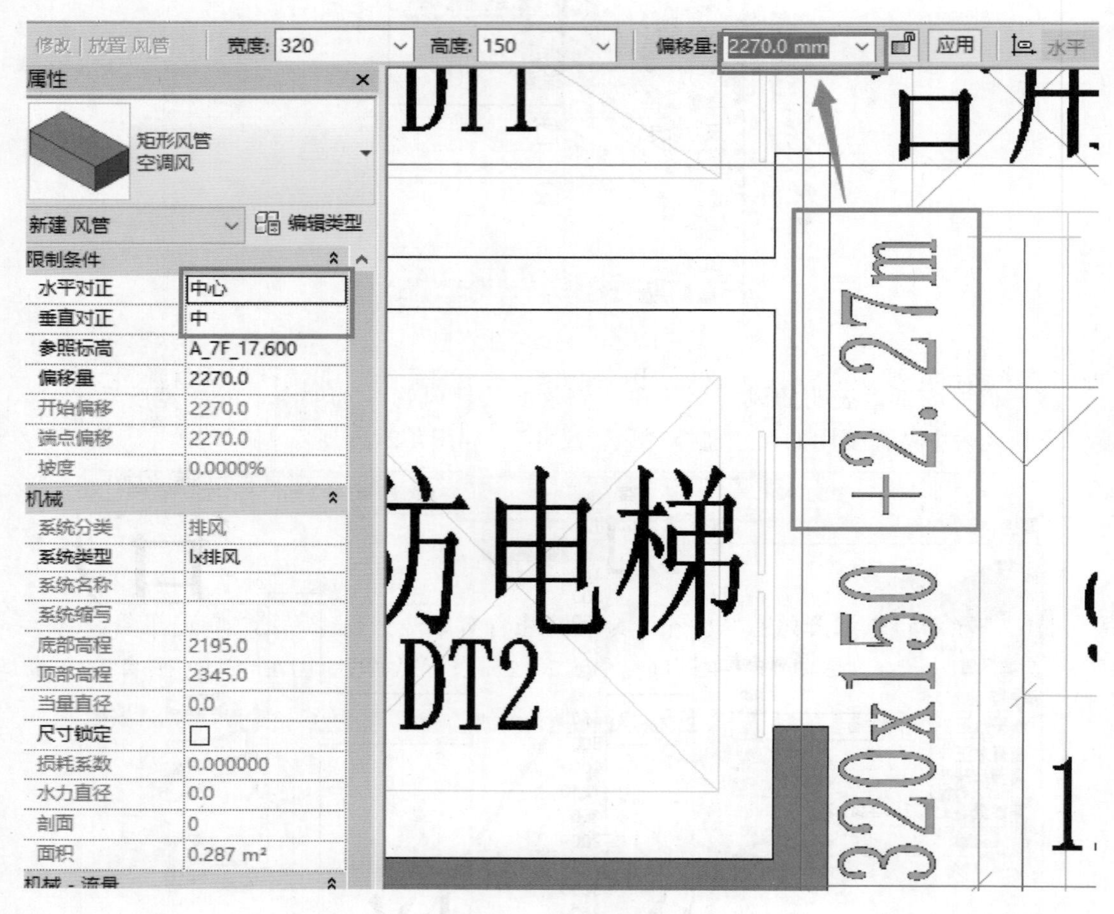

图 4-2-26　设置偏移量

（5）选择风管起点和终点。在选择风管的起点和终点前需要先明确属性列表中限制条件的“水平对正”是“中心”，将鼠标指针移至绘图区域，单击鼠标左键指定风管起点，移动至终点位置再次单击鼠标左键，完成一次风管的绘制，如图 4-2-27 所示。

（6）绘制立管。单独绘制立管先确定底部的标高，使用鼠标在平面视图上以单击的形式确定风管的位置，然后直接修改“偏移量”到立管的顶部，再单击右侧的“应用”即可生成立管。绘制水平管到偏移量发生变化处，直接修改风管的偏移量也可以直接生成立管，如图 4-2-28 所示。

（7）风管命令默认有“链”，即单击鼠标左键确定风管的下一个位置后并不会退出风管的绘制，如果要退出风管的绘制需要按键盘左上角的 < Esc > 键或者单击鼠标右键，在弹出的快捷菜单中选择“取消”命令，退出该段风管的绘制。重复上述操作退出风管绘制命令。

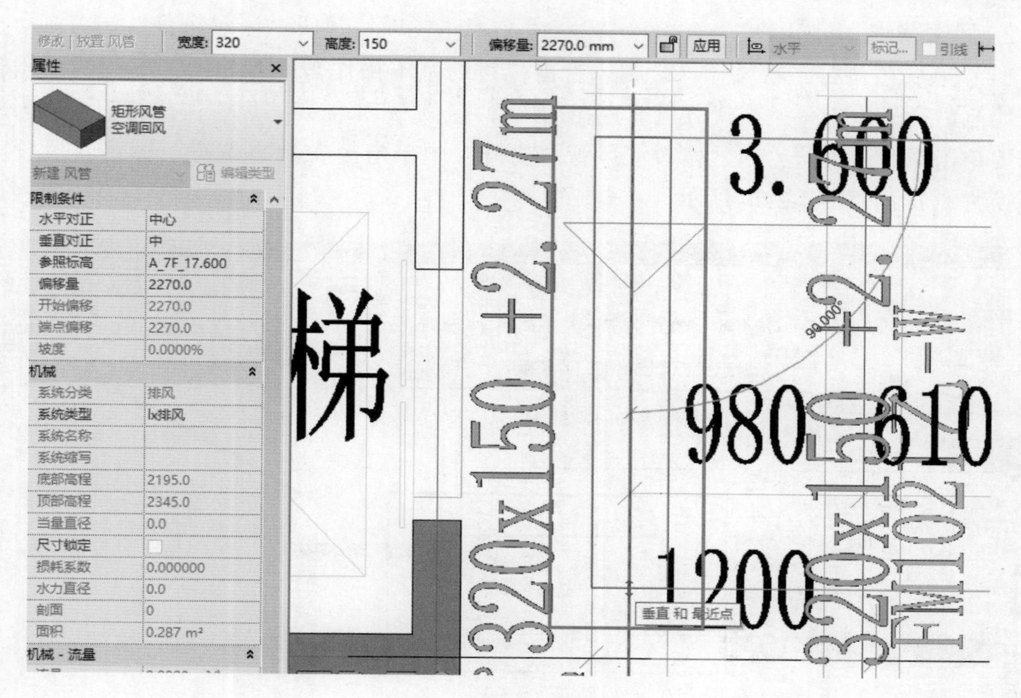

图 4-2-27 风管绘制

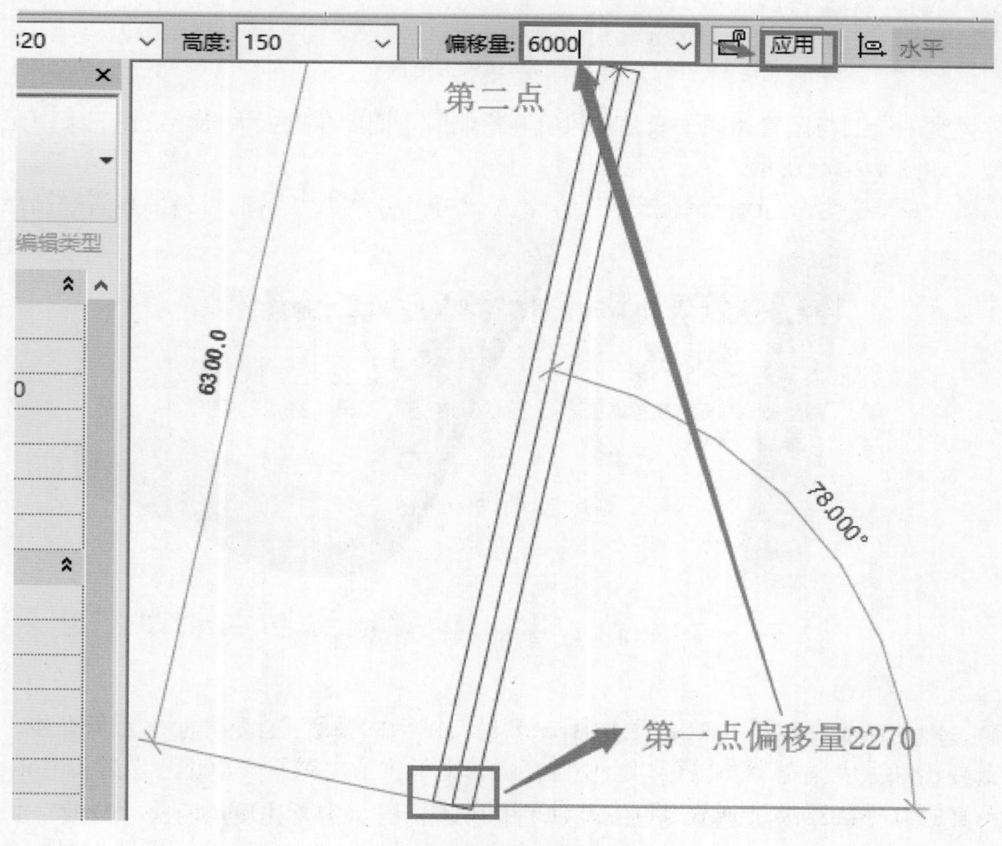

图 4-2-28 绘制立管

2. 风管编辑

（1）风管占位符、软风管。绘制风管占位符的基本操作与风管相同，不同的是风管占位符绘制后会显示出一条线代表可能存在的风管路径，如果需要将风管占位符转换成为风管则需要单击风管占位符，在“修改 | 风管占位符”中单击“转换占位符”即可将风管占位符转换为风管，如图 4-2-29 所示。

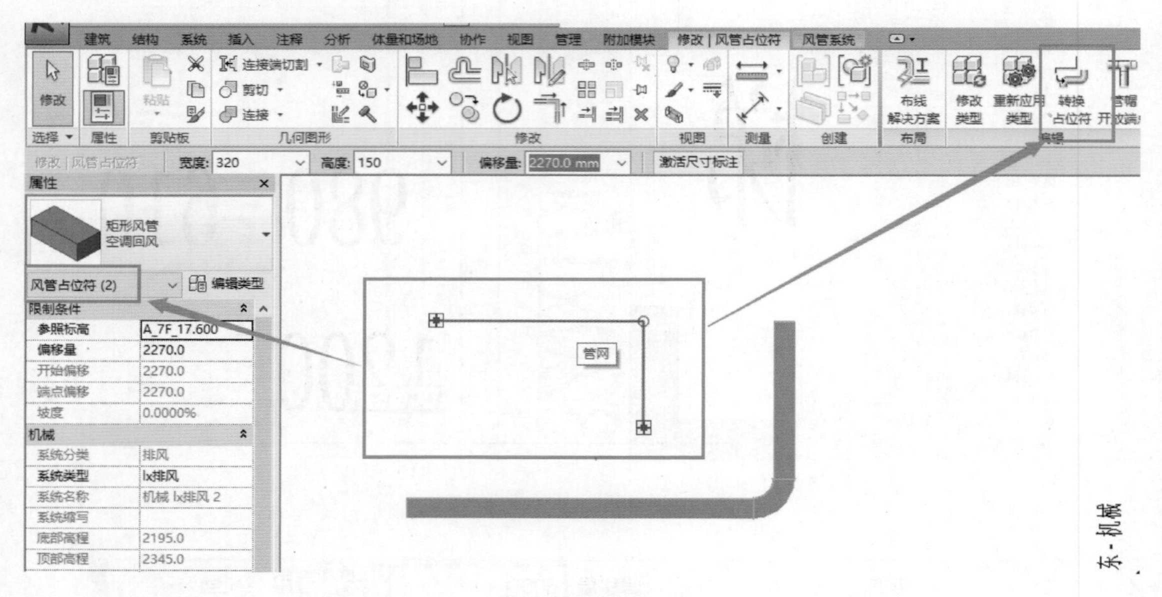

图 4-2-29　风管占位符

软风管的绘制与风管相同，只是软风管在绘制时弯曲的角度太大会导致在三维中无法生成模型，如图 4-2-30 所示。

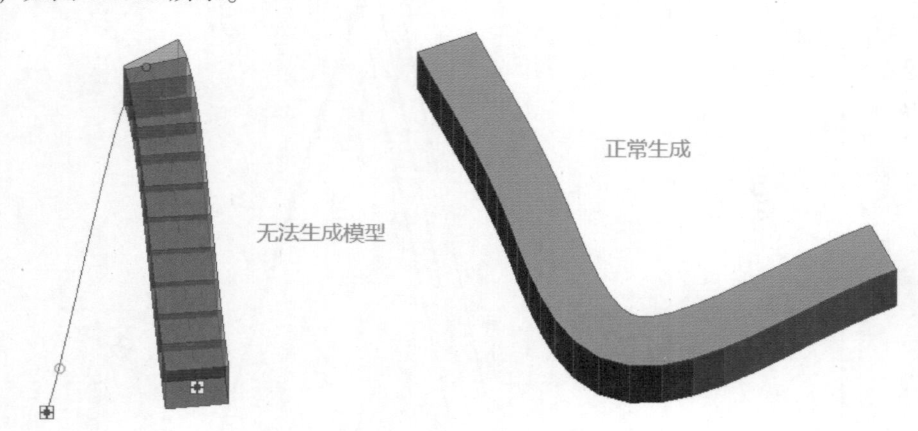

图 4-2-30　软风管的三维视图

（2）风管翻弯。

1）绘制风管时翻弯。与绘制立管时的方法一样，通过修改偏移量即可实现翻弯，效果如图 4-2-31 所示。

2）绘制后编辑。对已经画好的风管进行修改翻弯时，需要先使用两次“修改”选项卡下的“拆分（快捷键 <SL>）”命令，对风管需要翻弯处拆出一个空位，用鼠标左键单击选

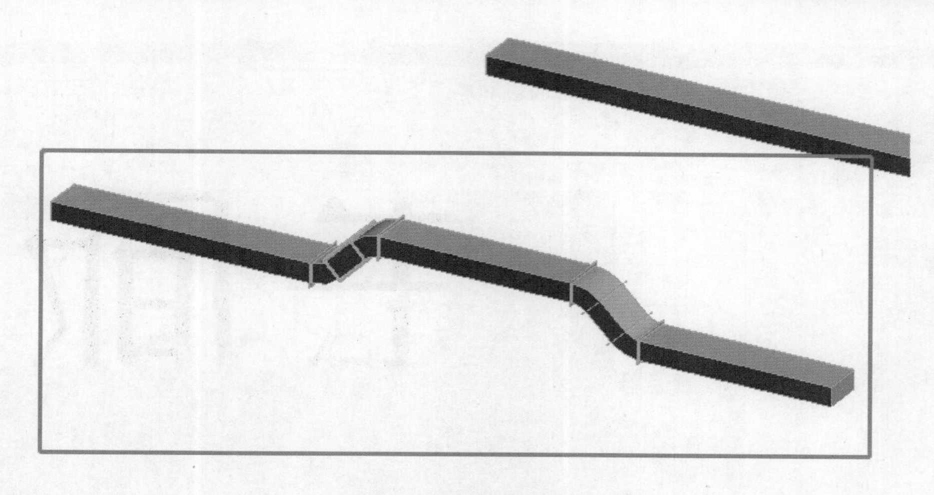

图 4-2-31 风管翻弯

择一侧的风管，在这个风管断开处出现的“ ”上单击鼠标右键，在弹出的选项栏中选择绘制风管，修改“偏移量”最终连接到另一侧风管即可完成翻弯，如果配置了接头会在打断处自动生成接头，需要删除后才能继续绘制，如图 4-2-32 所示。

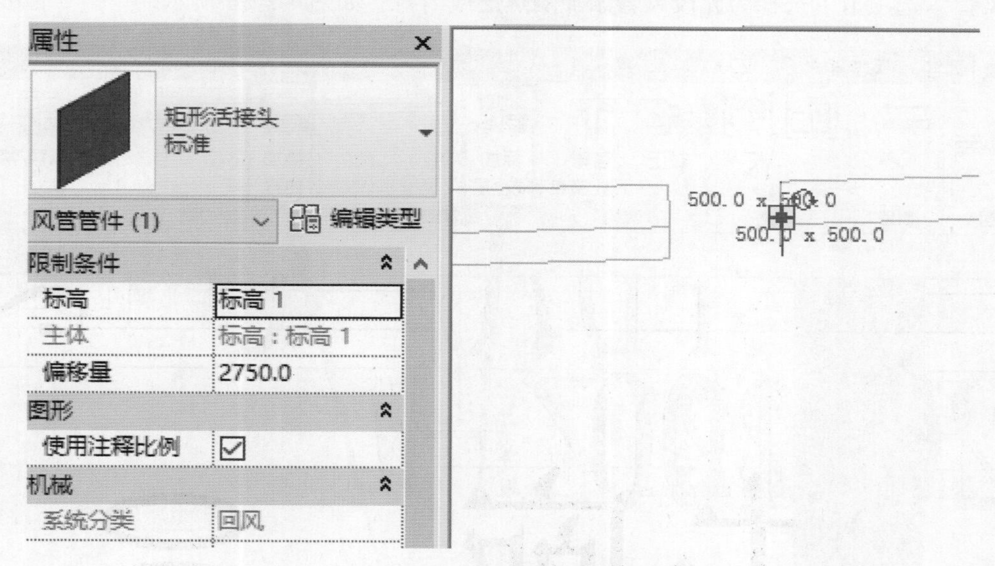

图 4-2-32 绘制风管后翻弯

3）自动连接。绘制风管时，“修改 | 放置风管”选项卡中的“自动连接”一般是默认选择的，此时绘制的风管相交时会自动生成“三通”或“四通”等连接件，如果需要使风管在相交时不自动生成连接件，则取消“自动连接”的选项即可，如图 4-2-33 所示。

4）继承高程、继承大小。绘制风管时，单击“修改 | 放置风管”选项卡中的“继承高程”或“继承大小”会自动继承捕捉到的风管的高程或大小。

5）添加隔热层和内衬。实际项目中有些风管会设置有隔热层或内衬，而 Revit 2016 中也提供了为风管添加隔热层或内衬的功能，添加隔热层和内衬步骤如下：

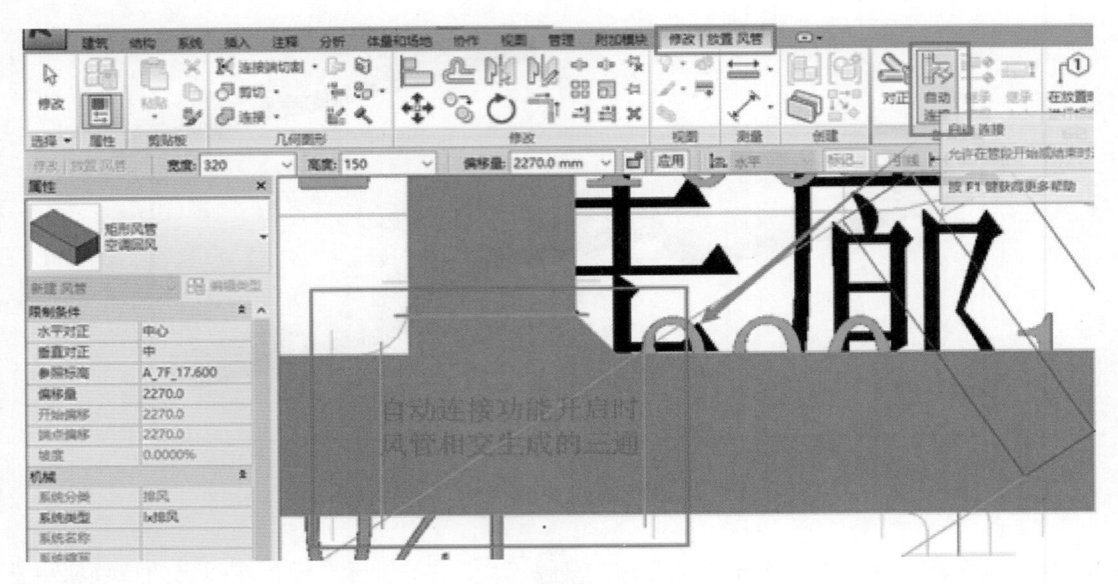

图 4-2-33 自动连接

①将鼠标指向一段风管或指向风管后配合 <Tab> 键选择整段风管，选择风管后在“修改 | 风管”选项卡下选择为此段风管添加隔热层或内衬，如图 4-2-34 所示。

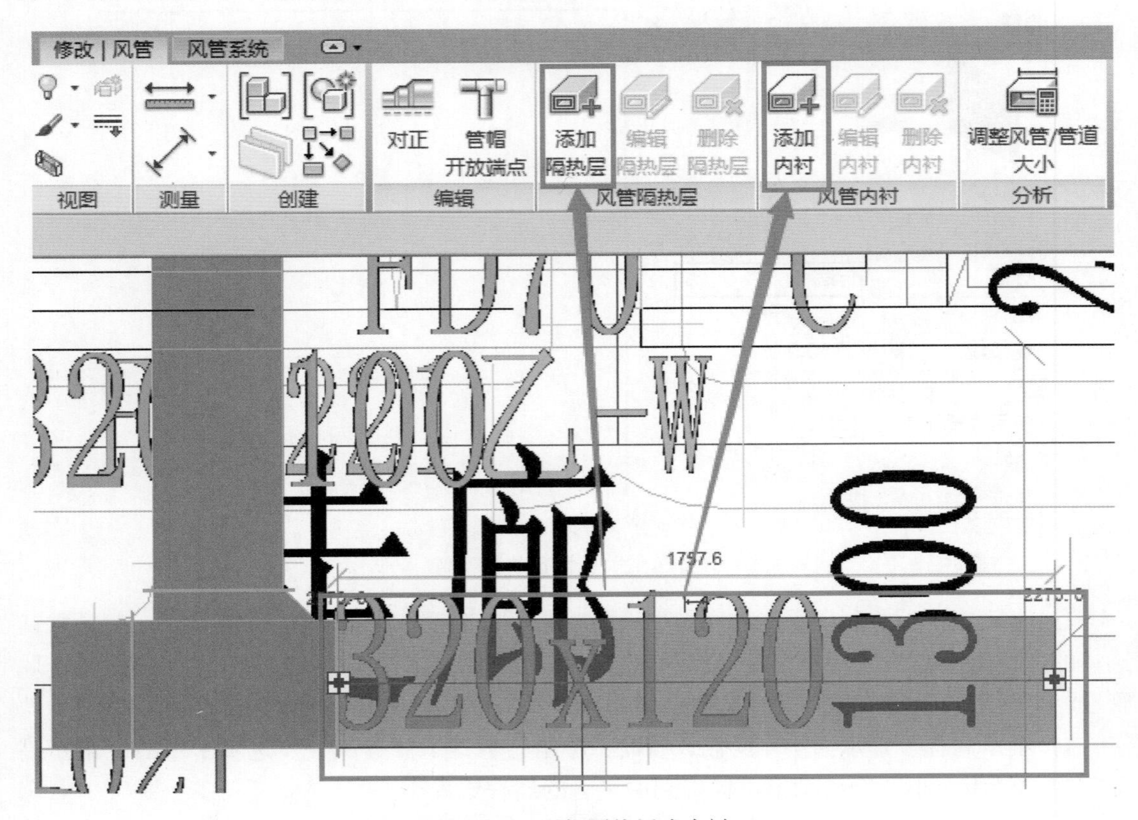

图 4-2-34 添加隔热层或内衬

②在弹出的面板中设置要添加的隔热层或内衬的隔热层类型和厚度，如图 4-2-35 所示。

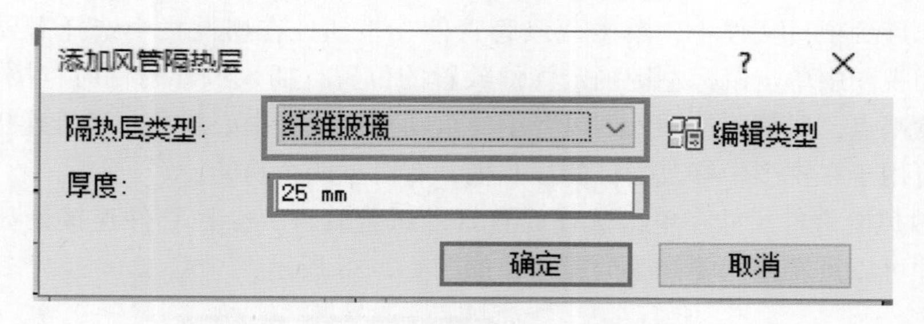

图 4-2-35　设置隔热层类型和厚度

③单击弹出面板中隔热层类型后的“编辑类型”按钮可对材质进行新建或修改，如图4-2-36所示，内衬的材质还可以修改粗糙度。

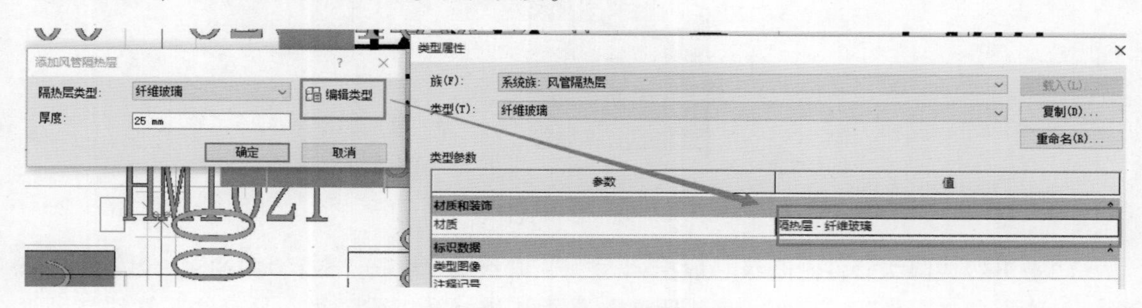

图 4-2-36　隔热层材质的设置

④对隔热层类型和厚度设置好后单击“确定”按钮系统就会为所选风管生成设置好的隔热层或内衬。

⑤对已经生成隔热层或内衬的风管修改时方法与添加类似，选择风管后在功能区“修改｜风管”中选择“编辑”或“删除”即可，如图4-2-37所示。

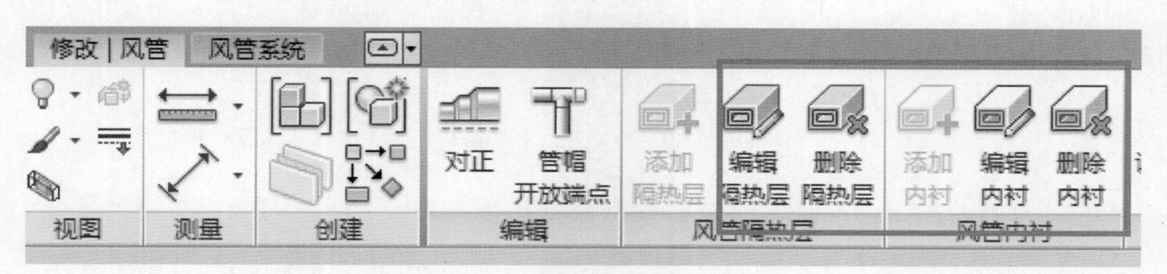

图 4-2-37　编辑或删除隔热层、内衬

4.2.3　风管管件、附件

风管管件和附件都是载入族，可以自定义创建族再载入到项目中。风管管件类型包括：弯头、三通、四通、过渡件和管帽，“布管系统配置”中构件都属于管件。风管附件包括：风阀、风口、过滤器、静压箱和消声器等。本节将介绍风管系统中添加管件和附件以及相关操作。

1. 风管管件

风管管件主要包括弯头、三通、四通、过渡件等构件，可以使用系统提供的也可以根据实际情况载入族到项目文件中，单击“风管管件”按钮，在属性栏中选择需要放置的风管管件，在平面视图中单击鼠标左键确定管件放置的位置，插入风管附件时，按 <Spacebar> 键可切换放置基点，风管附件插入到风管中将自动捕捉风管中心线并与风管连接。风管管件提供了一组可用于在视图中修改管件的控制柄，有以下四个功能：

（1）修改风管管件尺寸。单击选择放置好的风管管件，会在管件连接处显示接口的尺寸，单击尺寸可以重新输入要修改的尺寸，如图 4-2-38 所示

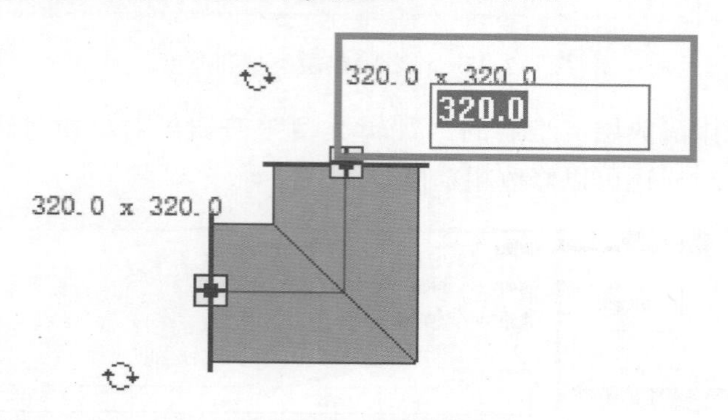

图 4-2-38　修改管件尺寸

（2）升级或降级管件。升级一般指“弯头”升级为“三通”或“四通”，反之就是降级，单独一个“弯头”“三通”或“四通”都无法进行升级或降级，只有这些管件与风管相连并符合条件件时才可以通过控制柄对管件进行升级或者降级，以“三通”为例，“三通”只有在连接了两个风管时可以降级为“弯头”，连接了三个风管时可以将“三通”升级为“四通”。单击选择符合条件的“三通”，会出现蓝色的“+”或“-”符号，单击相应符号即可完成“升级”或“降级”，如图 4-2-39 所示。

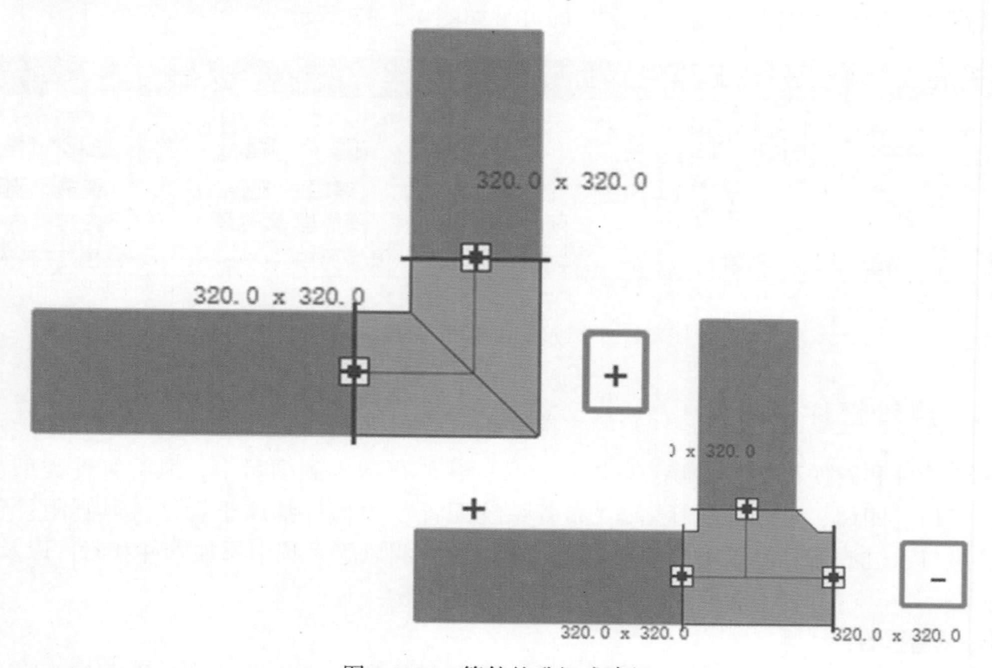

图 4-2-39　管件的升级或降级

（3）旋转管件。选择一个单独的管件，单击“⟳”可使管件旋转90°，调整到合适的方向，如图4-2-40所示。

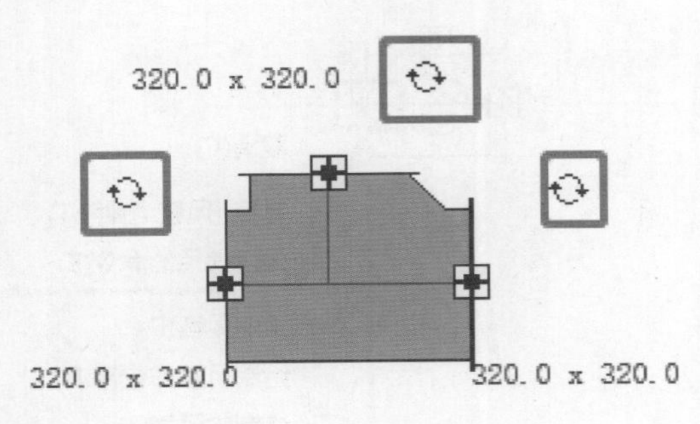

图4-2-40　旋转管件

（4）翻转管件。选择一个单独的管件，单击“⇆”可使管件在水平或垂直方向旋转180°，如图4-2-41所示。

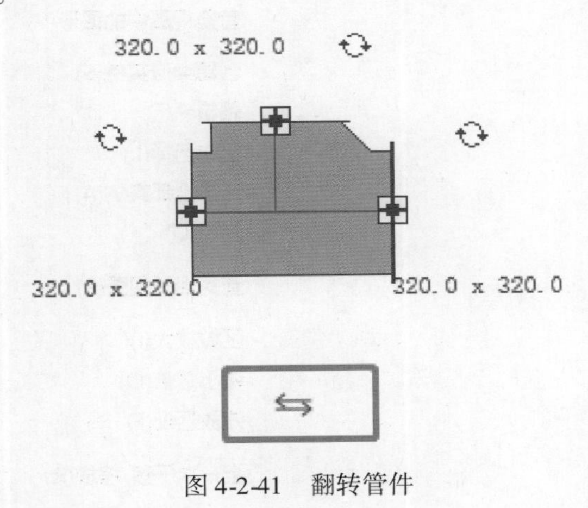

图4-2-41　翻转管件

2. 风管附件

Revit 2016自带的风管项目样板中只载入了一个风管附件，可以通过载入族的方式载入新的风管附件，与风管管件的放置与使用方式方法一致，将附件放在管道上会自动连接，单独放置时选择附件，用鼠标右键单击“⊞”符号在弹出的列表中可以选择要绘制的类型，如图4-2-42所示。

4.2.4　风道末端与转换为软风管

1. 风道末端

通过风道末端命令可以为风道设置格栅、散流器、送风口和回风口等设备，具体步骤如下：

（1）打开已经绘制好风道的平面视图，单击“系统→HVAC→风管末端（快捷键<AT>）”，如图4-2-43所示。

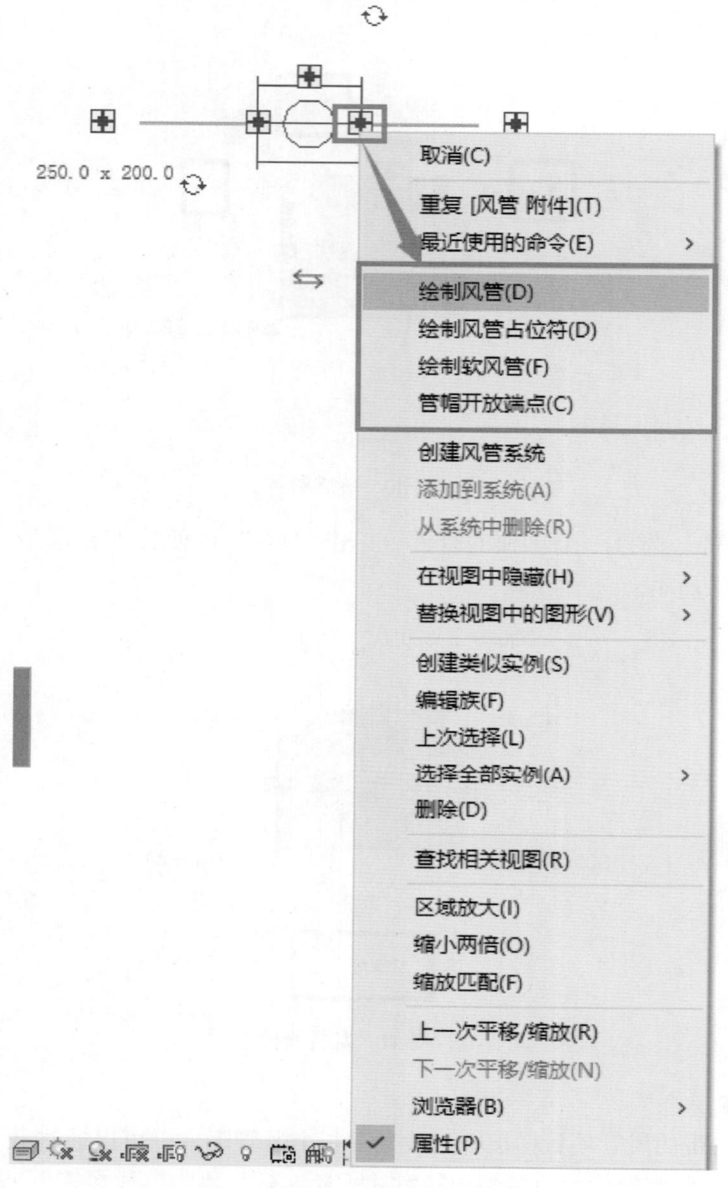

图 4-2-42　为风管附件绘制风管

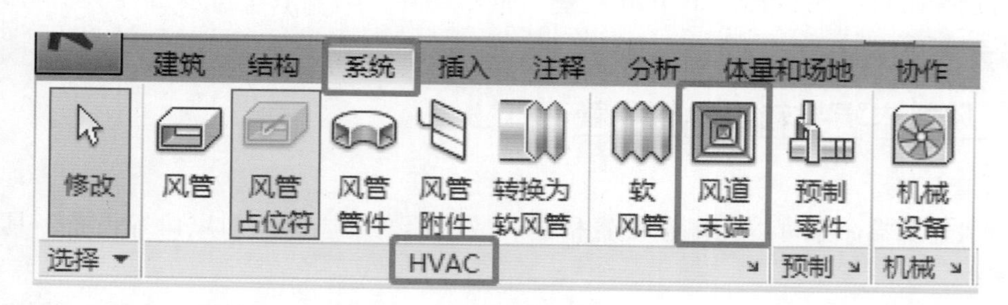

图 4-2-43　风道末端

（2）单击“风道末端”，在属性栏中选择样板默认载入的“散流器-矩形（360×240）”，设置偏移量，单击鼠标左键以确定放置的平面位置，按<Spacebar>键可以使构件旋转。

（3）风道末端与风管之间的风管如果位置合适，系统会自动生成，如果风道末端与风管之间未自动连接则需要单击放置好的风道末端，在“修改丨风道末端”下单击“连接到”，再单击要连接的风管，如图4-2-44所示。

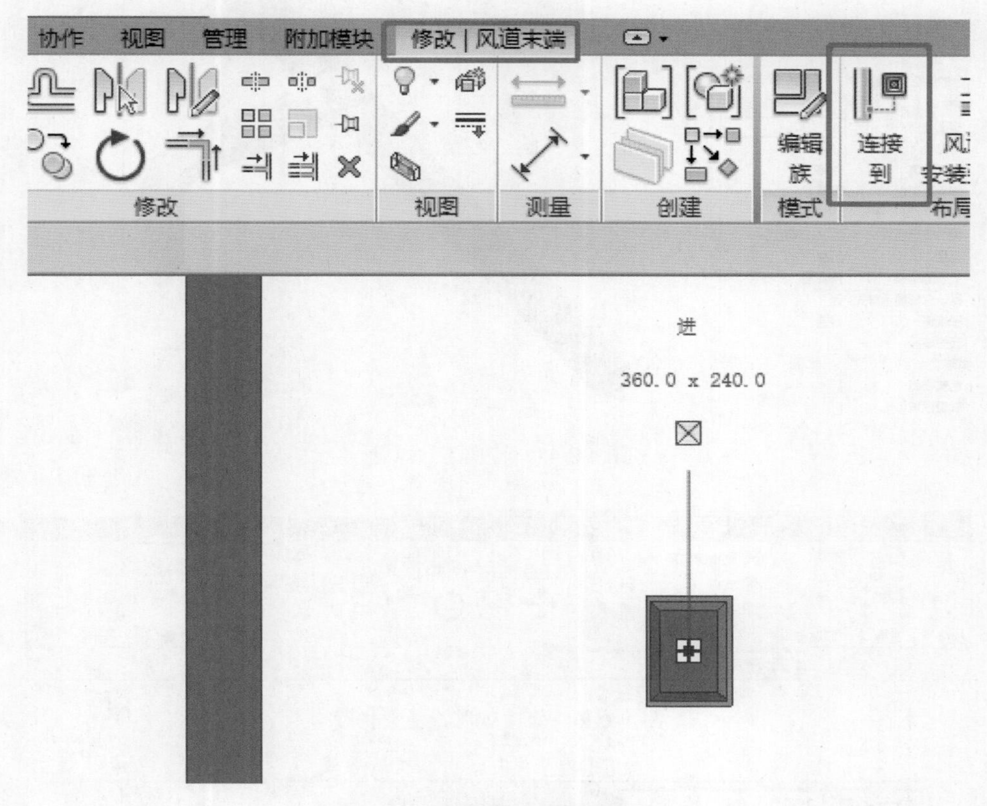

图4-2-44 风道末端连接到风管

2. 转换为软风管

Revit 2016中只有在创建了风道末端后才能将风道末端与风管之间连接的这段风管转换软风管，步骤如下：

（1）将视图切换到能同时看到风道末端和风管的视角，单击选项卡“系统”内的“转换为软风管”按钮，如图4-2-45所示。

（2）在属性栏内设置软风管的类型，同时可以按实际情况修改“选项栏”中的生成软风管的“最大长度”，如图4-2-46所示。

（3）单击风道末端，系统将自动把与风道末端相连的风管转换为软风管，且长度不会超过设置的“最大长度”，如图4-2-47所示。

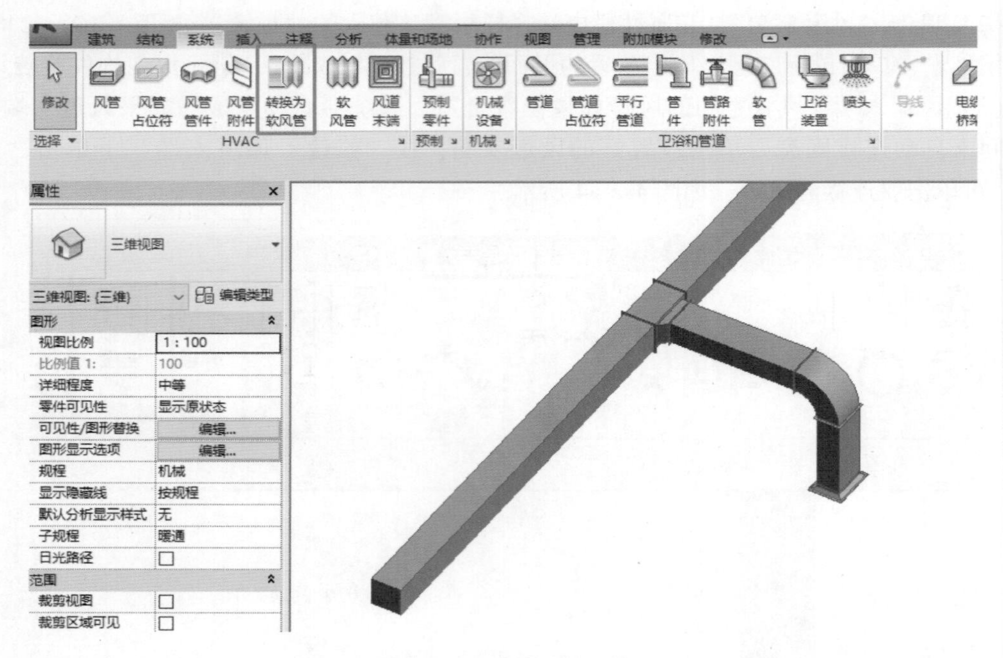

图 4-2-45　转换为软风管

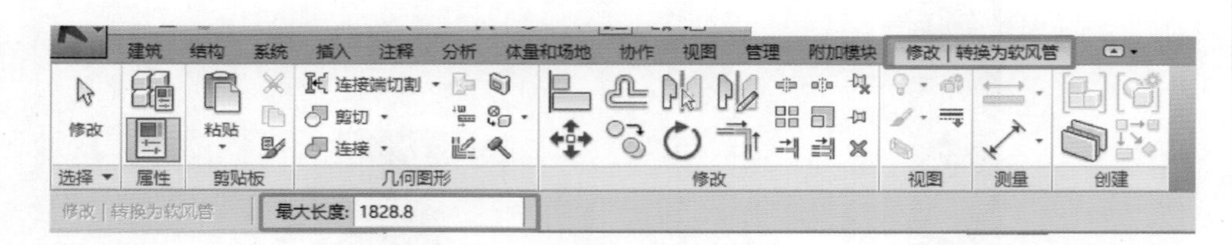

图 4-2-46　修改软风管最大长度

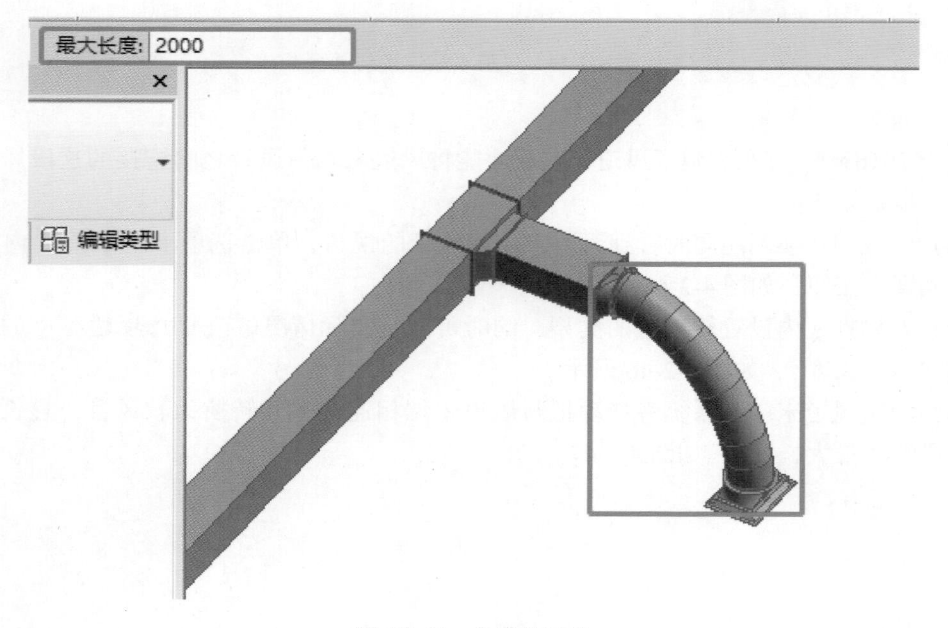

图 4-2-47　生成软风管

4.3 管道系统的创建与编辑

管道系统主要包括生活给水管、压力排水管（污水管、废水管、雨水管）、消防水管（喷淋管、消火栓管）等，在 Revit 中可以通过给管道设置不同的系统来区分管道的用途。

4.3.1 管道系统的创建

本节将开始学习如何绘制管道，在进行绘制管道前需要先了解使用的管道样板：Plumbing-DefaultCHSCHS. rte，打开管道样板后就可以从项目浏览器中看到只有一种“卫浴”规程。在创建 Revit 模型时为了避免因为模型过大致使计算机负荷过大，一般会分系统绘制在不同的项目文件内，完成所有文件后将文件通过“链接 Revit”或工作集的方式查看所有模型的效果。所以开始管道绘制的学习前，先使用管道样板新建一个项目文件并保存。

4.3.1.1 管道系统创建

Revit 2016 自带的管道样板中预定义了 11 种管道系统，但是在实际项目的绘制之前还是要先设置本项目使用的管道系统，设置方法参见 4.1.6 中“系统创建”的内容，在此就不重复叙述。在新建管道系统时根据管道的用途一般选取不同系统复制：给水系统用家用冷、热水系统复制；排水、污水、废水系统用卫生设备系统复制；自动喷水灭火系统用湿式消防系统复制；供、回水系统用循环供、回水系统复制。

4.3.1.2 管道布管系统设置

在新建完成管道系统后，同样需要新建要使用的管道类型并为其设置布管系统配置，添加需要使用的管道尺寸，前文通过“管理”选项卡→“MEP 设置”→“机械设置（快捷键 <MS>）”来为管道添加尺寸，这一节将通过“布管系统配置”中的“管段和尺寸(s)...”按钮来添加尺寸，主要步骤如下：

（1）单击“系统”选项卡下卫浴和管道功能中的管道按钮。

（2）在管道属性栏中选择“标准”管道类型，单击“编辑类型”，在弹出的“类型属性”面板中单击“复制”，为新的管道类型命名。

（3）单击布管系统配置右侧的“配置”按钮，在弹出的“布管系统配置”面板中单击管段右侧的小箭头，在下拉列表中为当前管道类型设置材质，如图 4-3-1 所示。

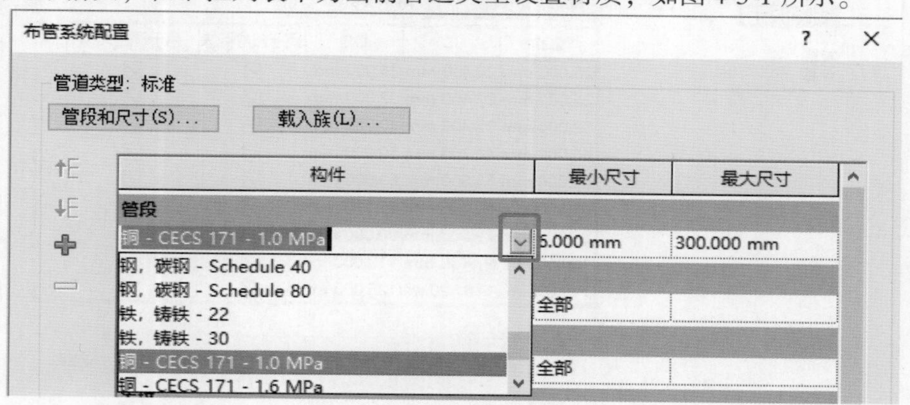

图 4-3-1 设置管段

（4）如果管段下拉列表中没有所需的管段材质就需要添加新的管段材质，单击“管段和尺寸（s）...”按钮在弹出的窗口中单击管段右侧的“![icon]”按钮，根据实际情况新建管段。

（5）管段与管件设置完成后单击“管段和尺寸（s）...”按钮来配置管道尺寸，在弹出的面板中将管段设置与拟新建的管道类型管段一致，如图 4-3-2 所示。

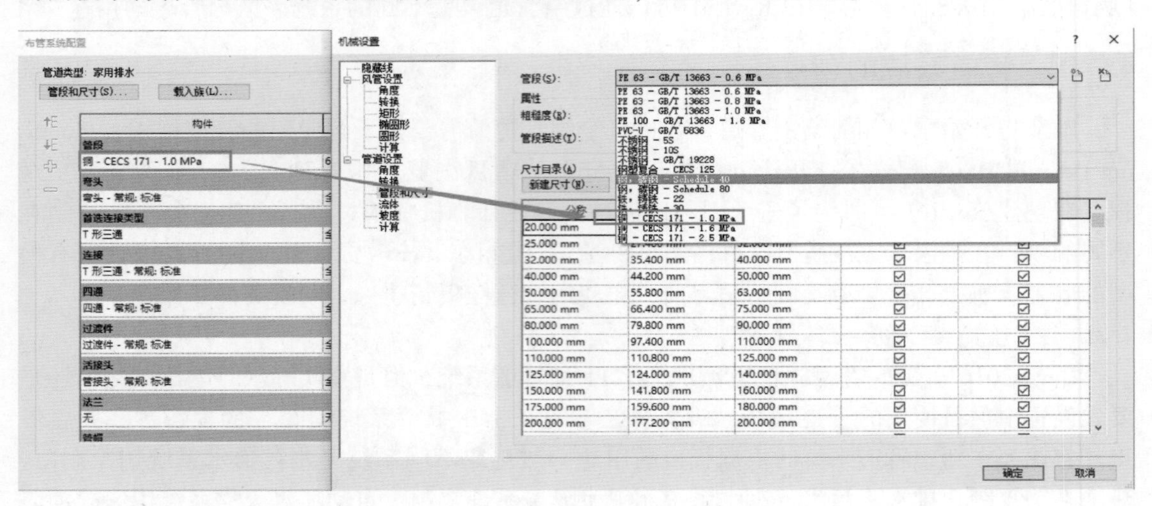

图 4-3-2　确认管段相同

（6）设置好管段之后就可以单击“新建尺寸”或“删除尺寸”按钮对管段尺寸进行配置，管段尺寸由“公称直径”“ID（内径）”和“OD（外径）”共同控制，单位为“mm”，其他操作与风管一致，如图 4-3-3 所示。

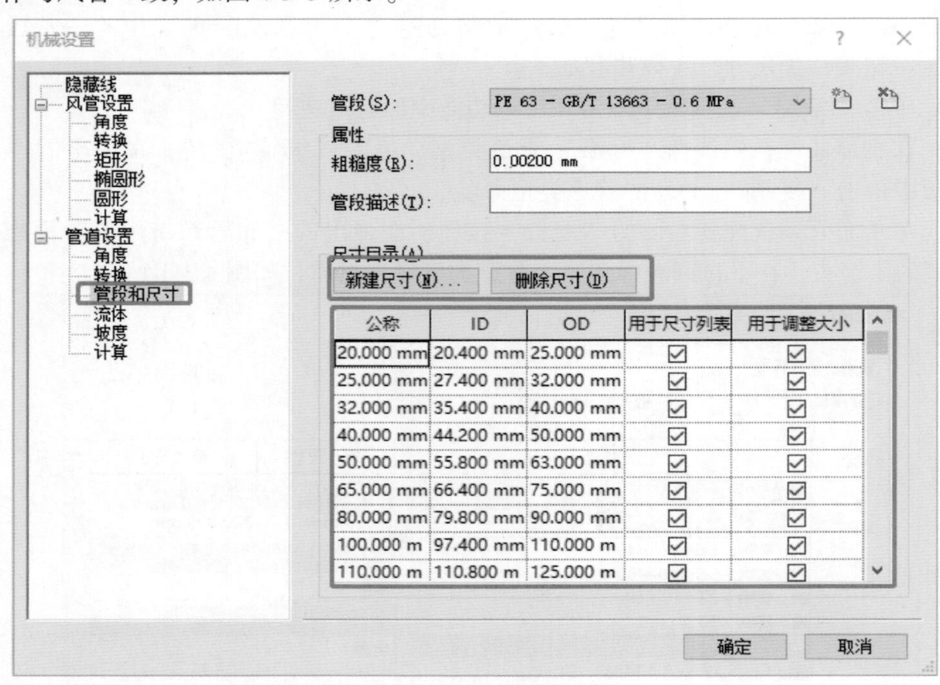

图 4-3-3　编辑尺寸

（7）管道的机械设置通常用到坡度，可以添加管道的坡度用于绘制坡度管，在右侧区域单击“新建坡度”或选择不需要的坡度后单击“删除坡度”即可完成对管道坡度的编辑，在“新建坡度”面板中直接输入坡度的数值，单击“确定”按钮后系统会自动为数值添加百分号，如图4-3-4所示。

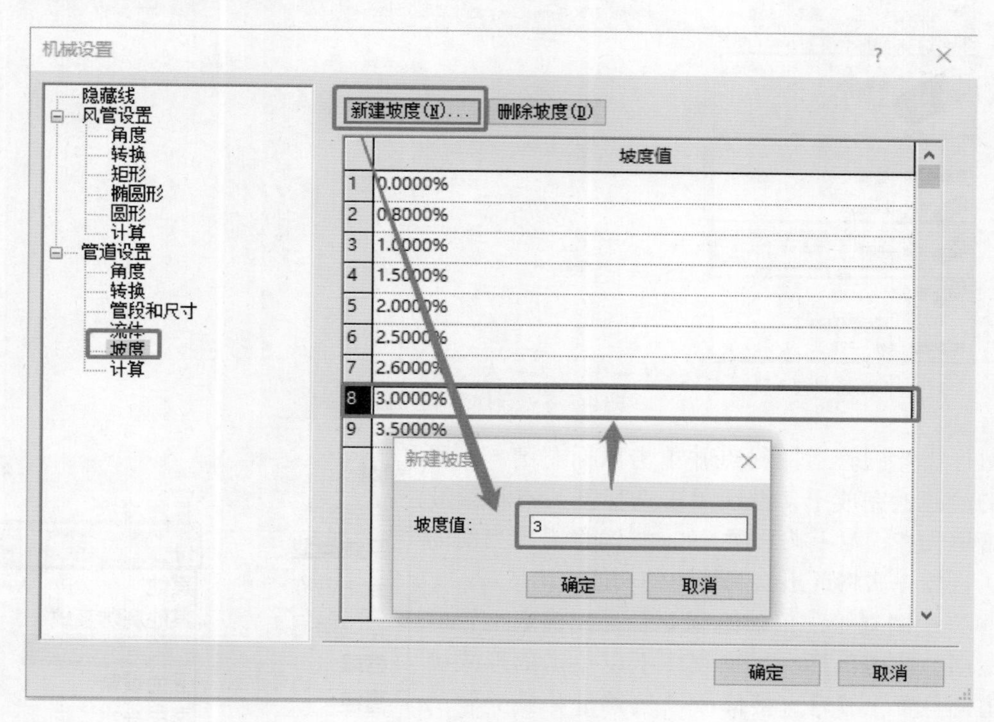

图4-3-4　新建坡度

4.3.2　管道模型的创建

1. 管道的绘制

在新建的管道系统项目文件中通过之前所学建立好新的轴网和标高，然后将处理好的管道系统图纸链接到项目文件中，确保图纸与轴网对齐后锁定图纸就可以开始风管模型的绘制。

（1）打开新建的管道系统项目文件，在项目浏览器中将视图平面切换到“卫浴”下的“A_7F_17.600”平面。单击“系统”选项卡下“卫浴和管道”面板中的“管道（快捷键<PI>）”按钮，在属性栏中选择已经配置好的风管类型，如图4-3-5所示。

（2）设置管道系统。在属性栏中“机械”类别下，为当前管道设置对应的系统类型为“冷水给水系统”，如图4-3-6所示。

（3）根据图纸上标明的管道尺寸和位置在选项栏的“修改丨放置管道”的“直径”下拉列表中选择要用的公称直径，在“偏移量”栏中输入偏移量。

（4）设置管道系统。在属性栏中“机械”类别下，为当前管道设置对应的“系统类型”。

（5）选择管道起点和终点。将管道的水平对正设置为中心，在管道的起点单击鼠标，

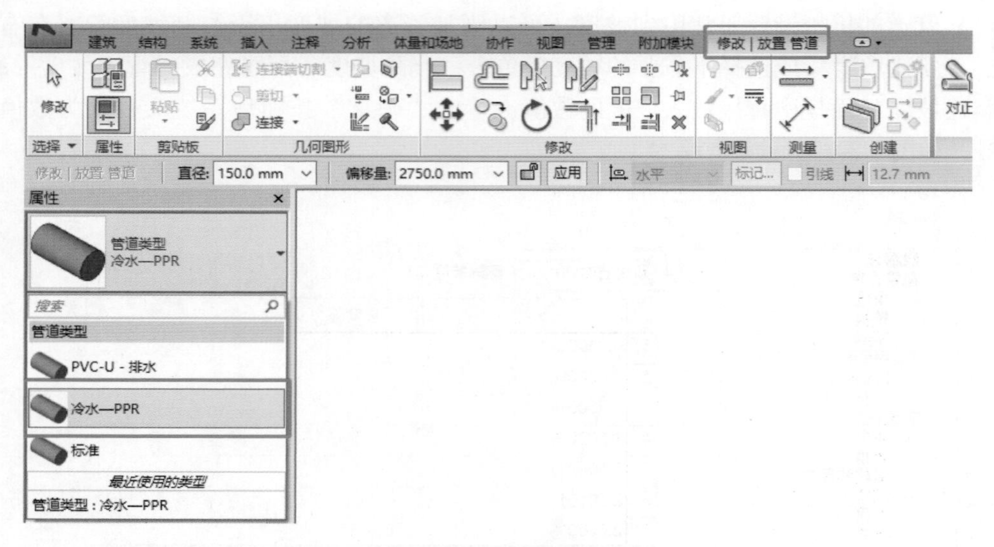

图 4-3-5 选择管道类型

移动鼠标指针到管道的终点并单击鼠标左键，一段管道的绘制就完成了，继续单击选择下一点将继续生成管道，在键盘上按一次 < Esc > 键将退出当前的绘制，再按一次将退出绘制管道的功能。

图 4-3-6 设置管道系统类型

（6）绘制立管。单独绘制立管是先确定立管的底部标高，使用鼠标在平面视图上以单击的形式确定管道的位置，然后直接修改“偏移量”到立管的顶部，再单击右侧的“应用”即可生成立管。在绘制水平管的途中直接修改风管的偏移量也可以直接生成立管。

（7）绘制坡度管。绘制管道时“修改 | 放置管道”选项卡下的“禁用坡度”按钮是默认激活的，需要绘制坡度管时先单击“向上坡度”或“向下坡度”确定从起点到终点生成坡度的方向，再选择坡度值，绘制管道，此时就会生成带有坡度的管道，如图 4-3-7 所示。

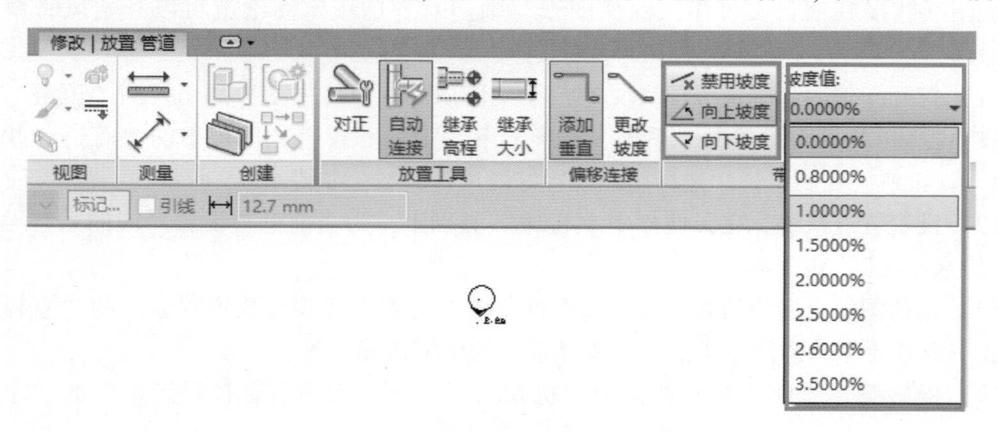

图 4-3-7 绘制坡度管

2. 管道编辑

管道系统中的管道占位符和软管与风管系统中的使用方法、作用和显示是相似的，绘制方法与管道的绘制方法基本一致。

4.3.3 平行管道、管件与管路附件

4.3.3.1 平行管道

“平行管道”功能用于一次性绘制多个在水平或垂直距离相等的平行管道，具体操作步骤如下：

（1）先绘制好一条管道，单击“系统”选项卡下“卫浴和管道”内的“平行管道”按钮，如图4-3-8所示。

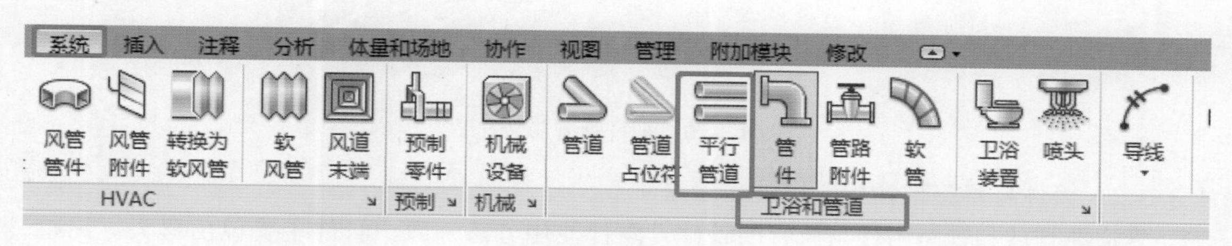

图4-3-8 平行管道

（2）输入“水平数”和“水平偏移”，“水平数”用于控制生成管道的数量（包含参照管道本身），生成管道的数量等于“水平数”减“1”，“水平偏移”用于控制生成管道之间的间距，分别输入“5”和“500”，效果如图4-3-9所示。

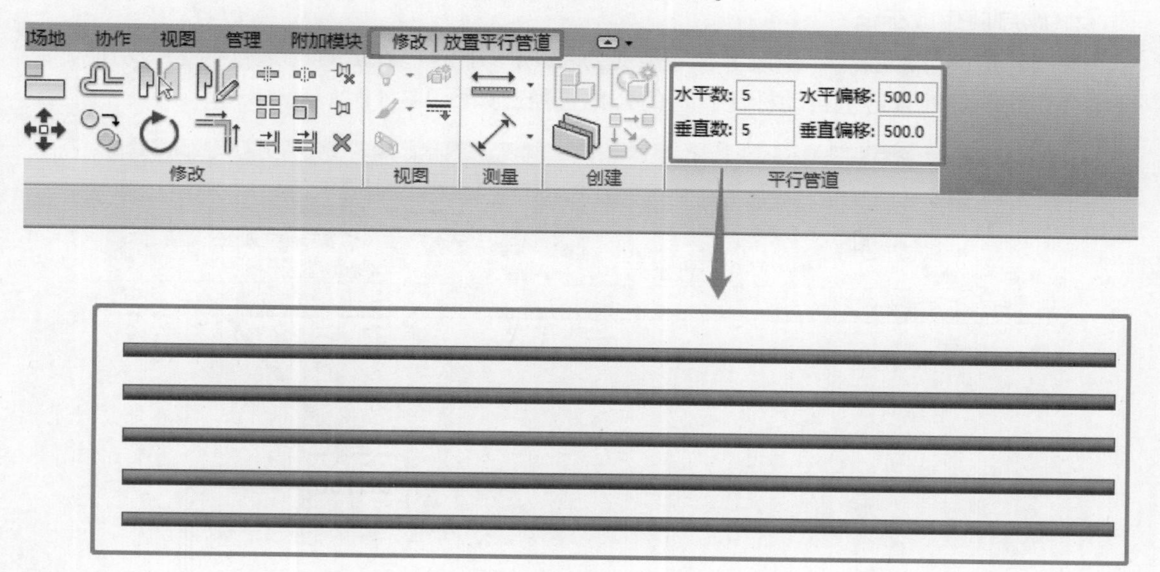

图4-3-9 绘制平行管道

（3）输入“垂直数”和“垂直偏移”，“垂直数”和“垂直偏移”的作用与“水平数”和“水平偏移”类似，不同在于“垂直数”和“垂直偏移”用于控制垂直方向上生成的管道的数量和间距，分别输入“5”和“500”，两次输入后效果如图4-3-10所示。

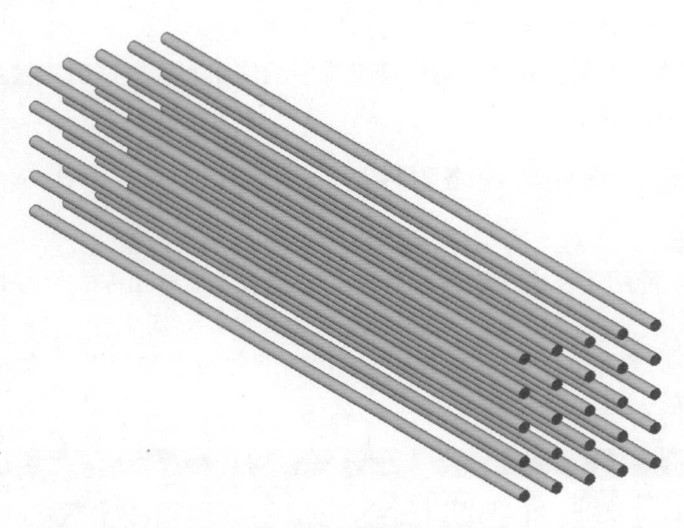

图 4-3-10　平行管道三维效果

4.3.3.2　管件与管路附件

管道的管件和管路附件与风管的管件、附件使用方法一致，管件主要包括弯头、三通、四通和活接头，管路附件以阀门、地漏等为主。

4.3.4　管道标注

4.3.4.1　管径标注

1. 绘制时生成标记

绘制管道前单击激活“修改 | 放置管道”选项卡下的“在放置时进行标记”功能，系统将会在绘制好的管道上自动标注管道的公称直径，如图 4-3-11 所示。

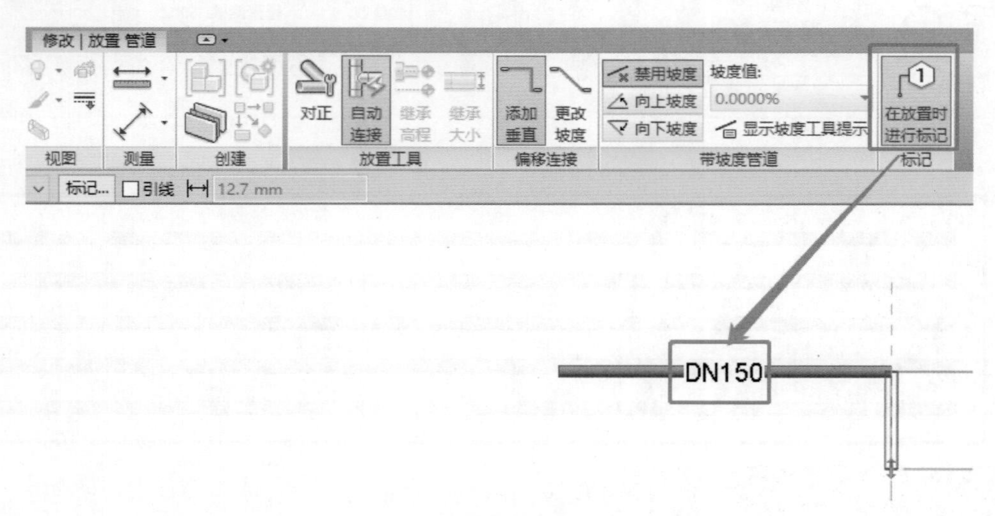

图 4-3-11　绘制管道时标记管径

2. 绘制完成后标记

对已经绘制好的管道标记管径，单击“注释→按类别标记”，然后选择要标记的管道即可，如果想要标记多个管道先“框选”要标记的管道，再单击“注释”下的“全部标记”，标记类别选择“管道标记”即可，如图4-3-12所示。

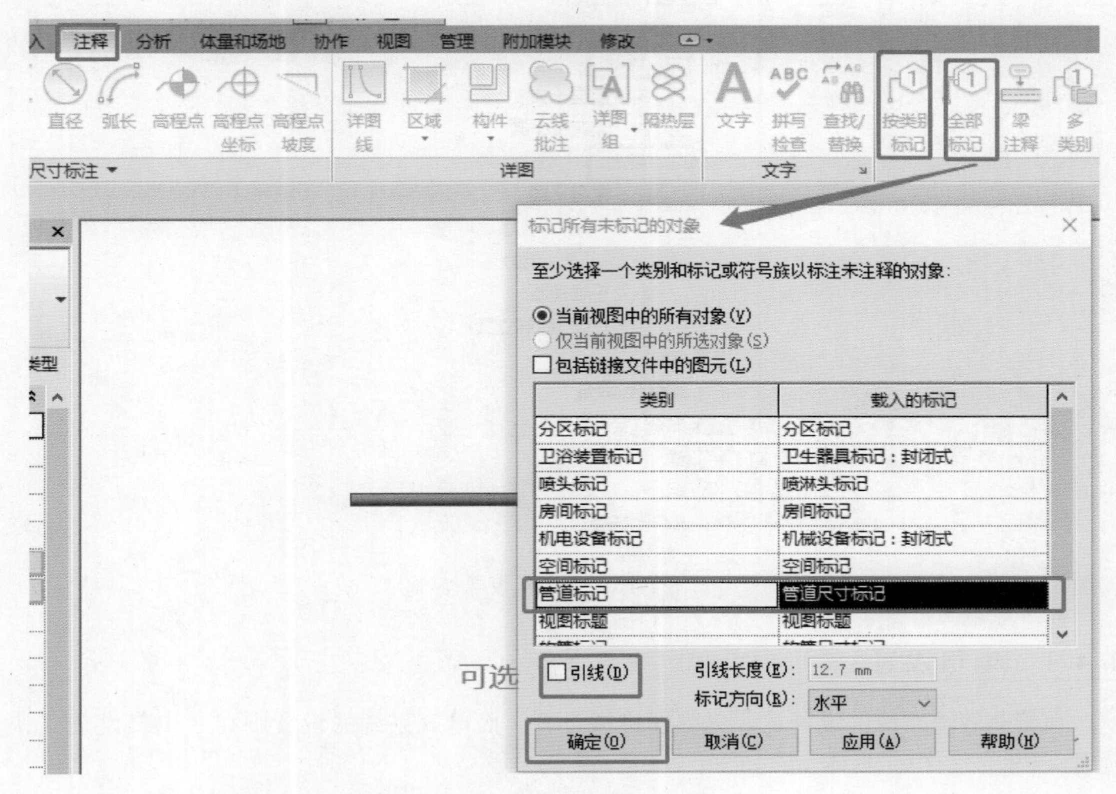

图4-3-12 绘制后标记管径

4.3.4.2 标高标注

绘制好管道后在“注释”选项卡下单击“高程点”，选择要标记的管道即可，如图4-3-13所示。

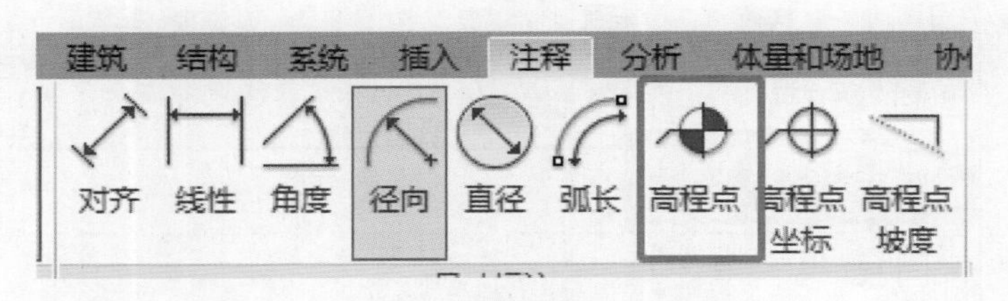

图4-3-13 标记标高

4.4 电气系统的创建与编辑

从本节开始，将学习电气系统的绘制，在Revit中电气系统并不需要提前复制系统，因为Revit中并没有区分电气系统，在实际项目的绘制中也以绘制电缆桥架为主。需要使用电气样板“Electrical-DefaultCHSCHS. rte”，打开电气样板，可以从项目浏览器中看到有两种规程，分别是“照明”和“电力”，如图4-4-1所示。

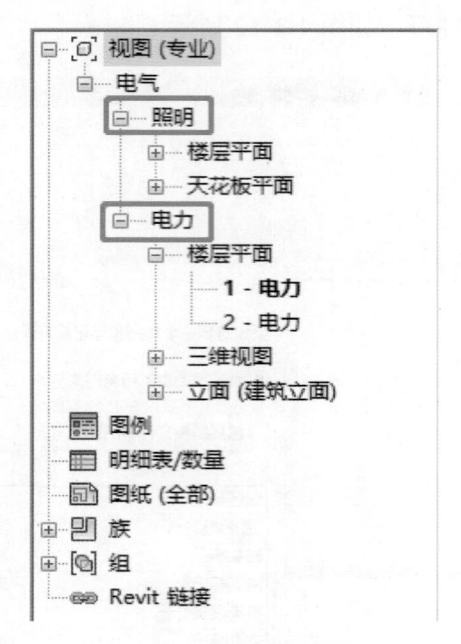

图 4-4-1　电气样板规程

4.4.1　电气设置

风管与管道系统的设置主要集中在机械设置，而电气系统的设置则在“电气设置（快捷键<ES>）”中，具体步骤如下：

（1）依次单击选项卡“功能→MEP 设置→电气设置”，如图 4-4-2 所示。

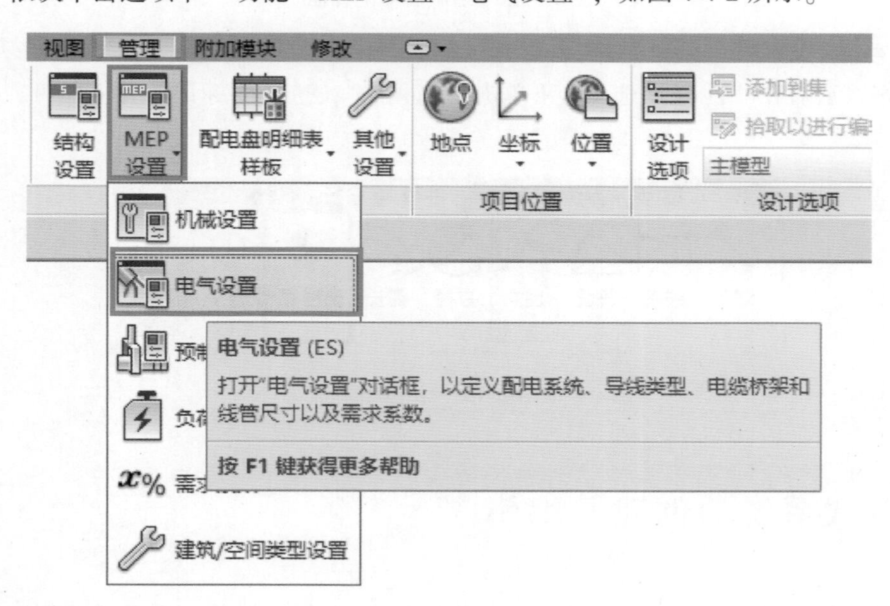

图 4-4-2　电气设置

（2）“电气设置”面板与“机械设置”面板相仿，其中“隐藏线”“角度”，以及电缆桥架和线管内的“尺寸”等功能都与风管、管道设置功能相似，而“常规”则可以设置

“电气连接件分隔符”“电气数据样式”“线路说明”等电气系统设置。一般情况下电气设置用户只需了解，不需要进行具体修改，面板如图 4-4-3 所示。

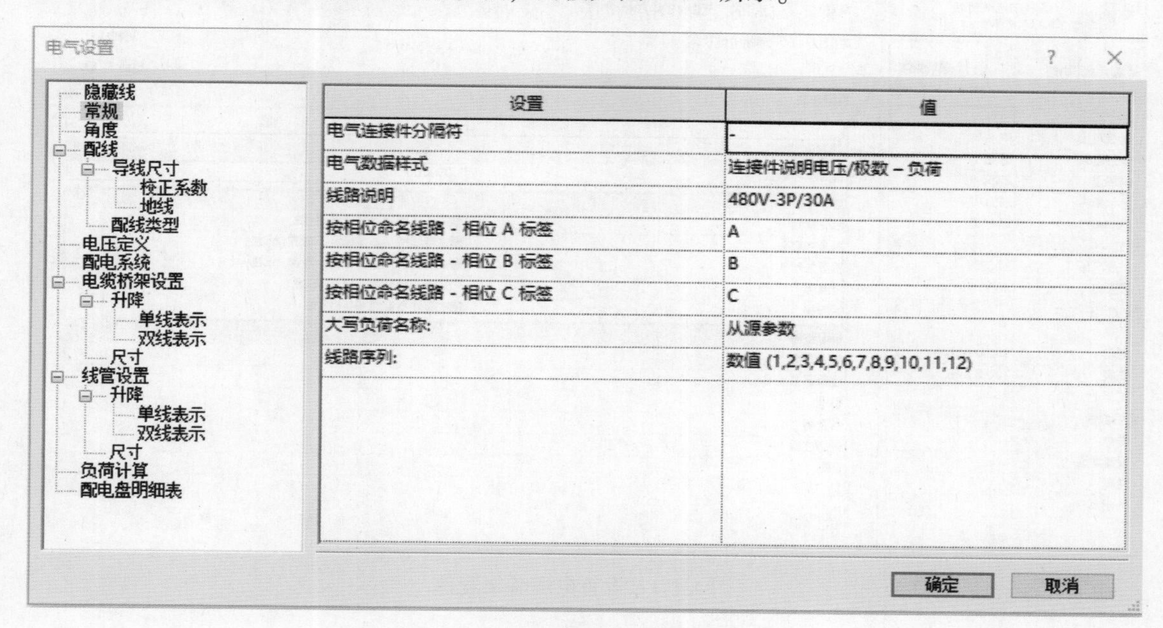

图 4-4-3　电气设置面板

4.4.2　电缆桥架及其配件、电气设备的绘制

Revit 中默认将电缆桥架分为“带配件的电缆桥架”和“无配件的电缆桥架”两种类型，“带配件的电缆桥架”就是桥架各个节主体，包含各节之间的连接块，连接螺栓、螺母、垫片和跨接铜芯线。“无配件的电缆桥架”就是桥架各个节主体，没有包含连接件。这两种形式属于不同的系统族，可在各自系统族下添加不同的类型。

“带配件的电缆桥架”的类型有槽式电缆桥架、梯级式电缆桥架和实体底部电缆桥架。

“无配件的电缆桥架”的类型有单轨电缆桥架和金属丝网电缆桥架，适用于设计中不明显区分配件的情况。

除“梯级式”电缆桥架的形状为梯形外，其余均为槽形。

虽然绘制电气系统前不需要复制系统，但是有些相关步骤（如新建类型和配置管件）还是需要设置的，与风管、管道系统不同的是电缆桥架的管件是在属性栏中直接单击“编辑类型”，在弹出的面板中就可以直接修改，如图 4-4-4 所示。

关于电缆桥架、线管的配件的使用和风管、管道类似，电气设备的放置、连接方式也与风管、管道系统类似，都是可载入族，可以根据实际项目情况创建族并载入使用。

4.4.3　生成明细表

明细表的创建方式如下：

(1) 依次单击选项卡中“分析→明细表/数量→新建明细表”，或者“视图→创建→明细表/数量”，在弹出的新建明细表对话框中选择所需统计的构件类别，在名称栏内修改名称，单击“确定”按钮，如图 4-4-5 所示。

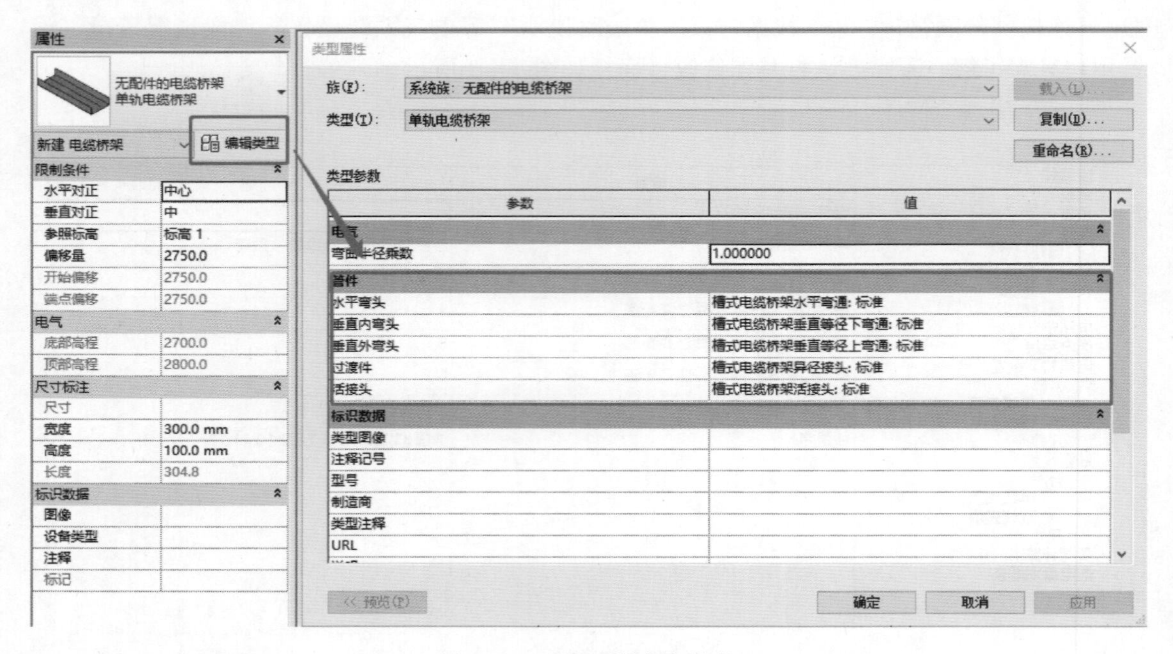

图 4-4-4 设置电缆桥架管件

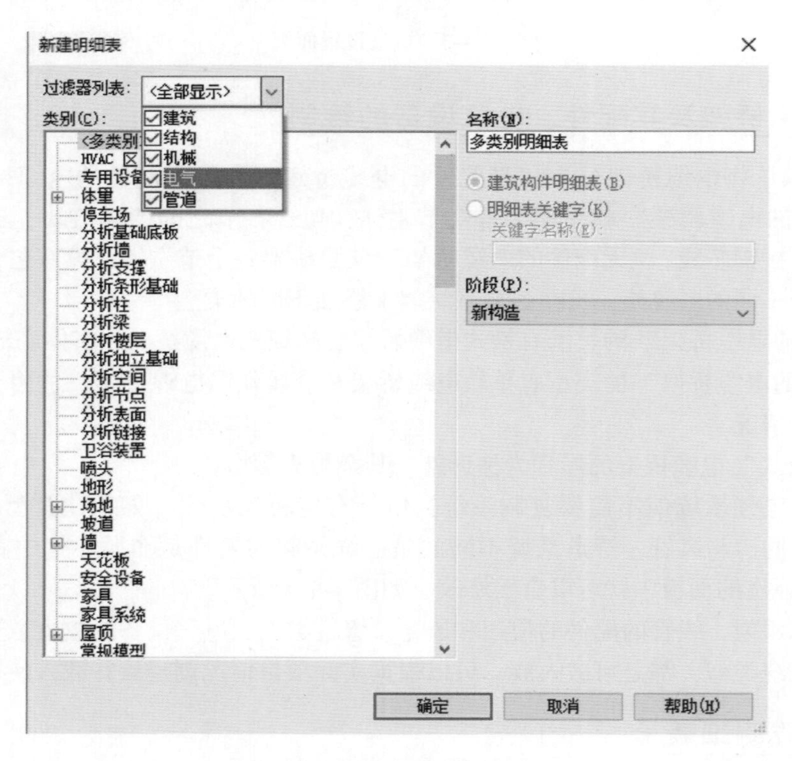

图 4-4-5 新建明细表

（2）结束上一步之后，弹出“明细表属性”对话框，在“字段”选项卡内可添加构件属性带有的所有可用字段，选择所需的可用字段，单击“添加”按钮添加到“明细表字段”中即可统计该参数，如图 4-4-6 所示。

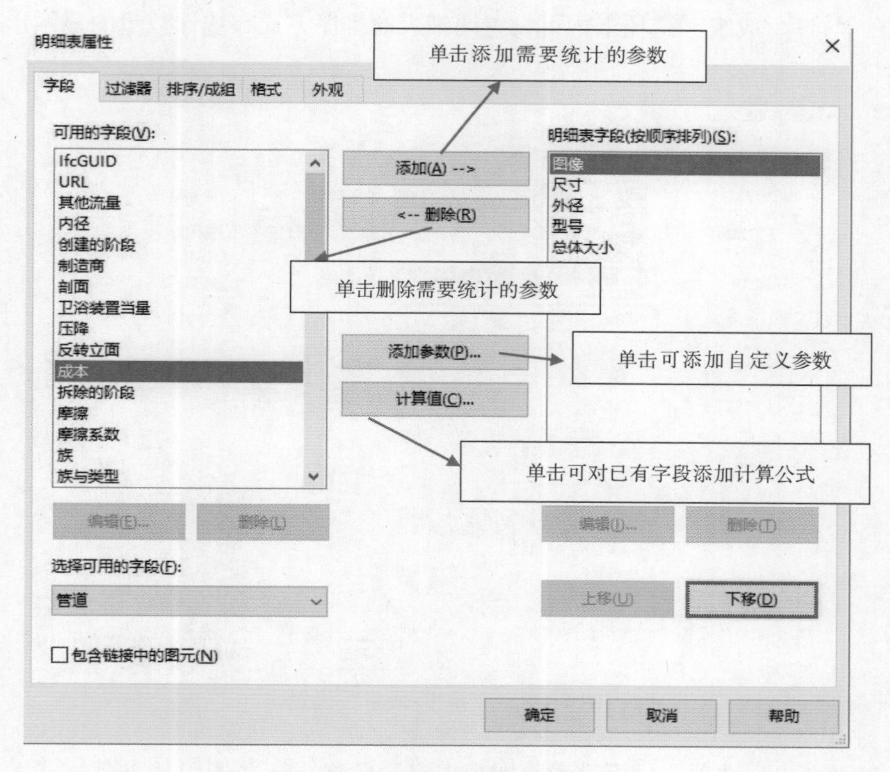

图 4-4-6 “字段”设置

（3）在“过滤器”选项卡内可设置过滤条件，以便对特定属性的构件进行统计，如图 4-4-7 所展示的便是过滤条件的设置。

明细表属性

字段 过滤器 排序/成组 格式 外观

选择过滤的参数类型 选择过滤的条件 选择过滤的值

过滤条件(F): 尺寸 等于

其他过滤条件

与(A): 外径 等于

与(N): (无)

与(D): (无)

与: (无)

与: (无)

与: (无)

与: (无)

确定 取消 帮助

图 4-4-7 “过滤器”设置

（4）在“排序/成组”选项卡内可设置明细表的排序方式和统计数量的显示形式，如图4-4-8所示。

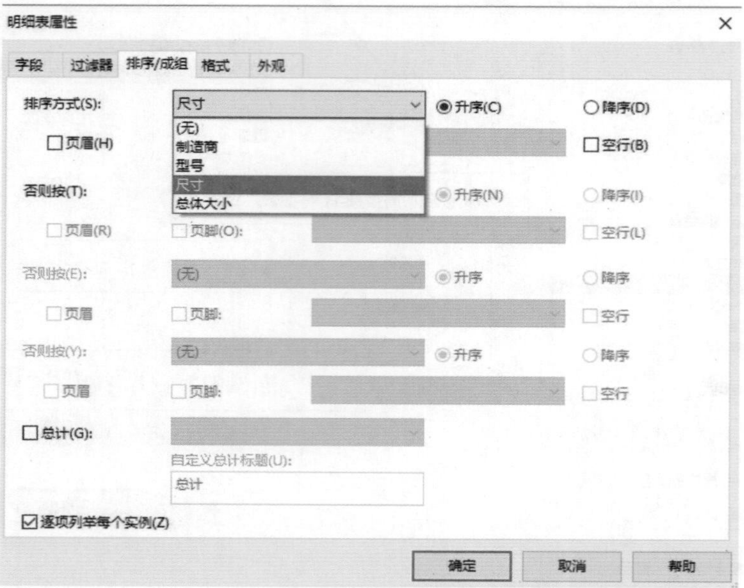

图4-4-8　“排序/成组”设置

（5）在“格式”选项卡内可设置明细表中字段的格式，并能用“条件格式”控制部分字段的属性。对每一个标题、标题方向以及标题对齐方式进行设置，对明细表中个别字段设置隐藏（勾选隐藏字段），如图4-4-9所示。

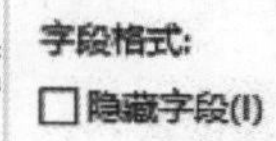

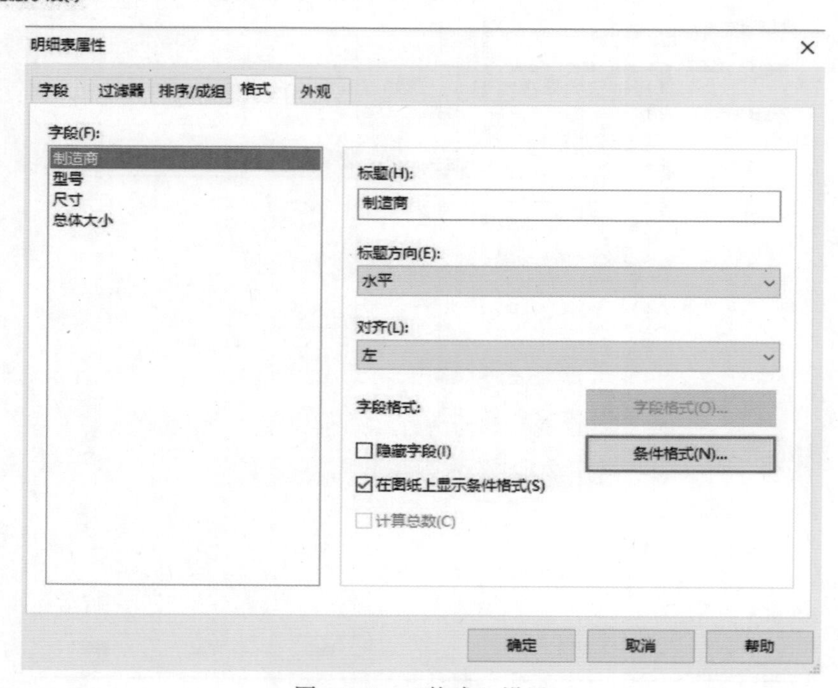

图4-4-9　“格式”设置

（6）在“外观”选项卡内可设置明细表中字体的样式和大小，并能修改明细表格的行距等，明细表中外观相关设置，如图4-4-10所示。

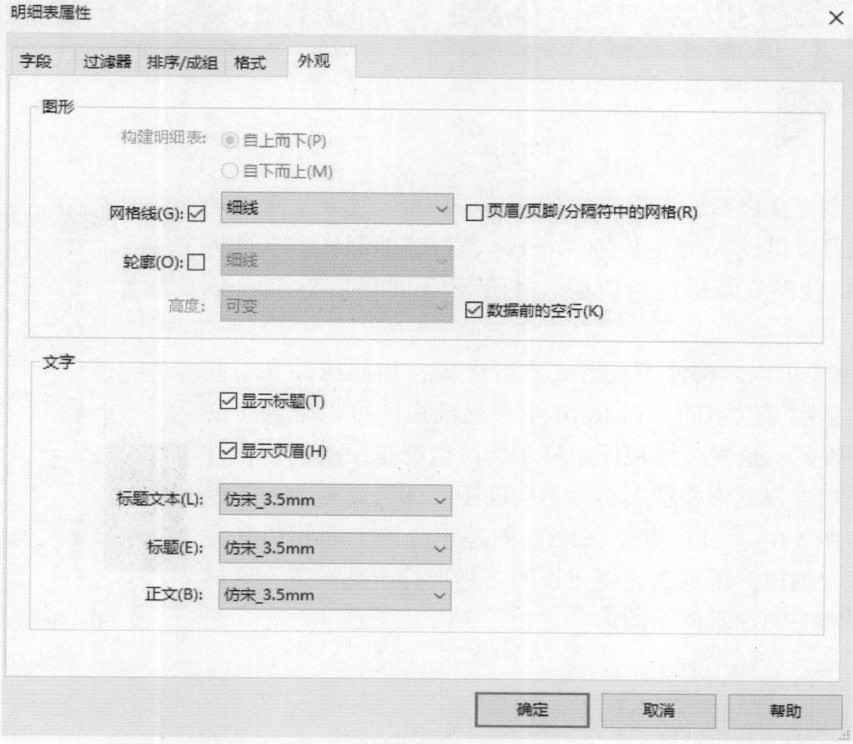

图4-4-10　明细表“外观”设置

（7）设置完毕后，单击“确定”按钮，满足条件的构件将自动被统计到明细表格中。

本章纲要

1. 熟悉各个系统样板的区别和用途。
2. 了解简单的机电项目的建模顺序。
3. 熟悉各个系统的基本绘制方法。
4. 了解明细表和过滤器的使用方法。

第5章 视觉效果体现

三维模型建成之后，可以直接使用 Revit 进行渲染及漫游动画制作，也可以借助 Autodesk Navisworks 进行辅助制作，本章将对使用 Revit 做视觉效果进行讲解，并介绍 Autodesk Navisworks 的使用。

在 Revit 中可以对构件表现形式进行设置，相同构件在不同的视图中的显示可以不同。在 Revit 中，三维视图可以分为正交和透视三维视图，透视三维视图中显示构件情况是距离越近构件越大，正交三维视图中构件大小并不会随距离远近而变化。三维视图命令（图 5-0），其中默认三维视图是正交图，而相机和漫游都能设置为透视三维视图，创建视图之后进行渲染设置，这样就能创建所需要的建筑渲染图像。

图 5-0　Revit 三维视图

5.1　Revit 视觉效果体现方式

5.1.1　创建相机视图

1. 创建正交视图

Revit 中直接单击快捷访问工具栏中的“默认三维视图”按钮，出现的视图就是正交视图，正交视图中的构件大小都是一致的，使用相机的话可以从建筑物内部创建正交视图，步骤如下：

（1）打开“5.1.1 × ×项目正交视图、透视图示意”模型（读者自己练习时可以另存为模型），在项目浏览器中用鼠标左键双击“1F-楼层平面”，在视图控制栏将显示程度设定为“精细”，视觉样式为“真实”。

（2）依次单击“视图→三维视图→相机”命令。

（3）取消选项栏下的“透视图”的勾选，如图 5-1-1 所示。其中选项栏中可以设置相机视图比例和标高，偏移量默认的“1750”代表的是人的身高。

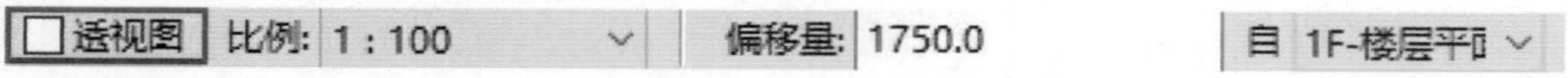

图 5-1-1　取消勾选透视图

（4）在绘图区域中放置第一个相机视点位置（视点一），紧接着放置第二个相机视点位置（视点二），如图 5-1-2 所示，放置完第二个视点位置之后会直接转换到三维视图，并在项目浏览器三维视图文件夹下增加“三维视图 1”，这就是读者所创建的一个三维正视图，将“三维视图 1”重命名为“××（构件）正视图”，如图 5-1-3 所示。

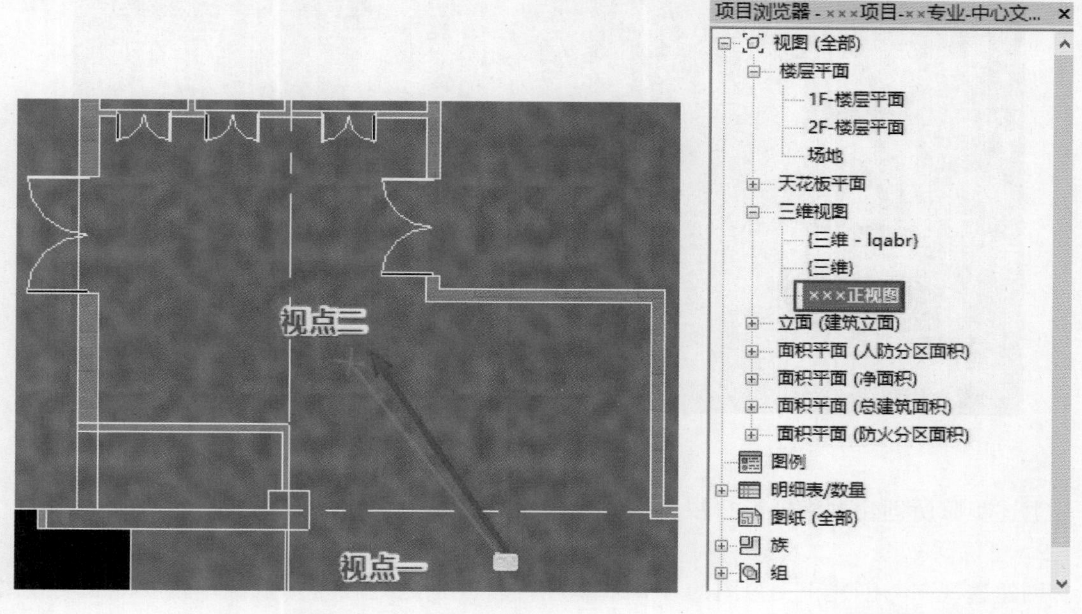

图 5-1-2　放置视点位置（正视图）　　图 5-1-3　重命名

（5）可以通过单击修改栏末端的“尺寸裁剪”尺寸裁剪 裁剪命令（执行相机命令时自动激活），设置宽度和高度数值来控制视图显示大小，如图 5-1-4 所示；也可以直接在绘图区域中单击相机的边界，拖拽控制点来控制视图显示大小，如图 5-1-5 所示。

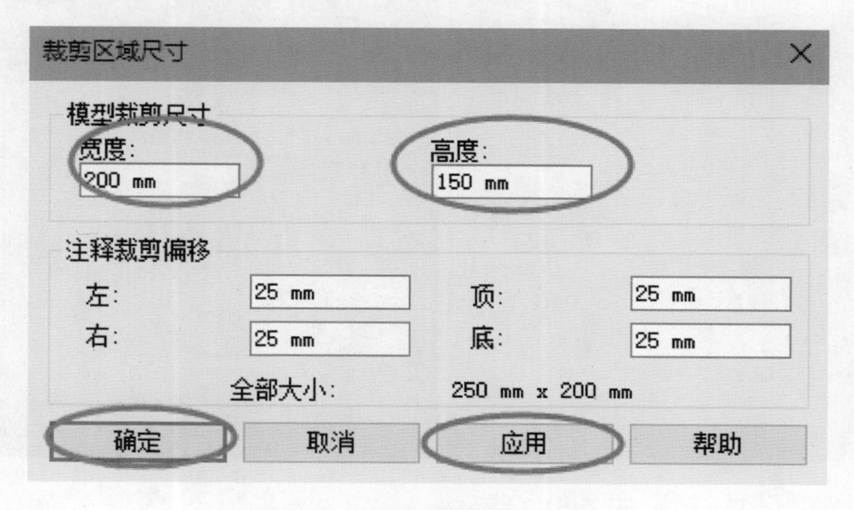

图 5-1-4　设置“裁剪区域尺寸”

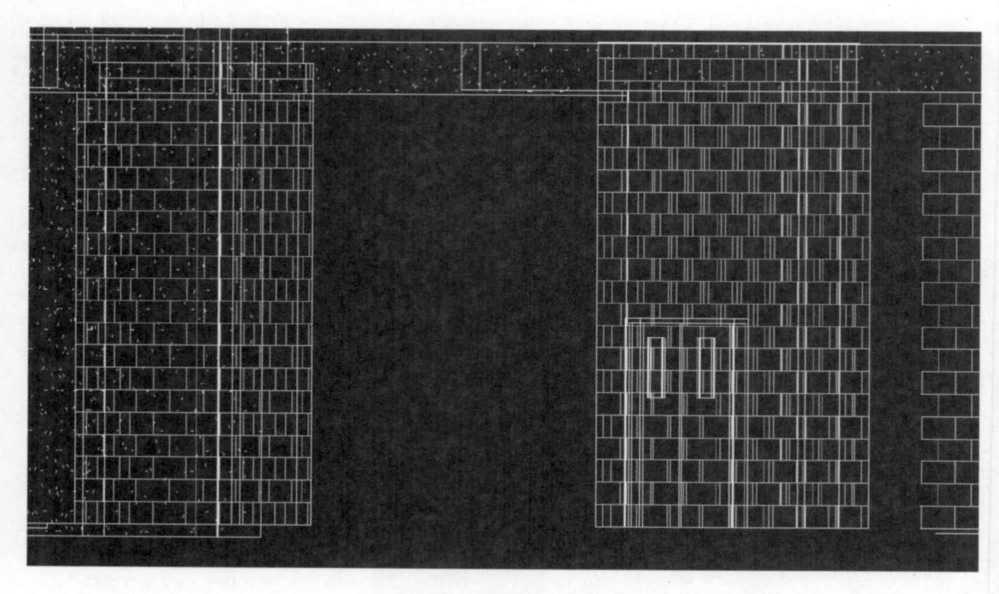

图 5-1-5　正视图控制点

上述步骤所创建的相机为“视点一”到“视点二”的正交视图。

2. 创建透视图

创建透视图与创建正交视图的步骤基本相同，区别之处在于：依次单击“视图→三维视图→相机”，注意需要将选项栏下的“透视图”勾选上，那么放置第二个视点的时候会显示三个范围，如图 5-1-6 所示。

创建视点位置后，可得到三维透视图（图 5-1-7），然后将其名称设置为“××透视图”。将两个视图窗口平铺“视图→窗口→平铺（使用快捷键 <WT>）”，对比正交视图和透视图，在正交视图里构件显示与默认三维视图中显示一样，但是从透视图中可以看到视图远处的构件显示比近处的小一些，图 5-1-8 为两视图效果对比图。

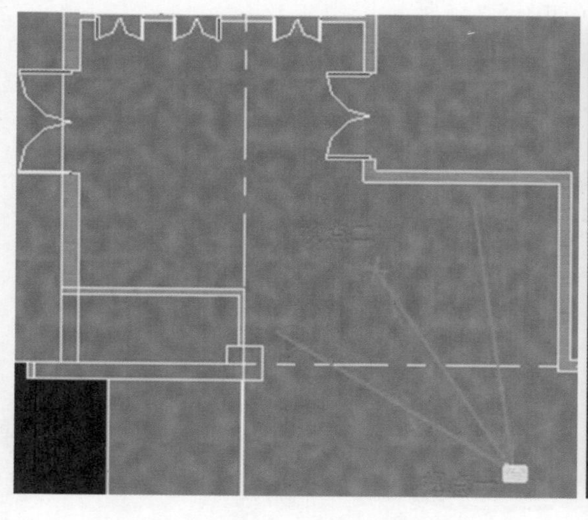

图 5-1-6　放置视点位置（透视图）

图 5-1-7　透视图控制点

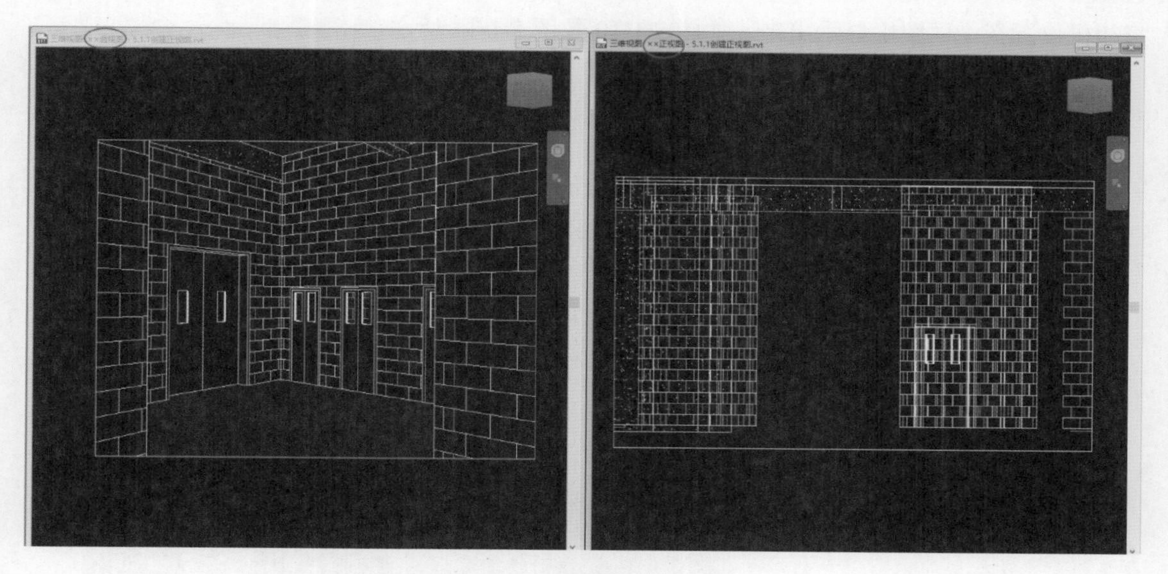

图 5-1-8　正交视图和透视图对比

3. 在透视图中进行切换和修改模型

使用过 Revit 2016 之前版本的用户应该知道，在透视图状态下模型是没有视图切换与修改等功能的，2016 版本的 Revit 新增正、透视图之间的切换，并且可以在透视图状态下进行模型的修改。

（1）打开“5. 1. 1 × ×项目正交视图、透视图示意”模型，双击项目浏览器切换到透视图。

（2）在绘图区域右上角的 ViewCube 图标上单击鼠标右键，下拉菜单里选择“切换到平行三维视图”，如图 5-1-9 所示。如果想要切回到透视图请再选择“切换到透视三维视图”。

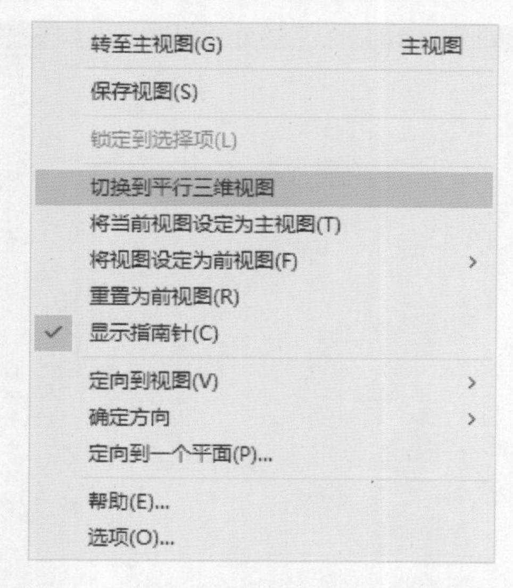

图 5-1-9　使用 ViewCube 切换到平行三维视图

（3）在平面视图中显示相机。首先双击鼠标左键切换到“1F”（首层）平面图，然后在项目浏览器中用鼠标右键单击“三维｜透视图”，在弹出的对话框中单击“显示相机”，将相机位置在平面图中显示出来，如图 5-1-10 及图 5-1-11 所示。

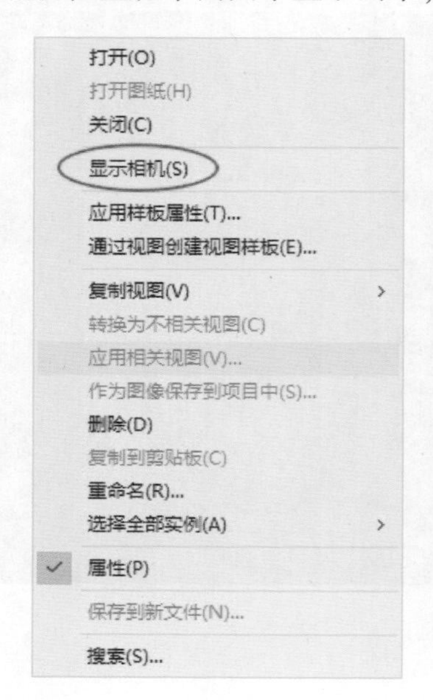

图 5-1-10

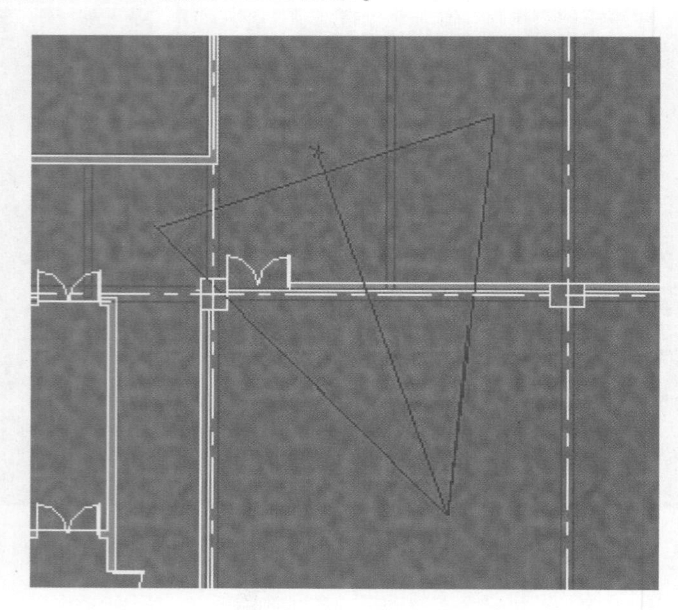

图 5-1-11

（4）在相机三维视图中可以通过单击“视图｜图形”功能区右下角的小三角，在弹出的“图形显示选项”面板中单击“背景”，可以将背景设置为渐变、天空、图片等几种状态，如图 5-1-12 是将背景设置为“天空”时的状态。

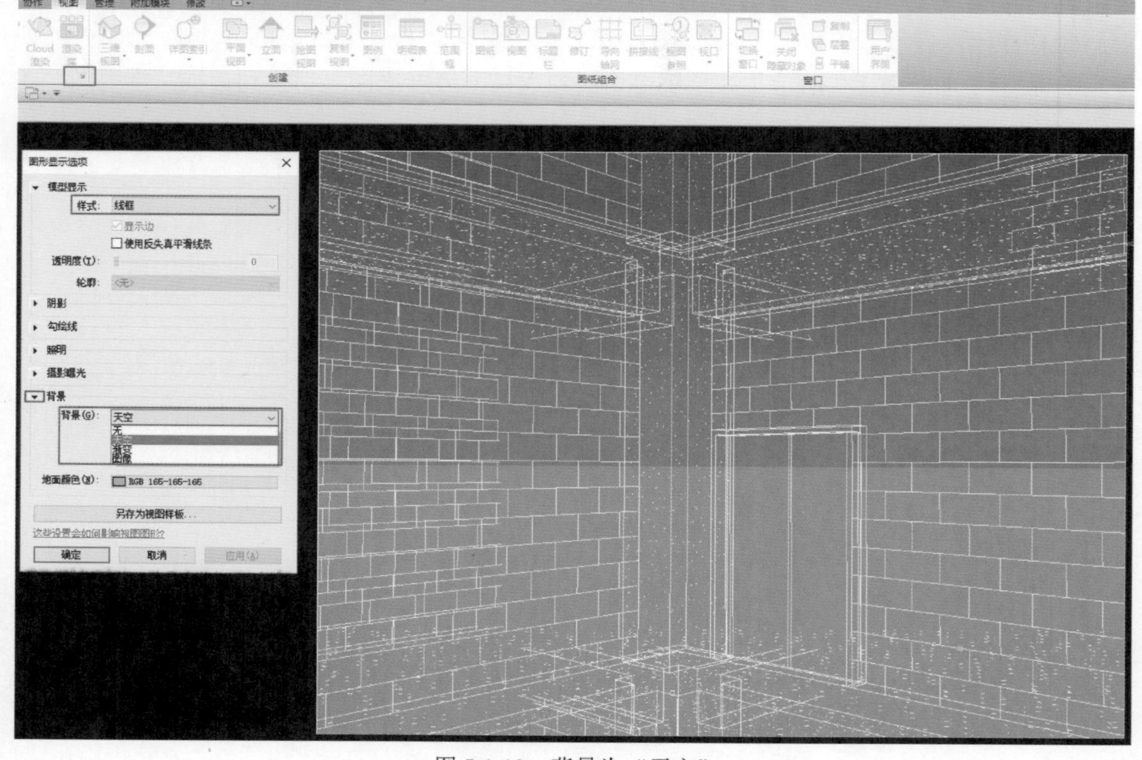

图 5-1-12 背景为“天空”

5.1.2 创建漫游动画

使用 Revit 制作漫游动画是由多个相机创建的三维视图基于给定路径输出而成的，一个三维视图就是一个关键帧，可以直接导出为 AVI 或其他格式。

1. 创建漫游路径

（1）打开“5.1.2 创建漫游”模型，用鼠标左键双击项目浏览器切换到“1F”（首层）楼层平面视图。

（2）依次单击“视图→三维视图→漫游 ”，运行漫游命令，漫游选项栏与相机选项栏设置相同。

（3）在“1F”（首层）平面图绘图区域中连续单击放置关键帧的位置，即相机位置，出现的连接相机的蓝色线条即“漫游路径”，如图 5-1-13 所示。

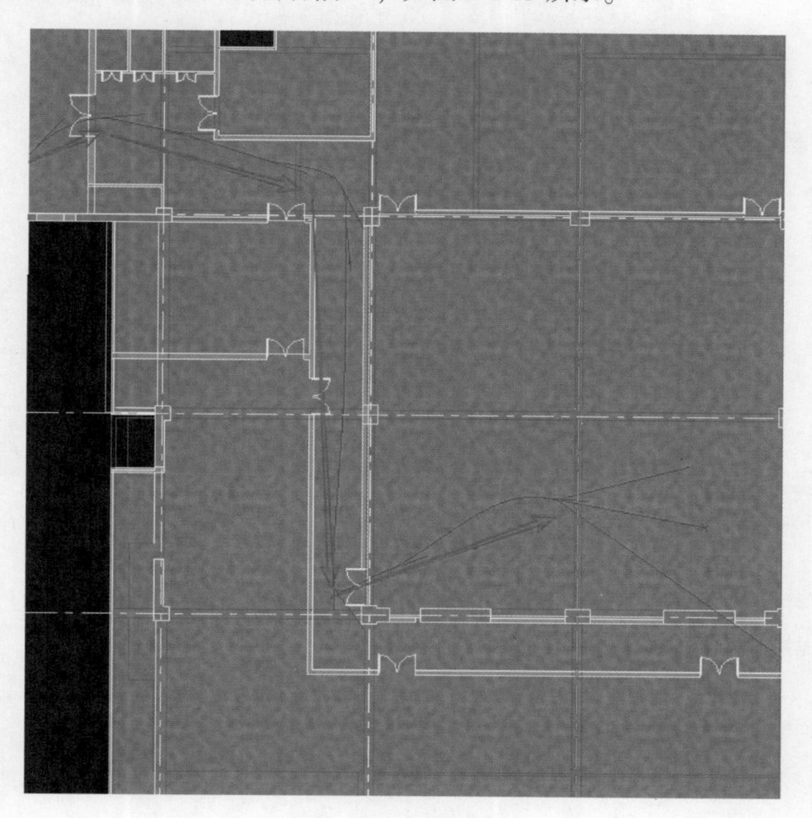

图 5-1-13　漫游路径

（4）单击“完成漫游”，这样就创建好一个漫游视图，在项目浏览器会增加“漫游”一栏，含有“漫游 1”，即用户刚刚创建的漫游。

2. 编辑漫游

创建漫游路径的过程中无法修改已经放置的相机，所以在完成漫游之后继续单击修改选项卡中的“编辑漫游”，这样在“1F”（首层）楼层平面图中会沿着漫游路径出现红色圆点相机位置，即关键帧位置，如图 5-1-14 所示，可单击“编辑漫游”选项卡中的“上一关键帧”或“下一关键帧”来显示相机符号。

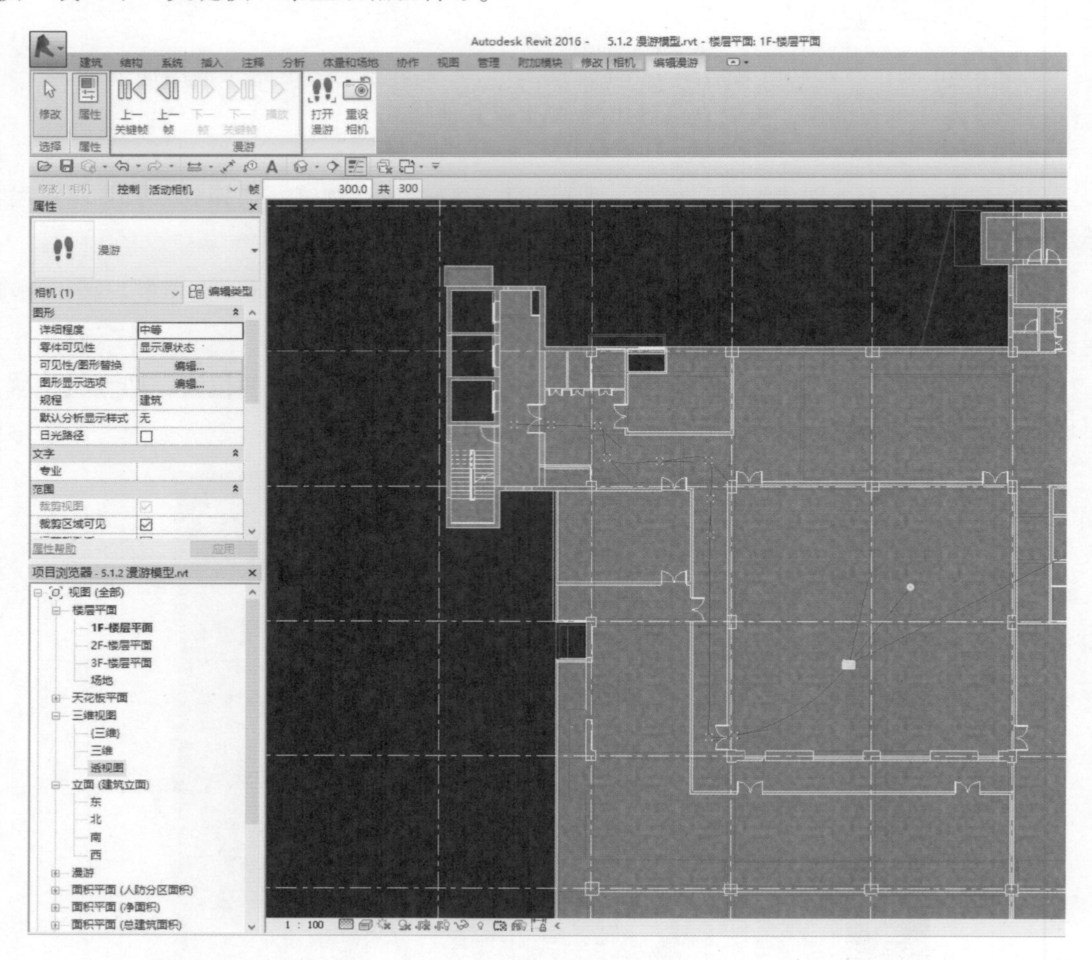

图 5-1-14 编辑漫游关键帧

在选项栏中，控制方式有：活动相机、路径、添加或删除关键帧，如图 5-1-15 所示，各个控制方式用途介绍见表 5-1-1。

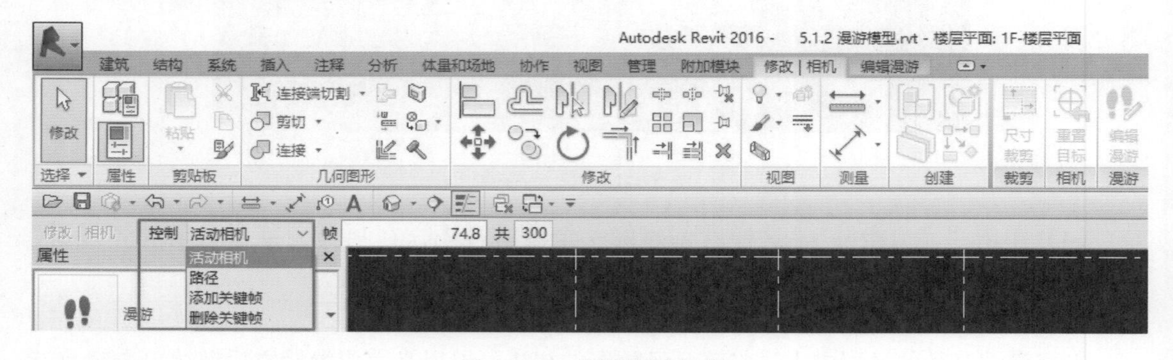

图 5-1-15 漫游控制方式

表 5-1-1 控制方式介绍

活动相机	可以对每一个关键帧位置处的相机进行修改，修改方式如同相机
路径	创建的相机位置以蓝色显示并由蓝色路径连接起来，“路径”控制状态下可以直接单击关键帧蓝点拖动到需要的位置
添加关键帧	补充遗漏的关键帧/相机位置，沿着路径在相应位置单击添加
删除关键帧	删除多余的关键帧/相机位置，沿着路径在相应位置单击删除

路径和关键帧都调试完毕之后，用鼠标左键单击“编辑漫游→播放”，在绘图区域中的相机范围内会播放漫游动画。

在漫游视图中也可以像相机视图中一样通过在“图形显示选项”对话框中添加“背景”，使得动画中出现不同背景，例如天空或者渐变。

在漫游视图中单击“属性”栏中的漫游帧“300”，会弹出“漫游帧”对话框，图 5-1-16 为漫游关键帧帧速设置。如图中所示，默认勾选“匀速”播放，帧速为“15 帧”每秒，当取消“匀速”勾选，则可以自定义每一帧的加速器（0.1～10），每一帧可以设置相同，也可以不同，可按照需求进行设置。

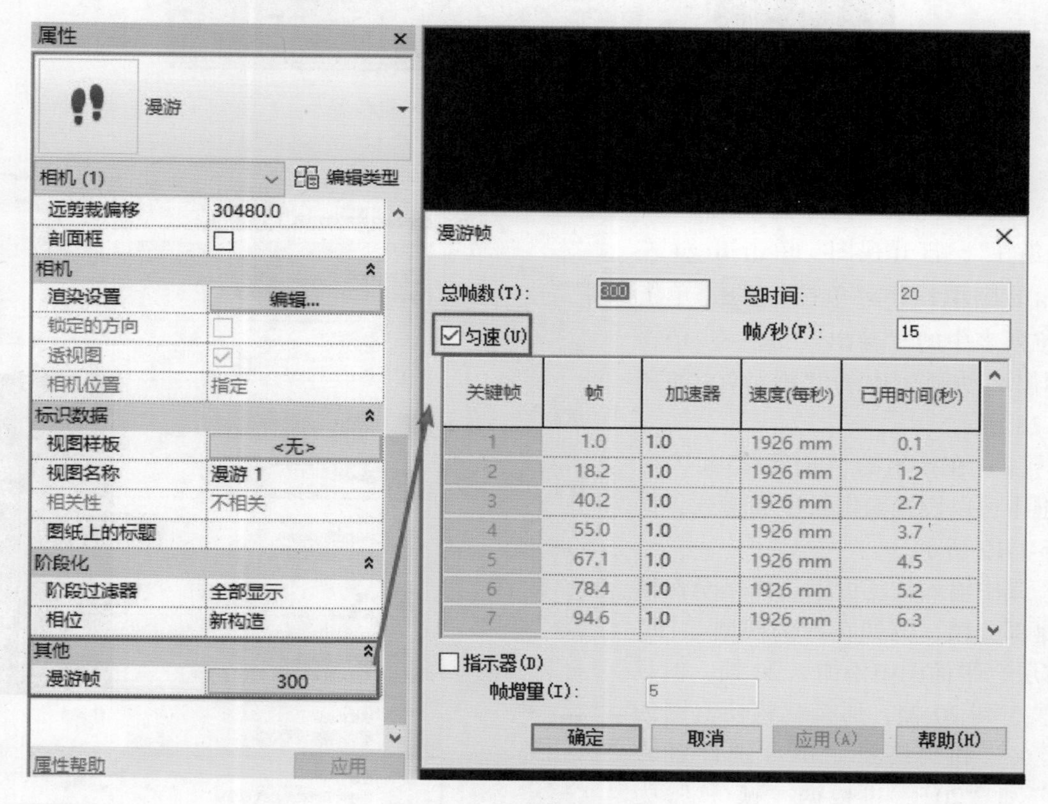

图 5-1-16 关键帧帧速设置

勾选“指示器”的话，就可以按照设置的“帧增量”数值“5”，在“1F”（首层）平面视图中显示的相机位置按每 5 帧的帧数设置，而不是关键帧，如图 5-1-17 所示。

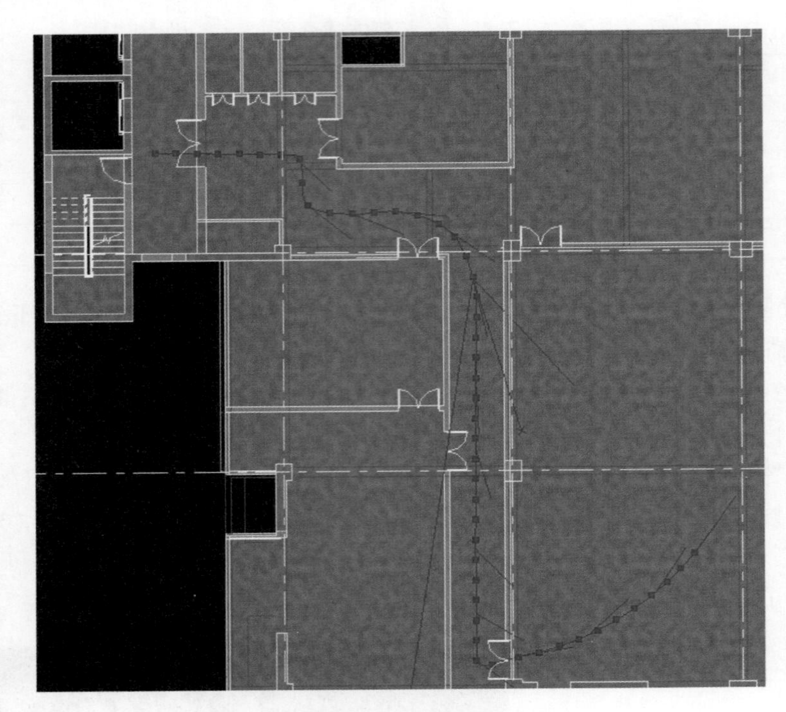

图 5-1-17　平面视图中显示的相机位置

3. 导出漫游动画

（1）双击“项目浏览器”中“漫游 1”，打开视图，单击 Revit 左上角的应用程序菜单按钮，单击下拉列表中的“导出”，进一步单击“图像和动画”中的“漫游”，如图 5-1-18 所示。

（2）在弹出的“长度/格式”对话框中可以设置输出长度和格式，如图 5-1-19 所示。

其中输入长度可以选择是全部帧还是部分帧，例如在示例模型“1F”（首层）平面图中添加了 20 帧，但只选取 5 到 20 帧，那么就将帧范围的“起点”和“终点”中分别设置为“5”和“20”，再根据“帧/秒”为“15”（即每秒 15 帧），这样总时间会自动更新为 1 秒［（20－5）/15］，在实际项目中，按照体量大小以及每一帧展示内容重要性进行调试更佳。

图 5-1-18　导出为图像和动画

在格式中可以设置视觉样式和尺

寸，单击“视觉样式”选择所需要的样式，设置导出的长、宽，并且可以选择是否显示时间和日期。

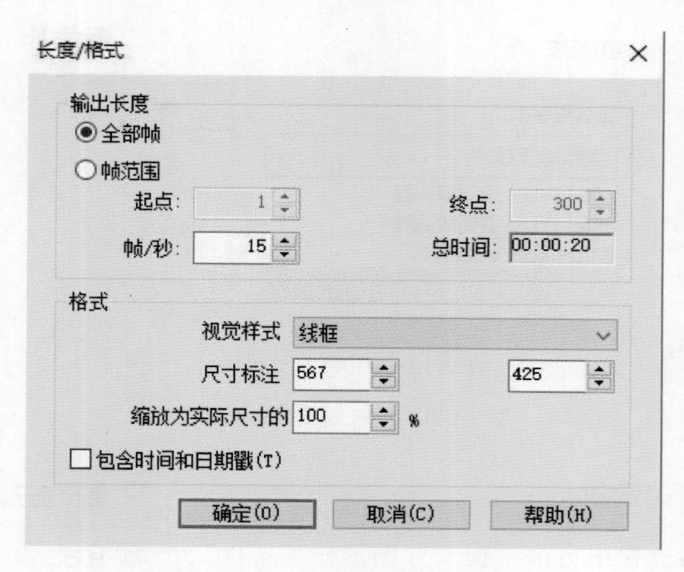

图 5-1-19 “长度/格式”对话框

（3）设置完长度与格式之后会弹出“导出漫游”对话框，在该对话框中可以选择保存漫游动画的路径以及文件类型，如图 5-1-20 所示。文件类型中除 AVI 格式外都是图像文件格式，需要注意的是导出图像文件格式的时候，每一帧都是一个单独的图像文件，例如按 JPEG 格式导出全部 300 帧，那么文件夹下就会有 300 个图像文件。

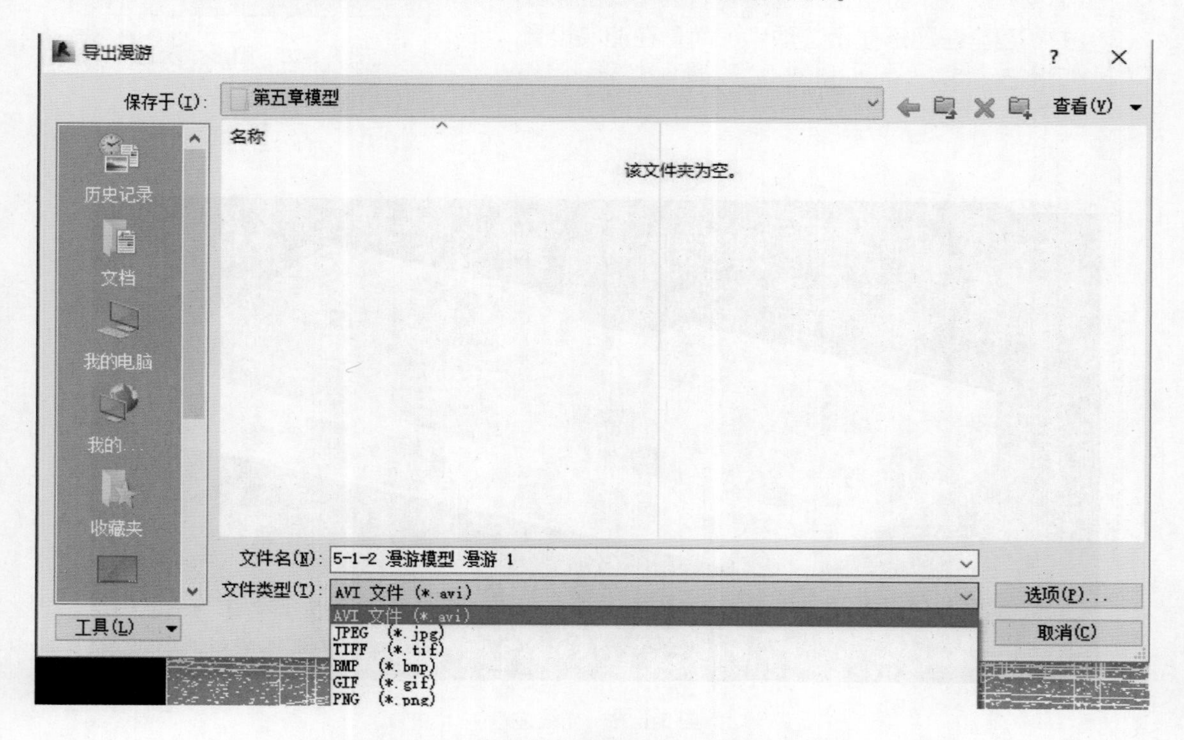

图 5-1-20 “导出漫游”对话框

如果是导出 AVI，视频格式单击保存按钮之后会弹出“视频压缩”对话框，如图 5-1-21 所示，可以选择计算机中已经安装的压缩程序进行视频压缩。

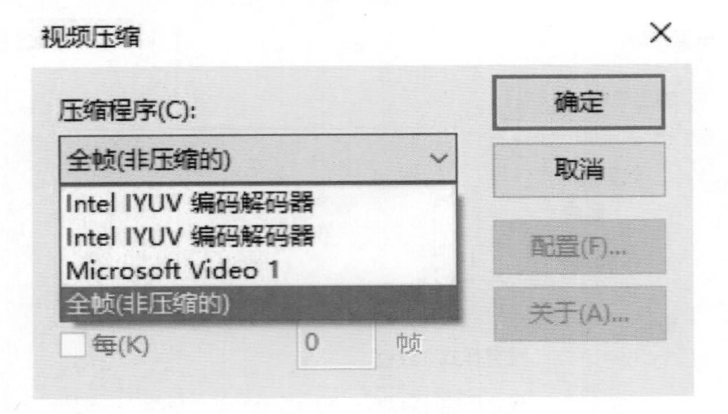

图 5-1-21 “视频压缩”对话框

5.1.3 视觉样式设置

在建模、漫游过程中会多次提到“图形显示选项”，并且在不同的使用情况下，不同的显示选项会有不同的效果，在这一节会详细对这六种显示（图 5-1-22）进行介绍。

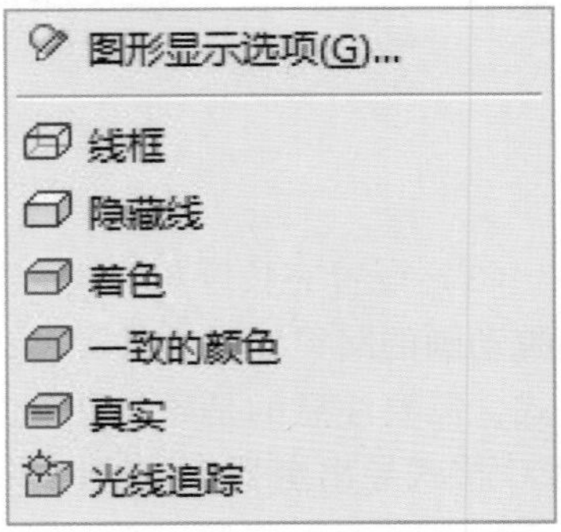

图形显示选项(G)...
线框
隐藏线
着色
一致的颜色
真实
光线追踪

图 5-1-22 图形显示选项

提 示

其中光线追踪（图 5-1-23）是显示的实时渲染样式，十分占用系统资源。该样式的修改并不包含在图形显示选项中，而是在渲染设置里修改。

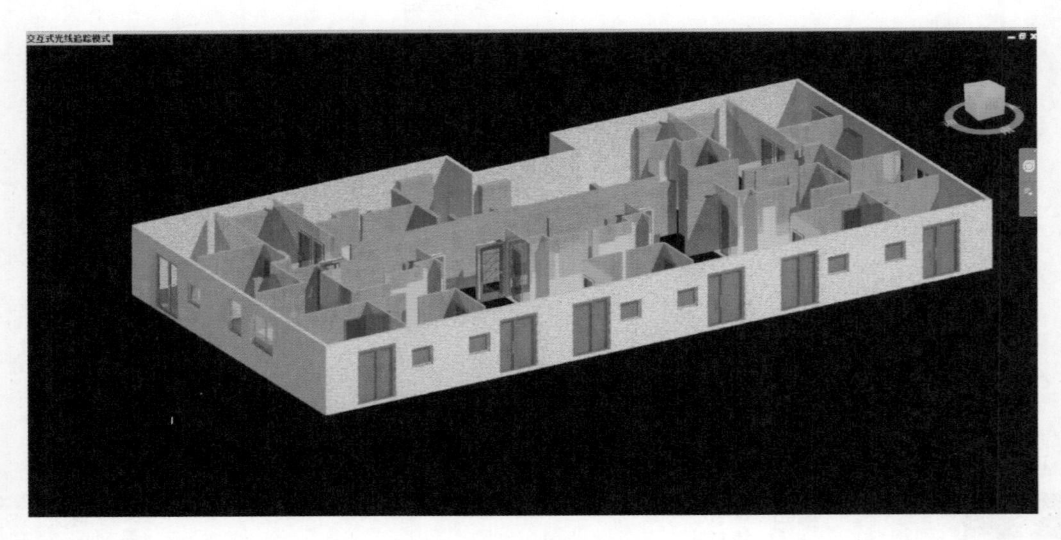

图 5-1-23 光线追踪

图形显示选项

打开视图的“图形显示选项”有三种方式：

第一种：单击视图控制栏中的“视觉样式→图形显示选项”，如图 5-1-24 所示，由视图控制栏修改图形显示选项。

第二种：单击“视图”选项卡中右下角的小三角 ↘ 。

第三种：直接单击视图“属性”栏中的“图形显示选项”，在打开的图形显示选项对话框中进行设置，如图 5-1-25 由属性栏修改图形显示选项。

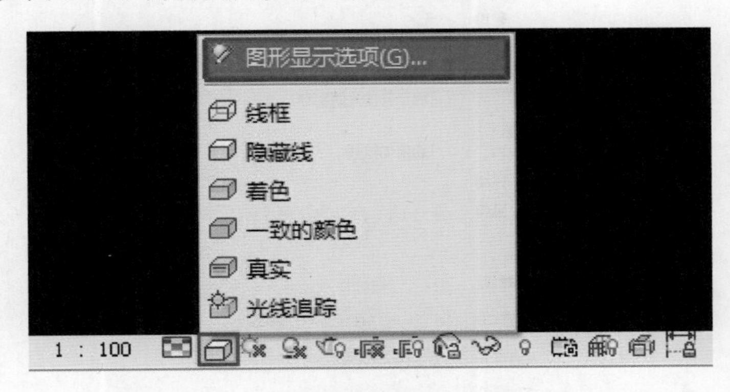

图 5-1-24　由视图控制栏修改图形显示选项

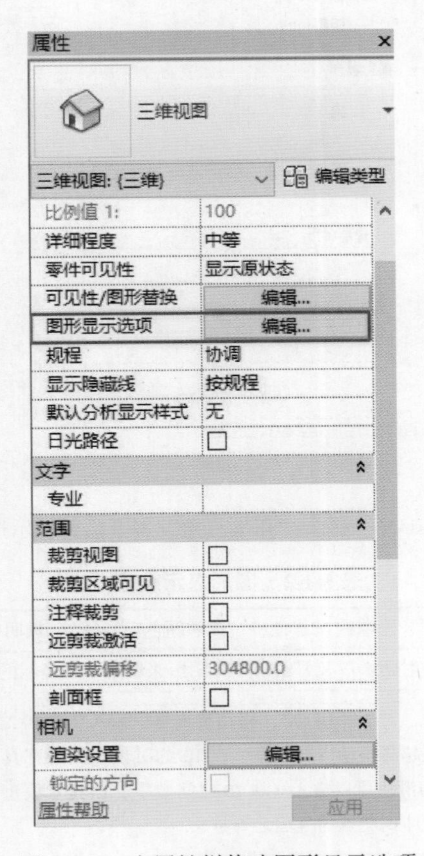

图5-1-25　由属性栏修改图形显示选项

在图形显示选项中需要有如下设置："模型显示""阴影""勾绘线""照明""摄影曝光""背景"，如图5-1-26所示，其内容见表5-1-2。

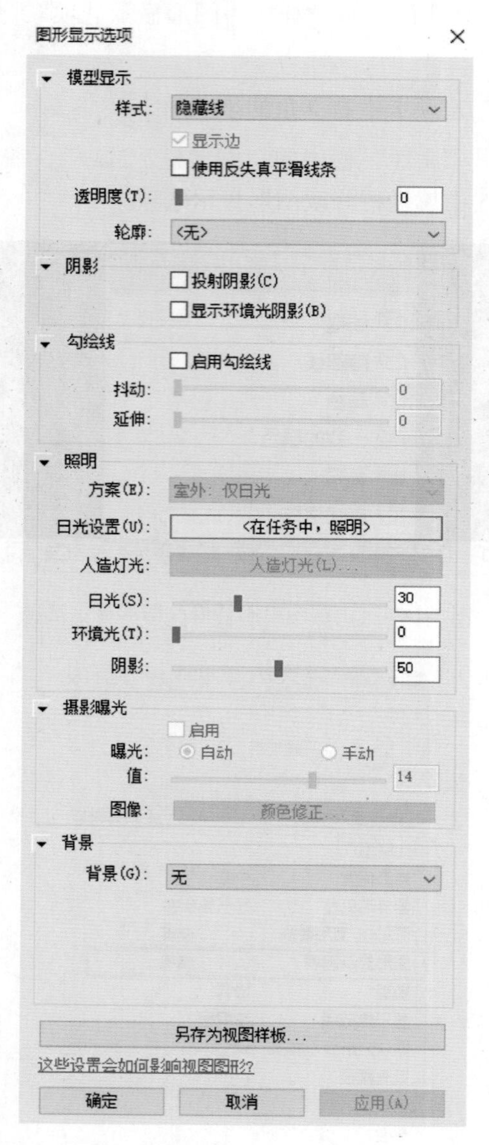

图5-1-26　每个"拓展三角"展开后的显示选项

表5-1-2　图形显示选项内容

模型显示	样式（线框、隐藏线、着色、一致的颜色、真实）、透明度以及轮廓线设置
阴影	选择是否投射阴影以及显示环境光阴影来增强模型显示的效果
勾绘线	在勾绘线中，对于"抖动"，移动滑块可以输入0和10之间的数字，以指示绘制线中的可变性程度。数值越高抖动程度越大，在10的时候模型线都具有包含高坡度的多个绘制线。对于"延伸"，移动滑块可以输入0和10之间数字，以指示模型线端点延伸超越交点的距离。数值越大导致线延伸到交点的范围之外越长

（续）

照明	调整模型的日光设置，在“真实”视觉样式时可以选择不同的照明方案，包括室内、室外的日光和人造光的不同组合
摄影曝光	仅在选择“真实”视觉样式的时候使用，其中曝光控制可以设置为自动或者手动，在手动设置时可以输入0~21的曝光值
背景	使用方法同相机在透视图中修改模型，背景选项不仅可以用于三维视图，同样适用于立面图和剖面图中

5.2 关于使用 Navisworks 辅助 Revit 做视觉体现

5.2.1 启动和退出 Autodesk Navisworks

安装 Autodesk Navisworks 2016 后，可以从 Windows 桌面或者从命令行启动该应用程序。

默认情况下，Navisworks 使用与工程师计算机上的设置最匹配的语言启动。工程师也可以使用已安装的其他语言启动 Navisworks。

（1）启动 Autodesk Navisworks。单击桌面快捷方式图标。安装 Autodesk Navisworks 时，会在桌面上放置一个快捷方式图标。双击 Autodesk Navisworks 图标可启动该程序。

单击“开始→所有程序→Autodesk”，然后找到所需的产品，例如 Navisworks Manage 2019→Manage 2019。

（2）退出 Autodesk Navisworks 的步骤。单击应用程序按钮 。在应用程序菜单底部，单击“退出 Autodesk Navisworks”。

如果未对当前项目做过更改，则该项目将关闭，且 Autodesk Navisworks 将退出。如果对当前项目做过更改，则会提示工程师保存更改。要保存对项目的更改，单击“是”。要继续退出并放弃更改，单击“否”。要返回到 Autodesk Navisworks，单击“取消”。

5.2.2 自动保存和恢复 Autodesk Navisworks 文件

停电、系统和软件故障都可能导致 Autodesk Navisworks 在工程师还来不及保存对文件所做更改的情况下就自行关闭。

Autodesk Navisworks 可以自动保存工程师正在处理的文件的备份版本，使工程师能够在 Autodesk Navisworks 异常关闭时恢复工作。

自动保存的文件具有 .nwf 扩展名，且被命名为 <文件名>.AutoSave<x>，其中 <文件名> 是当前 Autodesk Navisworks 文件的名称，而 <x> 是一个数字，随每次自动保存而递增。因此，如果使用一个称为 Enviro-Dome.nwd 的文件，则第一个自动保存的文件将称为 Enviro-Dome.Autosave0.nwf，第二个自动保存的文件将称为 Enviro-Dome.Autosave1.nwf，以此类推。

工程师可以控制许多“自动保存”选项，如 Autodesk Navisworks 保存工作的频率、备份文件的位置以及要保留的备份文件的最大数量。

5.2.3　Navisworks 界面

Autodesk Navisworks 界面比较直观，易于学习和使用。用户可以根据工作方式来调整应用程序界面，如图 5-2-1 所示。例如，可以隐藏不经常使用的固定窗口，从而避免使界面变得杂乱。可以从功能区和快速访问工具栏添加和删除按钮。

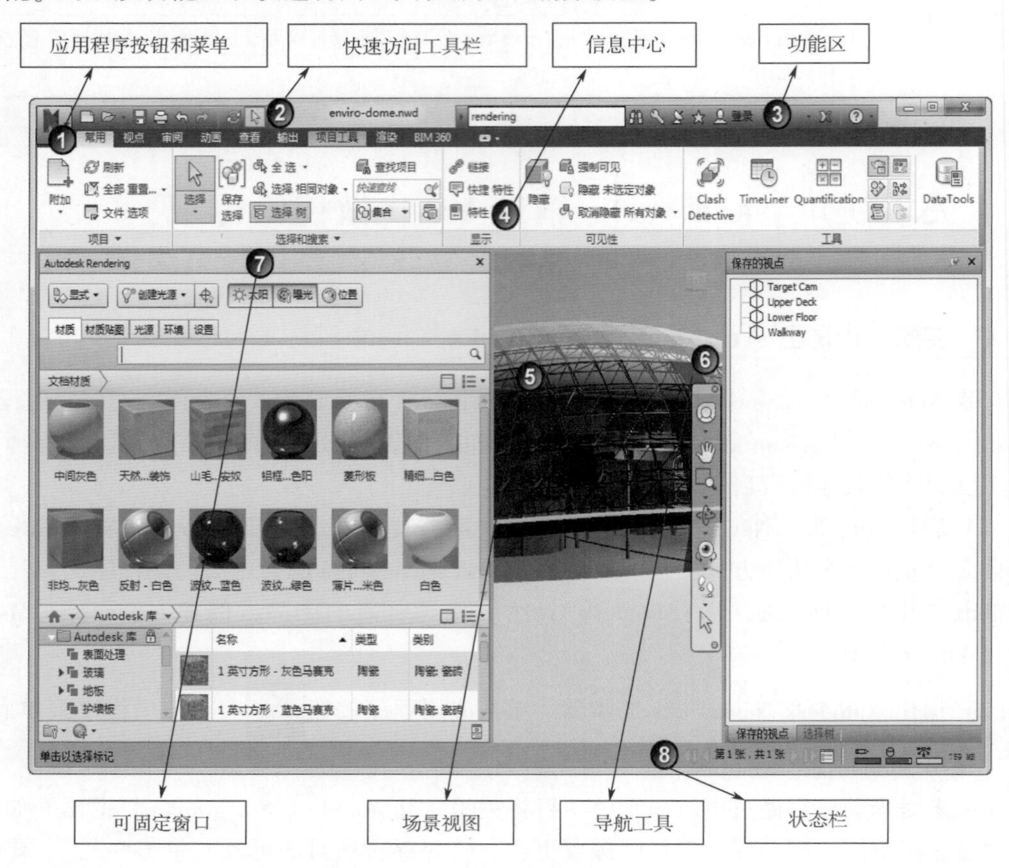

图 5-2-1　Navisworks 界面

相关界面组成介绍见表 5-2-1。

表 5-2-1　界面组成介绍

应用程序按钮和菜单	使用应用程序菜单可以访问常用工具（某些应用程序菜单选项具有显示相关命令的附加菜单）
快速访问工具栏	快速访问工具栏位于应用程序窗口的顶部，其中显示常用命令
功能区	功能区是显示基于任务的工具和控件的选项板
场景视图	这是查看三维模型和与三维模型交互所在的区域
导航工具	使用导航栏可以访问与在模型中进行交互式导航和定位相关的工具
可固定窗口	从可固定窗口可以访问大多数 Navisworks 功能

5.2.4　Navisworks 文件格式

Autodesk Navisworks 有三种原生文件格式：NWD、NWF 和 NWC。

（1）NWD 文件格式：NWD 文件包含所有模型几何图形以及特定于 Autodesk Navisworks 的数据，如审阅标记。可以将 NWD 文件看作是模型当前状态的快照。NWD 文件非常小，因为它们将 CAD 数据最大压缩为原始大小的 80%。

（2）NWF 文件格式：NWF 文件包含指向原始原生文件（在“选择树”上列出）以及特定于 Navisworks 的数据（如审阅标记）的链接。此文件格式不会保存任何模型几何图形，这使得 NWF 文件要比 NWD 小很多。

（3）NWC 文件格式（缓存文件）：默认情况下，在 Autodesk Navisworks 中打开或附加任何原生 CAD 文件或激光扫描文件时，将在原始文件所在的目录中创建一个与原始文件同名但文件扩展名为 NWC 的缓存文件。

由于 NWC 文件比原始文件小，因此可以加快对常用文件的访问速度。下次在 Navisworks 中打开或附加文件时，将从相应的缓存文件（如果该文件比原始文件新）中读取数据。如果缓存文件较旧（这意味着原始文件已更改），Navisworks 将转换已更新文件，并为其创建一个新的缓存文件。

5.3 漫游与审阅

Navisworks 具有强大的数据整合能力，它凭借较低的硬件要求加上实时渲染和漫游引擎，长期作为视觉展示常用工具。用户可以把不同平台的设计产品整合到 Navisworks 中进行漫游及审阅。本节将使用 Autodesk Navisworks 2016 漫游工具，在虚拟的场景下浏览用户精心创作的成果。

5.3.1 漫游

（1）漫游：前期参数设置好后，打开漫游按钮，鼠标指针即变成 ，按住鼠标左键进行平移，第三人即可进行漫游（图 5-2-2）。

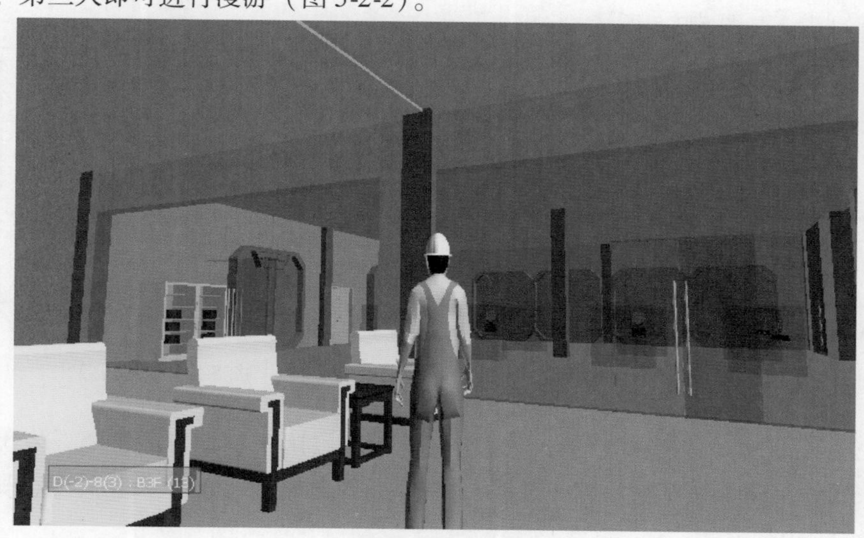

图 5-2-2 漫游

（2）用鼠标滚轮设置其观察角度（图 5-2-3）。

图 5-2-3　设置观察角度

（3）飞行：前期参数设置完毕后，打开飞行按钮，鼠标指针即变成 ，按住鼠标左键进行平移，即可对项目进行飞行观察。

5.3.2　漫游前期设置

1．运动

线速度：设置动作的线速度，是使用漫游工具和飞行工具在场景中移动的速度。一般情况下设置为 2.5 ~ 5m/s，当然也可以根据项目需求来精确定义。

角速度：设置动作的角速度，是使用漫游工具和飞行工具在场景中转动的速度。控制在三维工作空间中相机旋转的速度，可根据场景来调整，通常使用默认速度：45°/s（图 5-2-4）。

2．碰撞

位于导航功能区的“真实效果”复选框下，包含有碰撞、重力（可以走下楼梯或依随地形而走动）、蹲伏（暂时蹲伏在某个较低的对象之下）、第三人，在漫游时，可以根据项目需要酌情勾选，如图 5-2-5 所示。

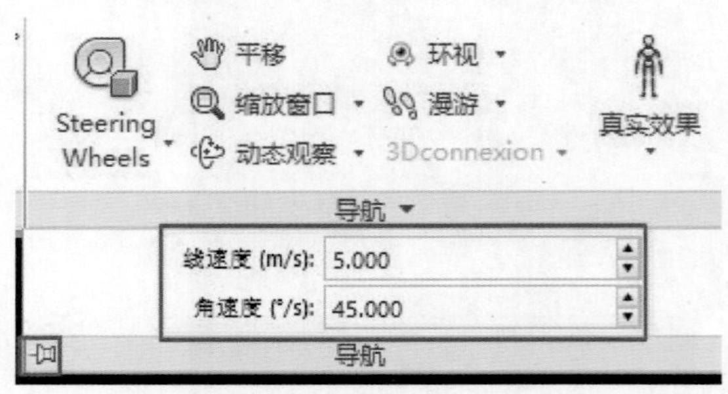

图 5-2-4　设置线速度与角速度

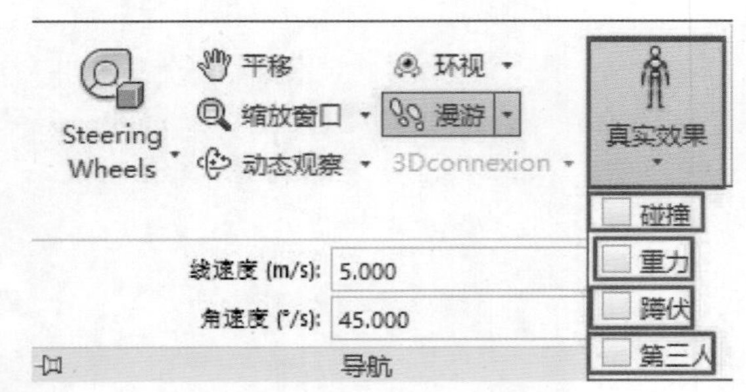

图 5-2-5　真实效果

关于第三人设置：对第三人的参数进行设置，可以用于对项目的检测，依次单击“起始菜单与按钮→选项→视点默认值→碰撞”，对默认碰撞观察器的半径、高度、视觉偏移做出设置（图 5-2-6）。

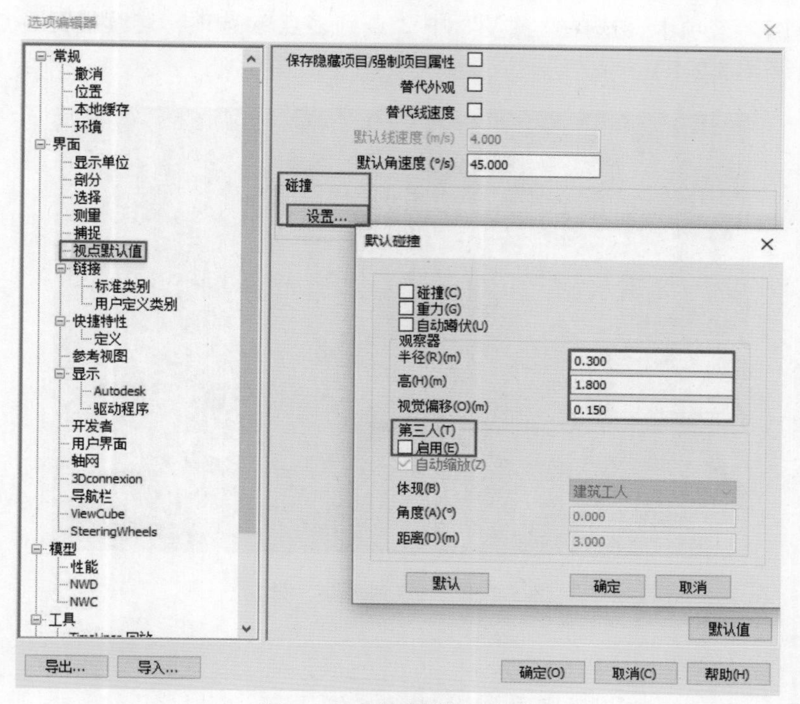

图 5-2-6　设置碰撞观察器

5.3.3　审阅

（1）测量。在项目场景中，对于数据、角度和面积的查询，可以使用审阅中的测量工具。

单击“审阅”选项卡，选择“测量”中“点到点”选项，单击需测量的距离的开始端和结束端，即可得知距离（图 5-2-7）。

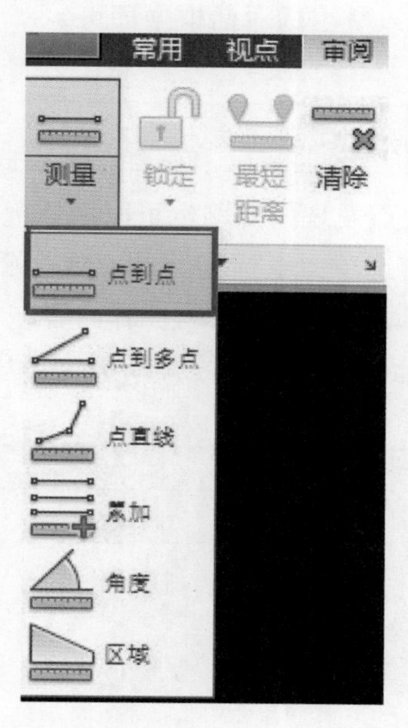

图 5-2-7　“点到点”测量

单击“审阅”选项卡，选择“测量”中“点到多点”选项，连续捕捉各点，即可得知整段线的距离（图5-2-8）。

图5-2-8 “点到多点”测量

提 示

在测量中，单击鼠标右键即可退出测量状态。

（2）红线批注。在漫游中，发现模型的问题可以及时利用红线标注工具进行标注。保存发现问题的视图，利用审阅中“红线批注”工具进行批注，以便对设计或者模型进行修正。同时可以加入文字，对批注进行解释。

单击“审阅”选项卡，选择红线批注绘图下拉菜单中选项，连续单击鼠标左键即可绘制云线，单击鼠标右键即可自动形成封闭的图案。椭圆、线等绘制方式类似。

单击“审阅”选项卡，选择红线批注中选项，鼠标指针变成“铅笔”形状后，在需要添加文字的地方单击，将文字输入跳出的对话框中即可。

提 示

红线批注只保存在已保存的视点或者碰撞结果中。

（3）标记。在一个保存的视点发现的问题也可以用标记功能标注出来。

单击“审阅”选项卡，单击选项，鼠标指针即变成“铅笔”形状，单击起始点和结束点，即会出现标记和添加注释对话框，可以输入注释内容，并且选择其状态。

（4）注释。单击“审阅”选项卡，选择注释面板中选项，即可查看项目中的各类注释（图5-2-9）。

注释 ×

注释	日期	作者	注释 ID	状态
	16:31:22 ...	admin	1	新建
	16:31:24 ...	admin	2	新建
	16:31:26 ...	admin	3	新建
	16:31:29 ...	admin	4	新建

图5-2-9 注释

用鼠标右键单击，调出菜单即可对“注释”进行添加、编辑和删除（图5-2-10）。

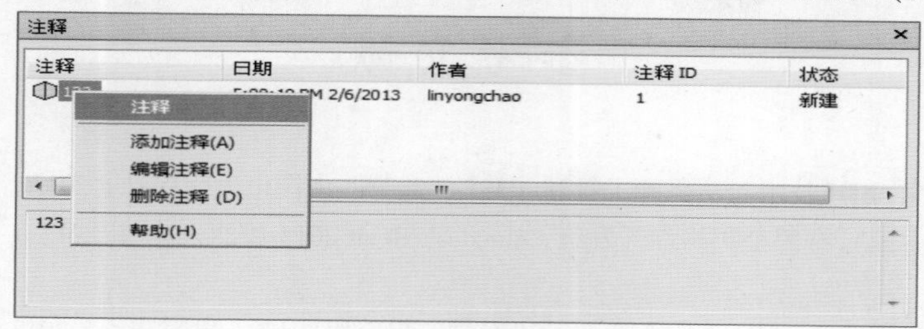

图5-2-10 “注释”菜单

5.4 视点动画

在Navisworks中视点动画有两种：录制的漫游动画和组合视点的视点动画（图5-2-11）。两种动画制作起来都相对比较简单。

单击“保存视点”旁的下拉箭头，选择“录制”选项或在动画选项卡中单击“录制”选项。这时在选项卡上会出现“暂停”“停止”选项，在“场景”中进行漫游。完成后，单击“停止”按钮，软件自动保存动画，这时单击播放按钮就可以播放录制好的漫游动画。

“暂停”选项可以在动画中暂停录制，相当于在动画中添加剪辑视点（剪辑视点即在当前视点停顿）。如果想找到这段录好的漫游动画，可以在“保存的视点”下拉菜单中找到，也可单击“保存的视点对话框启动器”，在“保存的视点”窗口中的列表里找到并作相应修改。

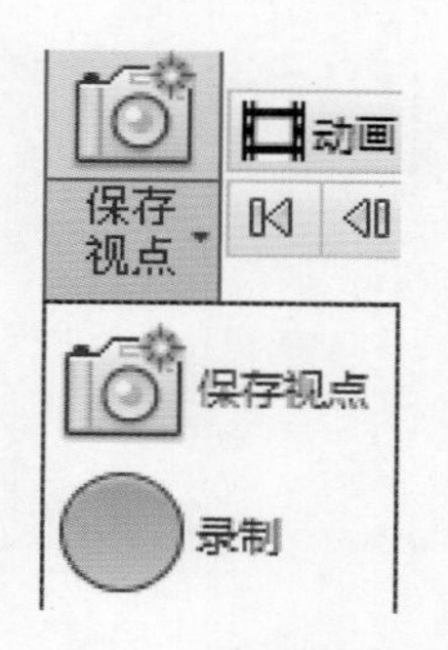

图5-2-11 视点动画

组合视点动画须将用户需要的各个视角——视点进行保存，在“保存的视点”窗口里可以看到相应的保存的视点。用鼠标右键单击“保存的视点”窗口的空白部分，在弹出的菜单中选择“添加动画”，将原先保存的视点全部选中拖进新建的动画里，组合视点动画完成，单击播放即可。

如需在特殊的视点进行停顿或延时显示，可在某视点下单击鼠标右键选择“添加剪辑”，这时会有“剪切”的标示出现，播放动画时，可看到在这个视点下画面停顿延时。在这里有个小技巧，当用户添加剪辑后，会发现动画在延长停顿后出现画面不连贯、跳跃播放等，这时只要将所剪辑的视点复制一个到“剪切”标示下，这样“剪切”夹在两个相同的视点中，动画就会流畅播放了。

若想修改延长的秒数，选择“剪切”，单击鼠标右键选择“编辑”进行修改。若想修改动画整体播放时间，选中“动画”，选择“编辑”即可调整动画整体播放时间。

本章纲要

1. 掌握使用Revit创建漫游的方法，会对漫游动画进行编辑。
2. 熟悉并掌握Navisworks的使用方法。
3. 掌握使用Navisworks创建漫游的方法和修改。

参 考 文 献

［1］刘占省，赵雪锋．BIM 技术与项目施工管理［M］．北京：中国电力出版社，2015.

［2］欧特克软件（中国）有限公司构件开发组．Autodesk Revit 2013 族达人速成［M］．上海：同济大学出版社，2013.

［3］刘占省，赵明，徐瑞龙．BIM 技术在我国的研发与工程应用［J］．建筑技术，2013（10）：893-897.

［4］刘占省，赵明，徐瑞龙．BIM 技术在建筑设计、项目施工及管理中的应用［J］．建筑技术开发，2013（3）：65-71.